U0207345

高中压配电网规划

——实用模型、方法、软件和应用

（上册）

王主丁 著

科学出版社

北京

内 容 简 介

本书对高中压配电网规划的实用模型、方法、软件和应用进行了较为系统的介绍。全书共9章，涉及电力需求及分布预测、变电站布点及其容量规划、网架结构中的接线模式和组网形态、高中压网架结构协调规划，以及中压配电网网格化规划、应对不确定性的配电网柔性规划、中压架空线开关配置和中压馈线无功配置。本书内容兼具"系统、简单、优化、落地"的特点。

本书可供从事配电网规划及应用的科研工作者、工程技术人员、研究生和相关软件研发人员参考。

图书在版编目(CIP)数据

高中压配电网规划：实用模型、方法、软件和应用(上册)/王主丁著. —北京：科学出版社，2020.4

ISBN 978-7-03-064284-4

Ⅰ. ①高… Ⅱ. ①王… Ⅲ. ①配电系统-电力系统规划 Ⅳ. ①TM715

中国版本图书馆CIP数据核字(2020)第005877号

责任编辑：刘宝莉 / 责任校对：郭瑞芝
责任印制：吴兆东 / 封面设计：陈　敬

科 学 出 版 社 出版

北京东黄城根北街 16 号
邮政编码：100717
http://www.sciencep.com

北京虎彩文化传播有限公司 印刷
科学出版社发行　各地新华书店经销

*

2020 年 4 月第 一 版　开本：720×1000 1/16
2023 年 1 月第二次印刷　印张：21
字数：423 000

定价：150.00 元
(如有印装质量问题，我社负责调换)

作 者 简 介

王主丁，2000 年获得美国威斯康星大学电机工程博士学位。美国电气和电子工程师协会(IEEE)高级会员，重庆大学电气工程学院教授。曾任美国著名电力系统仿真程序开发商的高级工程师，后创办重庆星能电气有限公司。基于丰富的国内外学术研究和工作经历，提出配电网规划和计算分析的多种原创性模型和方法，形成了一整套配电网规划和评估的理论，在国际范围特别是在中国和美国的大量电力工程应用中逐步改进，其中多项技术达到国际先进或领先水平，较好地解决了实际工作中难以兼顾"落地"和"优化"的问题，并通过大量项目咨询应用于实际工程，在提升电网品质的同时，累计节省直接投资上百亿元，约占投资总额的 10%。

序 一

配电网直接连接用户，涉及的范围非常广大。配电网规划对电力公司的全系统可靠性和投资经济性举足轻重。长期以来，在电力公司的实践中，配电网规划以定性分析为主，然而，在计算机已经普及的情况下，正在逐渐转换为以定量计算为主的人机交互式规划。

该书正是在这个转换过程中应势而出。虽然在配电网规划方面国内外已发表和出版了大量文章和书籍，但大多数的理论成果与电力公司的实际规划运作之间存在较大距离，不容易"落地"应用。作者既是工作在电力软件及咨询行业的技术领导和工程师，又是大学教授。该书的主要内容基于作者给电力公司配电网各种规划项目提供的技术咨询报告，书中的模型、算法和实例基本上都是实际应用的成果。这是该书区别于其他同类书籍最显著的特点。由于作者长期的职业习惯，每当针对不同电力公司配电网规划中的新问题而开发出新的模型或算法时，作者都能将模型和算法嵌入其软件包，并适时地在理论上加以总结，发表文章。因此，该书的内容既适合配电网领域的工程技术人员和程序设计人员，也适合大学教师、本科生和研究生。

该书与作者的另一本书《高中压配电网可靠性评估——实用模型、方法、软件和应用》形成姊妹篇。可靠性是配电网规划中必要和主要的指标，而配电网规划除了可靠性以外，还必须保证其他技术指标和经济指标。可以将两本书互相参照阅读。与先前出版的那本姊妹篇著作一样，该书也是一本理论性和实用性并重的优秀学术专著，相信会得到读者的广泛认可。

李文沅

中国工程院外籍院士、加拿大工程院院士

2019 年 7 月于加拿大温哥华

序　二

　　配电网是电网中将发电系统和输电网与用户设施连接起来，向用户分配和供给电能的重要环节。随着我国电力系统的发展，近些年来，我国电网建设投资的重心已经有从主干输电网向配电网侧转移的趋势，配电网投资在总电网投资中的占比显著上升。而且，在目前新的电改背景下，"开源节流、精打细算"成为电力行业备受关注的问题，以避免由于单纯追求安全可靠造成的重复建设、过度建设以及其他的投资浪费。

　　该书以工程应用为目标，基于采用简单方法解决大规模复杂配电网规划问题的思路，理论和应用结合、模型与技术导则结合、数学方法和实际实施(数据、软件)结合，突破了现有方法难以兼具"系统、简单、优化、实用"特点的瓶颈；以效率效益为导向，重点阐述了作者通过理论和实际紧密结合而得到的新模型及其混合求解方法，以及由此归纳总结出的工程实用的规划原则、要点或规则，既能适应现有相关技术导则，又能适应未来电网的发展。其中比较典型的例子有：多台小容量主变站容优化组合方案，做强中压是供电安全可靠且经济的必要条件，供电网格和单元的明确定义以及基于全局统筹的优化划分，适应不确定性因素的中压环状型组网形态，经济评价中增供电量及其电价的合理分摊，每台主变与周边主变分别采用 2 组联络线的方式组网，无功和开关的快速优化配置，多约束情况下多个不同类型分布式电源最大承载力快速计算，以及基于"一环三分三自"的中压配电网一、二次协调规划等。

　　该书总结了王主丁教授团队历时十余年的研究和工程应用成果，其中大部分内容已在工程现场得到应用。该书的出版将为电力工业界同行、科技工作者、教师和研究生提供很好的参考。

IEEE Fellow

2019 年 8 月于清华园

前　　言

电网规划是电力公司既基础又重要的工作之一，每年各市县电网规划中通常都涉及数以亿计的资金投入。在各地区电力公司输配电网总投资中，配电网投资通常占 60%左右。优化且可行的配电网规划方案可以在明显减小总费用（含运行费用）的同时，有效节约其中占比 80%左右的投资（相关）费用，即规划的节约是最大的节约，规划的效益是最大的效益。

随着电网规模的不断扩大和快速发展，针对整个区域的配电网规划难度越来越大。尽管实际规划工作中强调项目可行性并注重"问题导向、目标导向和效率效益导向"，但因项目量巨大往往仅落实了"问题导向"，导致可"落地"方案的全局合理性和长效性不佳；而现有数学规划方法和智能启发式方法尽管较为系统，但由于建模复杂、算法不成熟及难于人工干预等致使优化方案"落地难"，少有实际应用。因此，长期以来，配电网规划都缺乏操作简单且自成优化体系的实用方法（特别是中压配电网）。

本书众多的新颖模型和方法兼具"系统、简单、优化、实用"的特点，在保证规划方案全局最优或次优的基础上，实现了配电网规划规模的由大变小和相应方法的由繁变简，较好解决了实际工作中难以兼顾"优化"和"落地"的问题。相对于主要依靠笼统技术导则和主观经验进行规划的现状，本书方法系统、规范和严谨，不同水平的规划人员针对同一项目能够获得基本一致的全局规划优化方案。相对于数学规划方法和智能启发式方法，本书方法直观、简单、快速、稳定且便于人工干预，可融入相关技术原则，特别适合于工程应用。本书的模型和方法可由计算机编程实现，加上人工干预可得到较为理想的规划结果；然而，对于掌握了本书基本思路的规划人员，也可借助一般商业软件（如潮流计算）甚至仅依靠人工就能完成具体工作。

本书不是经典规划方法或类似规划技术导则的复述，也不是这些方法和技术导则的直接应用，而是在遵循"技术可行、经济最优"规划基本理念和相关技术导则基础上，侧重于实际配电网规划的合理简化模型、有效混合算法和工具软件的最新研发设计。本书是"简单的思想才有利于解决复杂问题"的理念在大规模配电网规划中的具体体现，如将供电网格/单元明确定义为尽量以两个变电站供电的站间主供和就近备供的大小适中的负荷区域。本书方法可大致归纳为以下三种：一是论证过程、结论和应用都简单的方法，如站间供电网格/单元的直观识别；二是论证过程较复杂但结论和应用都较简单的方法，如站内或辐射型供电网格/单元划分结果的并行排列；三是借助编程实现复杂或烦琐规划过程的简化方法，如供电网格/单元的精细划分。

此外，工程人员面临的困难是如何将规划模型和方法应用于实际工作中，界面友好的软件无疑是解决这一困难的极佳工具和手段。本书也对相关软件及其应用进行了介绍，旨在鼓励读者自己开发软件或使用实用商业软件解决复杂实际工程问题。目前本书部分相关成果已内嵌入 CEES 供电网计算分析及辅助决策软件(以下简称 CEES 软件)的配电网规划模块中，在国内外配电网规划中得到了较广泛的推广和使用。

王主丁负责全书内容结构设计，以及各章撰写和统稿工作。参与撰写的人员如下：乐欢、朱凤娟和李涛参与了第 2 章的撰写，王玉瑾、霍凯龙和谭笑参与了第 3 章的撰写，冯霜、甘国晓和王敬宇参与了第 4 章的撰写，张漫和寿挺参与了第 5 章的撰写，张漫、陈哲、杨丰任、李强、李玮、王敬宇和李诗春参与了第 6 章的撰写，张漫、王敬宇和翟进乾参与了第 7 章的撰写，冯霜、张静、廖一茜和彭卉参与了第 8 章的撰写，胡晓阳、江洁、赵俊光和张程参与了第 9 章的撰写。本书承天津大学的葛少云教授和中国电力科学研究院的张祖平教授审阅，两位教授提出了不少宝贵意见。国家电网四川省电力公司自贡供电公司原总工吴启富和重庆星能电气有限公司技术总监李书钟和总工程师李涛也评阅了本书，并提出了很多修改意见。

《高中压配电网规划——实用模型、方法、软件和应用》包含了高中压配电网实际规划中的主要内容，分为上下两册。本书为上册，下册还涉及高压配电网网格化规划、变电站无功配置、配电网络常规计算、分布式电源接入最大承载力计算、供电能力计算、投资决策中的经济评价、项目排序、投资分配策略、规划辅助决策系统和一流配电网。

在本书撰写过程中得到了李文沅院士和张伯明教授的大力支持和指导，在此对李院士和张教授表示衷心感谢；特别感谢我的研究生及众多工程师，书中主要材料取自我与他们合作发表的论文；还要感谢书中所引用参考文献的作者；深切感谢远在洛杉矶的家人，是他们的大力支持，使我有足够的时间潜心研究和写作。

由于作者水平有限，书中可能存在不妥之处，敬请读者批评指正。

目　　录

序一

序二

前言

第1章　绪论 ··· 1

1.1　引言 ··· 1

1.2　配电网规划方法 ·· 2

1.2.1　配电网规划方法发展阶段 ··· 2

1.2.2　优化方法概述 ··· 2

1.2.3　应用软件概述 ··· 3

1.2.4　方法及软件要求 ·· 4

1.3　本书特点和内容 ·· 4

参考文献 ·· 6

第2章　电力需求及其分布预测 ·· 7

2.1　引言 ··· 7

2.2　负荷总量预测方法 ··· 7

2.3　空间负荷预测实用方法 ·· 11

2.3.1　空间负荷预测基础 ··· 11

2.3.2　饱和度法 ·· 13

2.3.3　分类分区法 ··· 17

2.4　配电网规划中的负荷预测要点 ·· 19

2.5　应用算例 ··· 29

2.6　本章小结 ··· 32

参考文献 ·· 33

第3章　变电站布点及其容量规划 ·· 35

3.1　引言 ··· 35

3.2　基于负荷分布的变电站规划 ··· 35

3.2.1　数学优化模型 ··· 36

3.2.2　容载比确定 ··· 37

　　　　3.2.3　变电站年费用 ··· 38
　　　　3.2.4　线路年费用 ··· 43
　　　　3.2.5　模型求解算法 ··· 49
　　3.3　变电站规划的简化模型和方法 ······································· 57
　　　　3.3.1　简化条件 ··· 57
　　　　3.3.2　变电站年费用简化 ··· 58
　　　　3.3.3　线路年费用简化 ··· 59
　　　　3.3.4　年总费用简化 ··· 60
　　　　3.3.5　简化模型求解 ··· 60
　　3.4　计及分布式电源的变电站规划 ······································· 62
　　　　3.4.1　研究现状 ··· 63
　　　　3.4.2　简化思路 ··· 63
　　　　3.4.3　模型方法基础 ··· 63
　　　　3.4.4　计及分布式电源的变电站个数优化 ······························· 68
　　　　3.4.5　计及分布式电源的变电站容量优化 ······························· 75
　　3.5　应用算例 ··· 82
　　　　3.5.1　算例 3.1：单阶段和多阶段规划 ································· 82
　　　　3.5.2　算例 3.2：变电站简化规划 ····································· 83
　　　　3.5.3　算例 3.3：变电站置信个数和馈线置信条数 ······················· 87
　　　　3.5.4　算例 3.4：变电站置信容量 ····································· 92
　　3.6　本章小结 ··· 97
　　参考文献 ··· 100

第 4 章　网架结构中的接线模式和组网形态 ································· 102
　　4.1　引言 ··· 102
　　4.2　电网接线模式和组网形态调研 ······································· 102
　　　　4.2.1　先进电网结构 ··· 103
　　　　4.2.2　国内电网结构 ··· 112
　　4.3　负荷双接入 ··· 125
　　4.4　架空线小分段 ··· 129
　　4.5　中压闭环运行 ··· 130
　　4.6　组网形态 ··· 133
　　4.7　本章小结 ··· 138
　　参考文献 ··· 140

第 5 章　高中压网架结构协调规划 ······································· 142
　　5.1　引言 ··· 142

5.2　高压和中压配电网"强、简、弱"定义 ···················· 142
5.3　高中压网架结构协调方案优选模型 ······················· 143
　　5.3.1　协调规划思路 ······························· 144
　　5.3.2　典型协调方案 ······························· 144
　　5.3.3　方案优选模型 ······························· 144
　　5.3.4　费用估算 ································· 146
5.4　基于安全可靠和经济的典型方案优选 ····················· 148
　　5.4.1　方案优选思路 ······························· 148
　　5.4.2　典型案例 ································· 148
　　5.4.3　基础数据 ································· 149
　　5.4.4　供电安全性分析 ····························· 150
　　5.4.5　可靠性计算分析 ····························· 151
　　5.4.6　经济性计算分析 ····························· 155
　　5.4.7　基于综合分析的方案优选 ························· 162
5.5　本章小结 ···································· 162
参考文献 ······································ 163

第6章　中压配电网网格化规划 ····························· 165
6.1　引言 ······································ 165
6.2　总体思路 ···································· 166
6.3　候选通道组网 ·································· 167
6.4　供电网格组网 ·································· 169
　　6.4.1　供电分区划分目的和原则 ························· 170
　　6.4.2　供电分区的分类 ····························· 170
　　6.4.3　优化模型和求解思路 ··························· 172
　　6.4.4　网格划分模型和方法 ··························· 175
　　6.4.5　网格子供区细分模型和方法 ························ 180
　　6.4.6　子供区划分的局部优化调整 ······················· 186
　　6.4.7　供电单元划分模型和方法 ························· 190
6.5　目标网架规划 ·································· 193
　　6.5.1　宏观网格组网约束 ···························· 193
　　6.5.2　分类建设标准 ······························ 194
　　6.5.3　布线优化模型方法 ···························· 197
6.6　过渡网架规划 ·································· 199
6.7　电缆通道规划 ·································· 201
6.8　馈线配变装接容量 ······························ 205
6.9　网格化管理 ··································· 207

6.10　应用算例 ···211
　　　6.10.1　算例6.1:网格化规划方法比较 ·················211
　　　6.10.2　算例6.2:目标网架及其过渡 ·····················217
6.11　本章小结 ···220
参考文献 ···222

第7章　应对不确定性的配电网柔性规划 ·······················224
7.1　引言 ···224
7.2　柔性规划基本概念 ···224
7.3　变电站柔性规划 ···225
　　　7.3.1　预留站址个数优化 ································225
　　　7.3.2　变电站容量及其过渡优化 ·······················227
　　　7.3.3　变电站安全负载率优化 ·························228
　　　7.3.4　变电站供电范围优化调整 ·······················228
7.4　通道柔性规划 ···229
7.5　网架柔性规划 ···230
　　　7.5.1　不同典型组网形态及其特点 ···················230
　　　7.5.2　典型组网形态优选模型 ·······················231
　　　7.5.3　网架总费用估算 ································231
　　　7.5.4　模型求解方法 ····································234
7.6　网架柔性过渡措施 ···234
7.7　应用算例 ···236
　　　7.7.1　站址预留方案的比选 ································236
　　　7.7.2　候选通道组网 ····································237
　　　7.7.3　组网形态选择 ····································238
7.8　本章小结 ···245
参考文献 ···246

第8章　中压架空线开关配置 ···································247
8.1　引言 ···247
8.2　基本概念 ···247
8.3　相同类型开关配置模型和算法 ·····························249
　　　8.3.1　线路分段优化模型 ································250
　　　8.3.2　单开关定位判据 ··································251
　　　8.3.3　三阶段解析算法 ··································252
　　　8.3.4　算例8.1:可靠性测试系统RBTS中节点6的变电站 ·····254
　　　8.3.5　算例8.2:实际馈线算例 ·······················256

　　　8.3.6　小结 258

8.4　不同类型开关配置模型和算法 258
　　　8.4.1　线路分段优化模型 258
　　　8.4.2　线路分段可靠性评估模型 260
　　　8.4.3　线路分段可靠性评估公式 260
　　　8.4.4　三阶段解析算法 260
　　　8.4.5　算例8.3：不同类型开关配置 261
　　　8.4.6　小结 262

8.5　基于净收益的简化模型和算法 263
　　　8.5.1　净收益目标函数 263
　　　8.5.2　高可靠性分段原则 263
　　　8.5.3　算例8.4：基于小分段的高可靠性分段原则 263
　　　8.5.4　小结 265

8.6　基于可靠性指标的简化模型和算法 265
　　　8.6.1　数学模型 266
　　　8.6.2　优化算法 267
　　　8.6.3　算例8.5：单条馈线和多条馈线系统算例 269
　　　8.6.4　小结 273

8.7　本章小结 273

参考文献 274

第9章　中压馈线无功配置 275
9.1　引言 275
9.2　无功规划基础 276
9.3　无功规划优化模型 283
9.4　优化模型求解基础 284
　　　9.4.1　节点优化编号 284
　　　9.4.2　节点电压最大允许偏移值 284
　　　9.4.3　近似潮流计算 285
　　　9.4.4　单节点优化补偿容量 286

9.5　三次优化解析算法 287
　　　9.5.1　一次优化 287
　　　9.5.2　二次优化 288
　　　9.5.3　三次优化 289
　　　9.5.4　算法总流程 289
　　　9.5.5　其他问题处理 291

9.6　馈线总补偿容量近似估算 292

9.7 馈线无功规划算例 ··· 294

  9.7.1 算例 9.1：一般规模系统的测试 ··· 294

  9.7.2 算例 9.2：含分接头、分布式电源和环网的算例 ·················· 295

  9.7.3 算例 9.3：馈线总容量近似估算 ··· 296

9.8 本章小结 ·· 297

参考文献 ·· 297

附录 ·· 299

第1章 绪　　论

电力行业是关乎国计民生的重要行业，它的发展水平不仅影响国民经济的其他部门，还涉及大量的一次能源消耗、资金配置及可持续发展等一系列战略问题。在优化资源配置提升企业效益的背景下，协调好技术和经济之间的平衡是配电网规划的重要任务之一。

1.1　引　　言

电力系统可分为发电系统、输电网系统和配电网系统三个子系统。配电网是指从输电网或发电厂接收电能，通过配电设施按电压逐级分配或就地分配给各类用户的电力网。配电网规划是为满足负荷增长的需要，针对配电网现状存在的问题，采用科学的方法进行配电网建设与改造的前期工作，是提高电力系统调度运行水平和经济社会效益的关键因素[1~6]。按照电压等级的不同，配电网规划可以划分为高压配电网规划(110kV、66kV、35kV)、中压配电网规划(20kV、10kV)和低压配电网规划(0.4kV)。从时间跨度上，配电网规划可以分为近期、中期和长期三个阶段，近期规划为 5 年左右，中期规划为 5～10 年，长期规划为 15 年以上，规划年限应与国民经济和社会发展规划年限一致。

配电网规划主要内容包含配电网现状分析、电力需求预测、变电站规划、配电网络规划和规划成效分析等，涉及因素很多：各种经济技术指标约束，如投资限额、可靠性和环境约束等；负荷增长、经济政策和设备寿命等不确定性；投资费用的非连续性和阶段性；运行费用和停电损失费用与线路功率等相关因素间的非线性关系等。这些因素都导致配电网规划成为一个多维和大规模的复杂寻优问题，具有不确定性、多目标性、非线性、动态性和离散性等特点。因此，长期以来，配电网规划缺乏操作简单且自成优化体系的方法(特别是中压配电网)。

目前，实际配电网规划中主要采用传统规划方法，即基于相关规划技术导则人工拟订方案，加上人工或计算机计算分析校验。该方法在近年来的大规模城乡电网规划建设中发挥了重要作用，到 2017 年底国家电网公司城乡供电可靠率分别为 99.948% 和 99.784%[7]，但从国内外一流电网主要指标对比来看(见表 1.1)，这些指标正面临着挑战，因此配电网规划实用模型、方法和软件的研究及其应用具有重要的现实意义。

表 1.1　国内外一流电网主要指标

电网指标	世界一流电网			国内一流电网					
	巴黎	东京	新加坡	北京	上海	广州	深圳	天津	福州
供电可靠率/%	99.99715	99.99962	99.99994	99.975	99.981	99.966	99.973	99.966	99.977
用户年均停电时间 /[min/(户·年)]	15	2	0.31	131.4	102	180	144	180	120

注：世界一流电网为 2016 年指标，国内一流电网为 2017 年指标。

1.2　配电网规划方法

1.2.1　配电网规划方法发展阶段

配电网规划方法主要经历了三个发展阶段：传统规划、自动规划和计算机辅助决策。

(1)传统规划主要基于相关规划技术导则[5,6]，凭个人经验进行规划方案的制订和评价，但定性分析多于定量计算，容易陷入"头痛医头、脚痛医脚"的局部最优解，往往使不同水平的规划人员得到完全不同的规划方案。

(2)自动规划是借助计算机对配电网规划问题进行建模求解的规划方法，目前处于研究阶段。与传统规划相比，自动规划大大减少了规划人员的计算工作量，强化了规划方案的全局统筹和唯一性，但自动规划不能独自胜任配电网规划的具体工作，在实际规划中应用较少。其主要原因有：建模难以考虑一些实际因素，特别是一些社会因素；对于大规模配电网规划计算量大；在不同地区推广应用中易受计算稳定或参数设置的影响，适应性不强；计算过程和结果不利于规划人员的理解、判断和调整；与相关技术导则结合度不够。

(3)计算机辅助决策系统整合了规划所需的信息、模型及算法，将人的经验与自动规划相结合。目前，计算机辅助决策系统处于研究与应用阶段。

1.2.2　优化方法概述

计算机辅助决策系统是配电网规划方法发展的趋势，而自动规划优化是计算机辅助决策系统中的重要高级应用功能。自动规划优化方法一般包括数学规划方法[8,9]、启发式方法[8,9]和图论[9,10]。

1. 数学规划方法

数学规划方法通过建立数学模型来解决配电网规划问题：首先将配电网规划问题转化为数学表达式，包含目标函数和约束条件，然后采用优化方法进行求解，最终得到最优解。优化方法是在一切可能的方案中选择一个最好的方案，包括线性规划、非线性规划、整数规划、混合整数规划和动态规划。

数学规划方法和古典极值优化方法有本质上的不同，后者只能处理具有简单表达式和简单约束条件的情况，而现代数学规划问题中的目标函数和约束条件都很复杂，要求给出较为精确的数字解答，但在实际应用中仍存在这样或那样的问题，如模型简化带来的精度问题和计算耗时问题，以及针对不同计算实例可能存在的算法稳定性问题。

2. 启发式方法

启发式方法是相对于最优化算法提出的，它是一个基于直观或经验构造的算法，即在可接受的计算量(指计算时间和空间)下给出待解决优化问题每一个实例的一个可行解，该可行解与最优解的偏离程度一般不能被预测，而偏离程度很大的特殊情况也很难出现。

按照处理实际问题的智能化程度来分类，启发式规划方法可分为传统启发式方法与智能启发式方法。传统启发式方法是以对实际问题的直观分析为依托，一般情况下会设计出令人满意的规划方案。传统启发式方法十分灵活，所需计算时间不长，在配电网规划中受到专家的认可并被普遍应用。智能启发式方法是受自然界启发而获得的，正逐渐被应用于配电网规划这一研究领域。与数学规划方法相比，智能启发式方法能很好地处理优化问题中的离散变量，同时具有很好的全局寻优能力，但存在计算费时且不稳定的问题。比较有代表性的智能启发式方法有遗传算法、禁忌搜索算法、粒子群算法、模拟退火算法和蚁群算法。

3. 图论

图论以图为研究对象，是网络技术的基础。图论中的图是由若干给定的点及连接两点的线所构成的图形，这种图形通常用来描述某些事物之间的某种特定关系，用点代表事物，用连接两点的线表示相应两个事物间具有的关系。它将复杂庞大的工程系统和管理问题用图描述，可以解决很多工程设计和管理决策的最优化问题，如完成工程任务的时间最少、距离最短和费用最省等。

1.2.3 应用软件概述

配电网规划软件将现有的模型、算法和人工经验采用编程方式固化和传播，可将计算实例一次录入多次使用，是连接复杂信息理论和实际工程应用的桥梁和工具。

目前应用较为普遍的相关商业软件有 PSASP、PSS/ADEPT、DIgSILENT、ETAP 和 CEES 软件等，然而国内外目前仍没有一套普遍适用的配电网规划软件。

作为本书使用的示范软件，CEES 软件是国外优秀商业软件理念与国内实际需求的结晶，兼有国内外同类产品的诸多优点。通过 CEES 软件应用于各种配电网规划的算例，可以增强实用软件在计算过程及工程应用两方面的感性认识。

随着配电网规模的不断扩大，配电网规划的复杂性日益增加，为提高规划的效率和科学性，工程适应性强(如方便、快速和稳定)的相关软件应用会越来越广泛。

1.2.4 方法及软件要求

配电网规划是一个多维和大规模的复杂寻优问题(特别是中压配电网)，具有不确定性、多目标性、非线性、动态性和离散性等特点。相应的规划方案应同时满足"优化"和"落地"的要求，在节约投资和运行费用的同时保证电网的供电能力和供电质量。因此，为获得大规模复杂系统"技术可行、经济最优"或"次优"的规划方案，应基于"简单的思想才有利于解决复杂问题"的理念，并考虑相关技术导则的要求，针对各种合理简化后的规划子问题采用构思巧妙的简单方法求解。其中，"简单"不是缺乏内容的简陋和肤浅，它往往是在从简单到复杂，再从复杂到简单的研究过程中提炼形成的精约简省，这种简单通常比复杂还具有匠心，富有言外之意及其逻辑体系。

此外，方法的计算效率和适应性看似对规划问题不重要，但实际应用中同样是规划人员关注的重点，这是因为：在配电网规划过程中，可能对多个方案进行比较分析，或是需要对某个方案的若干参数进行频繁调整后再计算，这就要求算法具有很高的计算速度，太慢不能保证计算的流畅性和实用性；对于一个实际大规模配电系统，规划过程中所涉及的变量众多，不可避免地会遇到"维数灾难"问题，计算所花费的时间可能往往让人无法忍受；每个系统都具有不同于其他系统的特点，这要求算法具有很强的适应性，以保证计算的快速和稳定。

商业软件一般都具有较好的用户界面、计算精度、计算效率和适应性，随着配电网规模和复杂性的日益增加，以及各种数据接口日趋完善，应用必将越来越广泛。值得一提的是，为了实现配电网规划常态化和"所见即所得"的图形化交互操作需求，商业软件方便、灵活的界面及功能设计是至关重要的，开发人员不仅需要熟悉界面设计主要功能，也需要对相关业务知识有深入了解。

1.3 本书特点和内容

1. 本书特点

本书不是常规优化方法的直接应用，也不是基于规划技术导则以定性分析为主的规划方法的介绍，而是突出阐述兼有"系统、简单、优化、实用"特点的模型、方法和软件，用以解决实际工作中难于兼顾"优化"和"落地"的问题。

(1) 实现"落地"方案的优化或优化方案的可操作性。遵循规划的基本理念(即"技术可行、经济最优"或"次优")和基本原则(即空间上全局统筹、时间上远近结合),体现落地方案的优化,达到规划的真正目的和意义;考虑各种实际的约束条件(如地理环境、管理边界和相关规划技术导则等),强化优化方案的可操作性,有效解决规划项目和建设项目"两张皮"的问题。

相对于依靠笼统技术导则和规划人员主观经验的常规工程方法,本书方法较为系统、规范和严谨,使得不同水平的规划人员能够获得基本一致的规划方案;与现有的常规优化方法相比,本书方法更为直观、简单、快速、稳定和便于人工干预。

(2) 本书内容较好地诠释了大规模配电网规划中"简单的思想才有利于解决复杂问题"这一理念,相应的模型方法有三个突出特点:一是模型方法及其应用简单;二是模型方法较复杂但结论及其应用较简单;三是借助软件编程实现复杂模型方法应用过程的简化。

①对于实际的配电网规划,需要考虑的因素非常多,其中部分因素难以体现在数学规划模型中。本书基于不同配电网规划子问题的特点,在满足工程计算精度的条件下,建立适合工程应用的新颖简化规划模型,包括一些便于工程师进行直观快速估算的简化公式。

②实际规模的配电网规划一般属于大规模的混合整数非线性规划问题,现有的常规优化方法(如经典的数学规划方法或智能启发式方法)存在计算速度慢和计算不稳定的问题。为此,本书基于不同配电网规划子问题的特点,提出实用的混合求解方法。其中,许多研究实现了配电网规模的由大变小和方法的由繁变简(如直观和鲁棒的古典极值优化法和枚举法的采用),同时保证各小规模独自优化方案可以自动实现全局范围的"技术可行、经济最优"或"次优"。

③本书努力搭建配电网规划模型方法与实际工程应用之间的桥梁,用固化在软件中的实用模型和方法,直接快速提供实用而有价值的计算结果;同时本书也为配电网规划方法的应用提供一些参考范例。

④本书的模型和方法可由计算机编程自动实现,加上人工干预可得到较为理想的规划结果;而且,只要掌握了本书的基本思路,相应的规划工作也可借助一般商业软件(如潮流计算)完成,甚至仅依靠人工就可完成。

2. 本书主要内容

基于作者高中压配电网规划的研究成果,围绕兼顾"优化"且"落地"这一核心思想,重点从模型、有效混合算法和软件应用等方面设计了内容。本书主要内容有:

(1) 针对电力需求及其分布预测,对配电网规划中的常用负荷预测方法进行介绍和分析,针对不同分类的配电网规划提出推荐的负荷预测方法;搜集实际负荷

预测中部分相关典型参考数值；介绍基于用地规划的饱和度法和分类分区法及其
CEES 软件应用案例。

（2）针对变电站布点及其容量规划，介绍的模型和算法涉及单阶段规划和多阶段规划、基于负荷均匀分布的简化规划，以及分布式电源对变电站个数、变电站容量和馈线条数的替代作用。

（3）针对网架结构中的接线模式和组网形态，介绍国内外配电网的先进网架结构；介绍负荷双接入、架空线小分段和闭环运行方式的应用背景及其适用范围；给出组网形态的分类和典型组网形态的比较。

（4）分别给出高压和中压配电网"强、简、弱"的定义，通过对网架结构典型协调方案的安全可靠性和经济性的计算分析，归纳总结出不同网架结构协调方案的特点和适用范围。

（5）阐述了一套基于宏观组网约束的中压配电网网格化规划方法，同时强化了规划方案的科学性和落地性，解决了中压配电网规划长期缺乏操作简单且自成优化体系方法的问题。

（6）针对配电网规划中的不确定性因素，基于柔性规划基本概念，介绍了一套配电网柔性规划的思路、模型和方法，涉及变电站、通道、网架组网形态及其过渡。

（7）针对中压架空线开关配置，介绍简单实用的开关配置数学模型、启发式方法和算例计算分析，给出对工程实践具有一般性指导意义的分段规则或建议。

（8）针对中压馈线无功配置，阐述一套不同位置无功补偿容量规划优化模型及其快速三次优化解析算法，以及一种馈线总补偿容量的近似估算方法。

参 考 文 献

[1] 舒印彪. 配电网规划设计[M]. 北京: 中国电力出版社, 2018.

[2] 王璟. 配电网规划[M]. 北京: 中国电力出版社, 2016.

[3] 国网北京经济技术研究院组. 电网规划设计手册[M]. 北京: 中国电力出版社, 2015.

[4] 程浩忠. 电力系统规划[M]. 2 版. 北京: 中国电力出版社, 2014.

[5] 中华人民共和国国家标准. 城市电力规划规范 (GB/T 50293–2014)[S]. 北京: 中国建筑工业出版社, 2014.

[6] 中华人民共和国电力行业标准. 配电网规划设计技术导则 (DL/T 5729–2016)[S]. 北京: 中国电力出版社, 2016.

[7] 国家电网公司. 强化规划引领, 加快建设一流现代配电网[N]. 国家电网报, 2018-07-03 (2).

[8] 王开荣. 最优化方法[M]. 北京: 科学出版社, 2012.

[9] Cormen T H, Leiserson C E, Rivest R L, et al. 算法导论[M]. 3 版. 殷建平, 徐云, 王刚, 译. 北京: 机械工业出版社, 2013.

[10] 龚劬. 图论与网络最优化算法[M]. 重庆: 重庆大学出版社, 2009.

第2章 电力需求及其分布预测

配电网规划主要包括负荷预测、变电站规划和配电网络规划三大主要内容。负荷预测是配电网规划的基础和重要组成部分,其准确性直接影响规划的质量。本章将对配电网规划中的常用负荷预测方法及其适用范围进行介绍,归纳总结出相应的负荷预测要点。

2.1 引　　言

配电网规划中负荷预测主要针对整个规划区域及其分区(大区、中区、小区或地块)进行逐年负荷(年最大负荷)和电量(年电量)预测,即负荷总量预测和负荷分布预测(或空间负荷预测)[1]。负荷总量预测属于战略预测,是将整个规划区域的电量和负荷作为预测对象,其结果决定了该区域未来对电力的需求量和该区域未来电网的供电容量,对该区域变电和发电规划具有重要的指导意义。空间负荷预测是对城乡负荷分布的地理位置、时间和数量进行的预测,它是对高压变电站位置和容量、主干线路径和型号及它们的投入时间等决策变量进行规划优化的基础,其准确性决定了配电网规划方案的经济性和可操作性。

本章介绍配电网规划中负荷总量预测和空间负荷预测的方法、要点和应用案例。

2.2 负荷总量预测方法

本节负荷总量预测涉及回归分析法、时间序列法、产量单耗法、电力弹性系数法、大用户加自然增长法和人均用电量指标法。中长期负荷预测应采用与国民经济相关的模型方法,如电力弹性系数法;而中短期负荷预测应采用比较精确的数学模型方法,如大用户加自然增长法。

1. 回归分析法

回归分析法是利用数理统计原理,对大量的统计数据进行数学处理,确定用电量与某些自变量,如人口和国民经济产值等之间的相关关系,建立一个相关性较好的数学模型,即回归方程,并加以外推,用来预测今后的用电量。回归分析法包括一元线性回归分析法、多元线性回归分析法和非线性回归分析法。回归分析法要求样本量大且要有较好的分布规律和较稳定的发展趋势,故主要用于数量多而小的用户总量(即一般负荷或自然负荷)预测。

2. 时间序列法

时间序列法是根据历史资料,总结出电力负荷发展水平、负荷的年增长率或负荷的多年平均增长率(5年或10年)与时间先后顺序的关系,即把时间序列作为一个随机变量序列,用概率统计的方法,尽可能减少偶然因素的影响,做出电力负荷(或增长率)随时间序列所反映出来的发展方向与趋势,并进行外推,以预测未来负荷的发展水平。模型形式有一阶自回归、N 阶自回归,以及自回归与移动平均。

3. 产量单耗法

采用产品产量的耗电定额对各类工业用电量进行预测称为产量单耗法[2],其主要用于发展趋势不太平滑的大用户预测。该方法适用于工业比重大的系统,计算方法简单,对短期负荷预测效果较好,但所受影响因素较多(如需要明确项目是否处于在建、调试、达产、扩建、减产或关停状态),尤其受经济政策影响较大,需与政府部门详细对接,做详细的统计调研工作。

产量单耗法根据预测期的产品产量(或产值)和用电单耗计算需要的用电量,计算公式可表示为

$$E_{d,h} = \sum Q_{h,i} E_{h,i} \tag{2.1}$$

式中,$E_{d,h}$ 为采用产量单耗法求得的某行业 h 预测期的需求电量;$E_{h,i}$ 为行业 h 中产品 i(产值)的用电单耗;$Q_{h,i}$ 为行业 h 中产品 i 的产量(或产值)。

当分别算出各行业的需用电量之后,将它们相加就可以得到全部行业的需用电量。

4. 电力弹性系数法

电力弹性系数[3]是一个从宏观角度反映和把握电力发展与国民经济发展关系的指标,它所取的值是在一定的期限内,基期到末期的全社会用电量年平均增长率与国内生产总值年平均增长率之比;并且在预测中认为这种关系在正常情况下应该保持一定规律的发展趋势。采用电力弹性系数法的关键是弹性系数的选取:首先要掌握今后国内生产总值的年平均增长率,然后根据过去各阶段的电力弹性系数值,分析其变化趋势,最终选用适当的电力弹性系数。该值与当地产业结构密切相关:在高耗能和粗扩型生产方式下,电力弹性系数一般都大于1;随着绿色能源的发展,电力弹性系数逐渐调整变小,甚至可能小于1。只要做到具体间

题具体分析，用电力弹性系数法从宏观的角度来预测整个规划区的电量和负荷能够取得较好效果。

有了电力弹性系数及国内生产总值的年平均增长率，规划年所需用电量可表示为

$$E_{e,t} = E_{e,0}(1 + k_{tx}k_{gzch})^t \qquad (2.2)$$

式中，$E_{e,t}$ 为采用电力弹性系数法求得的第 t 年需用电量预测值；k_{tx} 为电力弹性系数；k_{gzch} 为国内生产总产值的年平均增长率。

电力弹性系数法适用于中长期电量预测，主要用于负荷预测校核。对于预测中是否选用电力弹性系数法，要具体问题具体分析：①如果对经济发展和电力增长的关系进行深入分析，能够把握两者的内在规律性及其未来变化趋势，完全可以用电力弹性系数法进行电力需求预测；②在经济结构和用电水平保持相对稳定阶段，电力弹性系数较为容易把握，预测效果较好；经济结构和用电水平可能发生较大变化的阶段不宜采用电力弹性系数法；③经济规模和用电规模较小的地区一般不宜使用电力弹性系数法。

5. 大用户加自然增长法

1）总量负荷预测

总量负荷预测是对整个规划区的负荷及电量进行的一种宏观预测。除电力弹性系数法、回归分析法和时间序列法等方法外，目前配电网规划中常用的方法是大用户加自然增长法，即将总量负荷分为一般负荷和点负荷分别进行电量预测，然后汇总成总电量，再根据最大负荷利用小时数得到最大总负荷，如图 2.1 所示。一般负荷通常为小而多用户负荷的总称，点负荷通常指大而少的用户负荷，如冶炼厂、化工厂和煤矿等。

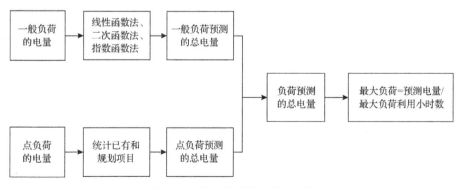

图 2.1　总量负荷预测步骤示意图

一般负荷可采用自然增长法进行电量预测，即将历史电量数据用线性函数、

二次函数、指数函数等回归曲线拟合，并外推规划期的电量；对于基于政府用地规划的负荷预测，曲线拟合应设置远景年负荷饱和值，以控制曲线的发展趋势。通常对点负荷用电量的预测是根据立项报告统计得到的，同时考虑用户扩大生产规模和开展节能措施及市场等因素，调整各年电量预测值。

2) 分区负荷预测

由于规划区域总量负荷预测不能体现各分区负荷发展的不均衡性，因此在进行配电网规划时，为使变电站布点和中压配电网结构更加合理，需要对各分区负荷进行预测。分区可按照土地用途功能、负荷性质、行政区划、地理自然条件(如山脉、河流等)或现有变电站的供电范围等原则进行划分；分区负荷预测与上述总量预测方法相同或类似，仍需将负荷分成一般负荷和点负荷；分区负荷预测的步骤如图 2.2 所示，其中各分区负荷考虑同时率后汇总可得到整个规划区的总负荷，该总负荷应与其他方法预测的总负荷进行相互校核。

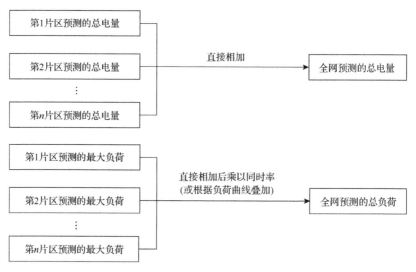

图 2.2　分区负荷预测步骤示意图

6. 人均用电量指标法

当采用人均用电量指标法(或横向比较法)预测时，计算公式可表示为

$$E_r = E_{rp} N_p \tag{2.3}$$

式中，E_r 为采用人均用电量指标法求得的城市总用电量或居民生活用电量；E_{rp} 为人均综合用电量或人均居民生活用电量；N_p 为城市人口总数。

预测城市总用电量时，其规划人均综合用电量指标应符合表 2.1 的规定[4]；预测居民生活用电量时，其规划人均居民生活用电量指标应符合表 2.2 的规定[4]。

表 2.1　规划人均综合用电量指标[4]

指标分级	城市综合用电水平分类	人均综合用电量/(kW·h/年)	
		现状	规划
I	用电水平较高城市	4501~6000	8000~10000
II	用电水平中上城市	3001~4500	5000~8000
III	用电水平中等城市	1501~3000	3000~5000
IV	用电水平较低城市	701~1500	1500~3000

注：当城市人均综合用电量高于或低于表中最高或最低限值时，人均综合用电量应视其具体情况因地制宜确定。

表 2.2　规划人均居民生活用电量指标[4]

指标分级	城市综合用电水平分类	人均居民生活用电量/(kW·h/年)	
		现状	规划
I	用电水平较高城市	1501~2500	2000~3000
II	用电水平中上城市	801~1500	1000~2000
III	用电水平中等城市	401~800	600~1000
IV	用电水平较低城市	201~400	400~800

注：当城市人均居民生活用电量高于或低于表中最高或最低限值时，人均居民生活用电量应视其具体情况因地制宜确定。

2.3　空间负荷预测实用方法

本节介绍小区负荷增长特性和空间预测方法的分类，阐述基于用地规划的负荷分布预测方法，即对数据要求量少的饱和度法，以及相对准确地考虑小区负荷发展不均衡的分类分区方法。

2.3.1　空间负荷预测基础

配电网规划不仅需要预测未来负荷总量的变化规律，还需要对未来负荷的地理分布情况做出相应的预测，即空间负荷预测。

1. 小区负荷增长特性

空间负荷预测通常通过预测小区负荷来实现负荷的地理分布情况预测，小区划分通常按照功能小区选择边界，功能小区可以是一片用地类型相同的地块或者一到几个相同负荷类型的用户。根据用地性质可将小区分为若干类，如工业用地，住宅用地，行政办公用地，商业用地，文化娱乐用地，研发用地，教育、医疗用地，体育等公共设施用地，市政设施用地，仓储物流用地，绿化、广场及道路用地等。同种类型负荷的发展过程类似，其发展程度随时间也有相似的饱和度。

　　由于各功能小区面积和规模不一样,其负荷发展曲线趋势可能不一致。图 2.3 显示了某城市的负荷分布地理图及其小区负荷增长特性, 曲线图(a)~(d)代表相应区域或小区负荷增长走势。其中,图(a)显示了该城市系统总负荷增长趋势曲线, 图(b)体现了箭头所指的小区负荷增长趋势曲线, 图(c)表示箭头所指小区群负荷增长趋势曲线, 图(d)呈现了箭头所指的圆圈区域的城市大区域负荷增长趋势曲线。从不同大小区域负荷发展曲线可以看出, 系统面积越小, 负荷曲线呈现 S 形趋势越明显; 系统面积越大, 新用户发生的时间和添加新电器的时间分布越分散, 负荷随时间增长趋势越平缓(系统总负荷几乎呈现线性增长趋势, 小区群负荷曲线增长趋势介于线性增长趋势和 S 形增长趋势之间)。

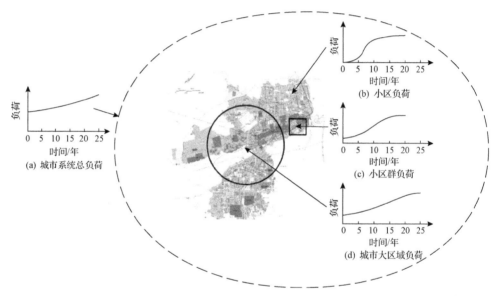

图 2.3　某城市的负荷分布地理图及其小区负荷增长特性

2. 预测方法分类

　　空间负荷预测最初由 Willis 提出[5]。目前, 负荷地理分布情况的预测方法根据已知条件和预测内容不同, 主要分为可进行土地使用决策的用地仿真法, 以及基于土地使用情况的分类分区法和饱和度法。

　　用地仿真法通过分析城市土地利用的特性和发展规律, 预测城市土地使用类型、使用强度、土地价值及其地理分布和面积构成, 并在此基础上将土地使用情况转化成空间负荷。用地仿真法主要适用于用地规划比较不确定的情况(如中长期负荷预测), 能较好地综合考虑不确定性因素(如地理社会和交通环境), 但在我国配电网规划中推广应用的成功案例还不多见。这主要是由于用地仿真法的核心是土地使用决策, 这要求土地的使用要由市场决定, 国家市场经济完善, 土地交易自由度大。然而在国内，土地交易中较多是由政府干预，土地的使用也一般由政府部门事先进行规划。

考虑到国内土地的使用一般由政府部门事先进行规划，实际配电网规划中一般采用基于该用地规划的负荷分布预测，它根据规划区各地块土地利用特征和发展规律，预测得到相应地块电力负荷的数量及产生时间。该方法一般要求详细的区域用地规划图，可用于城市、县城、工业园区甚至农村的负荷分布预测，其中比较实用的方法有饱和度法和分类分区法。

2.3.2　饱和度法

基于单位建设用地负荷密度法（即负荷密度指标法），本节饱和度法不仅可用于目标年，也可用于过渡年的负荷分布预测。

1. 方法简介

饱和度法不需要规划区域的历史负荷，方法简单，可用于新开发区的负荷分布预测。通过设置各地块饱和密度指标、容积率和需用系数，以及估计新、老地块不同规划年限的饱和度，可得到各地块逐年负荷值（即地块面积、饱和密度、容积率、需用系数和饱和度的乘积），再采用负荷曲线叠加或同时率方法可自下而上地得到逐年分区或总负荷预测结果。

2. 饱和度曲线典型模板

新、老地块不同规划年限的饱和度可在饱和度曲线典型模板上直接找到。一般希望采集到小区（换算后的）负荷密度，再采用曲线拟合方式获取曲线典型模板；但是实际上，小区（如馈线或配变等）的供电面积可能难以获取，从而无法获得负荷密度。因此，根据采集数据信息量的不同，可采取两种不同的方式获取典型曲线模板：若已知面积的小区作为样本对象采集数据，可通过曲线拟合方式获取曲线典型模板；若以未知面积的小区作为样本对象，可基于负荷增长率获取饱和度曲线模板。

1）基于负荷密度的曲线拟合

（1）数据采集。

考虑到社会经济发展等因素，收集某类负荷数据时仅收集若干年的数据；数据采集的对象可以抽取若干对象城市已知历史负荷数据的典型小区（如馈线或配变供电负荷），若可选取的已知历史负荷数据小区数量不足，可以选取同等发达城市同等发达地区数据进行补充；收集的内容包括小区名称、用地性质、建成年份、面积、容积率和逐年最大负荷。

（2）数据处理。

①根据收集所得数据，计算 h 类负荷各小区各年的负荷密度，表达式为

$$d_{i,t}^{(h)} = \frac{P_{i,t}^{(h)}}{A_i^{(h)} \gamma_i^{(h)}}, \quad 1 \leqslant i \leqslant N_{za}^{(h)}; 1 \leqslant t \leqslant N_{zt}^{(h)} \tag{2.4}$$

式中，$d_{i,t}^{(h)}$ 和 $P_{i,t}^{(h)}$ 分别为 h 类负荷小区 i 第 t 年的负荷密度和年最大负荷；$A_i^{(h)}$ 和 $\gamma_i^{(h)}$ 为 h 类负荷小区 i 的占地面积和容积率；$N_{zt}^{(h)}$ 为 h 类负荷数据年的总年限(如 5～15)；$N_{za}^{(h)}$ 为 h 类负荷小区数量(如 100)。

对于出现数据不完整的情况，令 $d_{i,t}^{(h)} = 0$。

②计算 h 类负荷各年负荷密度平均值，即

$$d_t^{(h)} = \frac{\sum_{i=1}^{N_{za}^{(h)}} d_{i,t}^{(h)}}{N_{za}^{(h)} - Z_t^{(h)}}, \quad 1 \leqslant t \leqslant N_{zt}^{(h)} \tag{2.5}$$

式中，$Z_t^{(h)}$ 为第 t 年时 $d_{i,t}^{(h)}$ 为零的个数；$d_t^{(h)}$ 为 h 类负荷第 t 年负荷密度的平均值。

(3)生成模板。

负荷密度曲线典型模板采用生长曲线进行拟合，生长曲线的数学表达式一般为

$$y_t = \frac{a}{1 + be^{-ct}} \tag{2.6}$$

式中，y_t 为第 t 年的研究对象(如负荷密度)；a、b、c 为三个待估参数。

饱和度曲线典型模板数学表达式为

$$\underline{y_t} = \frac{y_t}{a} = \frac{1}{1 + be^{-ct}} \tag{2.7}$$

式(2.6)中参数求取步骤[6]如下：

①首先估计 a 值，可采用三点法、四点法和拐点法。

若采用三点法，设采集实测数据序列有始点 (t_1, y_1)、中点 (t_2, y_2) 和终点 (t_3, y_3)，其中 $2t_2 = t_1 + t_3$，则

$$a = \frac{2y_1 y_2 y_3 - y_2^2 (y_1 + y_3)}{y_1 y_3 - y_2^2} \tag{2.8}$$

若采用四点法，设采集实测数据序列有始点 (t_1, y_1)、终点 (t_4, y_4) 以及中间两点 (t_2, y_2) 和 (t_3, y_3)，其中 $t_2 + t_3 = t_1 + t_4$，则

$$a = \frac{y_1 y_4 (y_2 + y_3) - y_2 y_3 (y_1 + y_4)}{y_1 y_4 - y_2 y_3} \tag{2.9}$$

若采用拐点法,设实测曲线上斜率最大点的 y 值为 y_m (此时 $t=t_m$),实际上一般选用实测数据变化最快两点的几何平均值等效,则

$$a = 2y_m \qquad (2.10)$$

②将式(2.6)变换再取自然对数,可得

$$\ln \frac{a - y_t}{y_t} = \ln b - ct \qquad (2.11)$$

令 $Y_t = \ln \dfrac{a - y_t}{y_t}$, $B = \ln b$, 式(2.11)可变换为

$$Y_t = B - ct \qquad (2.12)$$

由于 a 通过前一步骤已经得到,式(2.12)是一个线性函数,可通过最小二乘法求得 B 和 c,再求得 b。

2)基于负荷增长率的曲线拟合

负荷增长率曲线拟合基于相同用地性质、相同发展程度小区负荷增长率基本一致的假设,其思路为:首先,获取充足的各类用地性质基础数据(包括但不限于用户用地性质、建成年份和若干年最大负荷);其次,计算各小区若干年的负荷增长率;再次,基于同类小区相同发展年份的负荷增长率计算得到每类用地性质各年的平均负荷增长率;最后,通过逐年平均负荷增长率的转换,推算出各类用地性质饱和度发展曲线。

(1)数据采集。

需要采集的数据包括用地性质、小区名称、建成年份和若干连续年份(连续年份间可以间断)的最大负荷。数据采集样表如表 2.3 所示。

表 2.3　数据采集式样

序号	用地性质	小区名称	建成年份	各水平年最大负荷/MW							
				2010 年	2011 年	2012 年	2013 年	2014 年	2015 年	2016 年	2017 年 …
1	一类居住用地	小区 1	2010	19.39	21.15	—	—	—	49.35	57.28	62.57 …
2	二类居住用地	小区 2	2012	—	—	2.75	3.00	4.12	—	5.37	7.00 …
…											

(2)数据处理。

计算饱和度时,小区负荷数据需要转换为相同的起始年。若数据采集年限为 N_{zt} 年,各水平年序号为 $0 \sim (N_{zt}-1)$,以表 2.3 为例,整理后的数据如表 2.4 所示。

表 2.4　小区负荷数据按起始年份整理结果

序号	用地性质	小区名称	各水平年最大负荷/MW						
			第 0 年	第 1 年	第 2 年	第 3 年	...	第 N_{zt}–3 年	第 N_{zt}–2 年	第 N_{zt}–1 年
1	一类居住用地	小区 1	19.39	21.15	—	—	...	87.24	87.24	88.13
2	二类居住用地	小区 2	2.75	3.00	4.12	—	...	0.00	0.00	0.00
...	...	...	...	...	...	...	...	...	...	...

(3) 小区不同年份负荷增长率计算。

定义年负荷增长率 $\beta_{i,t}^{(h)}$ 为第 h 类负荷第 i 个小区第 t 年（不含第 0 年）的最大负荷变化量与第 t–1 年的最大负荷之比。对于收集到的数据允许的情况，计算各小区不同年份的负荷增长率。

(4) 每类用地性质负荷平均增长率。

第 h 类负荷第 t 年负荷平均增长率 $\beta_t^{(h)}$ 可表示为

$$\beta_t^{(h)} = \frac{\sum_{i=1}^{N_t^{(h)}} \beta_{i,t}^{(h)}}{N_t^{(h)}} \tag{2.13}$$

式中，$N_t^{(h)}$ 为第 h 类负荷所有有效小区第 t 年负荷增长率 $\beta_t^{(h)}$ 的个数，其中有效小区为所有小区扣除因缺少数据而无法获得第 t 年负荷增长率的小区。

(5) 每类用地性质饱和度曲线推算。

基于负荷累加的思路，将负荷增长率还原为各年的饱和度，再根据边界条件（如饱和年饱和度为 1）获得归一化后的饱和度曲线。

假设 N_{zh} 为负荷类型总数，$\mu_t^{(h)}$ 为第 h 类负荷第 t 年的饱和度，各类用地性质饱和度曲线推算步骤为：

①令负荷类型编号 $h=1$。

②令年份 $t=0$，初始化 $\mu_0^{(h)}=1$。

③若 $t=N_{zt}$，转步骤⑤；否则让 $t=t+1$。

④根据负荷平均增长率累加获得下一年初始饱和度，即

$$\mu_t^{(h)} = \left(1+\beta_t^{(h)}\right)\mu_{t-1}^{(h)} \tag{2.14}$$

并返回步骤③。

⑤ $\mu_{\max}^{(h)} = \max\limits_{0 \leqslant t \leqslant N_{zt}-1}\left(\mu_t^{(h)}\right)$。

⑥假设饱和年饱和度为 1，通过归一化获得各年饱和度，$\underline{\mu}_t^{(h)} = \mu_t^{(h)} / \mu_{\max}^{(h)}$。

⑦若 $h < N_{zh}$ ，令 $h = h+1$ ，返回步骤②；否则，计算结束， $\underline{\mu}_t^{(h)}$ 即为第 h 类负荷第 t 年的饱和度。

2.3.3　分类分区法

1. 方法简介

分类分区法一般先由分类负荷总量历史值及其饱和值一起拟合得到分类负荷曲线[7~10]；再回推得到中间年的分类负荷总量，且根据相应年份分类负荷总量及其总面积计算得到各中间年的分类负荷平均密度；最后结合各小区面积计算得到其负荷值。

在分类分区法中，小区一般按功能小区划分，功能小区一般是一片用地类型相同的地块或一个到几个负荷类型相同的用户。根据小区用地类型，负荷大致可分为工业、居民生活、商业仓储、公共设施和其他几大类。一般来说，小区负荷密度不可能无限增长，往往经过一段时间快速增长后，速度逐渐放慢，最后趋向饱和。负荷饱和值是基于远景用地规划分析，设定远景年分类饱和负荷密度指标后得到。

2. 基于空区推论的分类分区法

文献[8]提出了一种基于空区推论(vacant area inference, VAI)的分类分区法，可分别得到新、老区的平均负荷密度，解决了同类小区基于统一的分类负荷平均密度预测负荷的不足。空区推论最初是为了预测现状无负荷的空区上的负荷发展而提出，它通过预测包含空区的更大区域的负荷来推算其中空区的负荷发展。其基本思路是：考虑到有历史负荷区域和加上空区增大后的区域都具有相同的历史负荷但又有不同的饱和负荷值，分别外推该两种区域的负荷发展趋势，然后根据两者之差推算空区的负荷，如图 2.4 所示。

3. 考虑小区发展时序的分类分区法

为了改善预测精度，可根据小区发展时序做进一步的改进，使得所有同类新区负荷不必基于同一分类负荷平均密度确定[9]。基本思路如下：假设城市某 h 类小区包含老区以及第 t_1 和 t_2 年投建开发的新区(t_1 和 t_2 均为规划年，且 $t_1 < t_2$)， T_0 、 T_1 和 T_2 分别为对应老区、第 t_1 和 t_2 年投建开发的新区饱和年份(如图 2.5 所示)，然后，将投建年份不同的新区按照时序先后，依次在其相应的先前年份负荷拟合曲线上分别进行空区推论预测，进而得到相应新区的负荷分布情况。该方法在负荷密度预测结果中体现了小区发展的时序关系，预测过程中将老区与新区区分，将已投建新区与未投建新区区分，更加接近小区负荷发展实际情况，有效提高了预测精度。

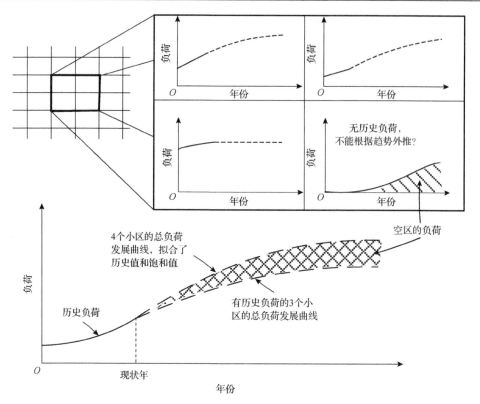

图 2.4　空区推论概念示意图

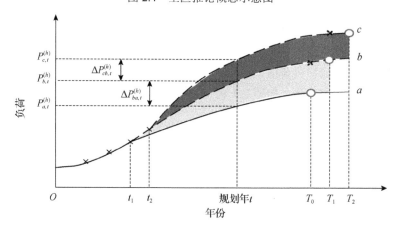

图 2.5　考虑新区发展时序的 h 类负荷预测示意图

× 历史负荷点；✖ 添加点；○ 饱和点；▨ t_1 年投入的新区 h 类负荷；▨ t_2 年投入的新区 h 类负荷

4. 考虑小区负荷不均衡的预测方法

文献[10]提出了一种考虑小区负荷发展不均衡的空间负荷预测分类分区方

法，可根据实际规划中可收集到的数据资料将小区细分为已知历史负荷的老区、仅知投运年限的老区、无任何数据的老区、已知投运年份的新区和投运年份未知的新区五类。根据这五类小区的数据特点分别采用不同的方法预测其负荷分布。

为了进一步改善预测精度，可根据城市发展规律再做改进，使所有同类并且投建年份相同新、老区的负荷不必基于同一分类负荷平均密度确定。鉴于城市的发展一般都是以中央商务区为中心、由内向外的扩展过程，小区负荷的发展将受到相邻小区的影响，即距离高负荷密度地区越近的区域将会优先发展负荷；同一年发展起来的新区，由于地理位置、离负荷中心的距离等因素，其发展的优先权也可能不一致，如果按照统一的密度分配未知投运年份的负荷增量可能导致较大的误差。因此，可考虑根据小区的地理位置等因素引入优先指数(merit index, MI)，从而计算得到各小区分配负荷的权值，规划期相同、投运年份同类小区的负荷总增量可按此权值进行分配。

2.4　配电网规划中的负荷预测要点

本节对配电网规划中的负荷预测要点进行归纳，包括不同分类配电网规划的负荷预测方法选择、分电压等级负荷预测、点负荷的选取和 35kV 计算负荷转移时的应对措施，搜集并提供了大用户单耗、同时率、需用系数、最大负荷利用小时数、饱和密度及饱和年限等典型参考数值，并指出这些取值的难点和注意事项[11]。

1. 不同分类配电网规划的负荷预测方法

根据配电网规划区域的行政级别、负荷密度和用户性质等，一般可将配电网规划分为城市配电网规划、县城配电网规划、农村配电网规划和开发区(工业园区)配电网规划共四类。

(1)城市配电网规划必须与市政规划等部门协调，与城市发展同步。城市配电网规划中可利用历史负荷数据和负荷饱和值来预测未来负荷的发展趋势，当接近其饱和值时负荷增长率会变小，甚至不增长。近期负荷预测通常选取大用户加自然增长法；中、远期负荷总量和分布预测采用基于政府用地规划的空间负荷预测法。

(2)县城配电网规划近期负荷预测通常选取大用户加自然增长法。对于中、远期负荷总量和分布预测，当有用地规划时选取空间负荷预测法；否则，可根据经验按照一定增长率(结合政府经济预期)估算一个合理的预测值。

(3)农村负荷相对城市负荷数量较小，分布分散而不均匀，一般以居民用电负荷为主，从总量来讲具有一定的增长规律。负荷预测方法需要根据实际情况分析做出选择。推荐采用回归曲线法或大用户加自然增长法。

(4)开发区(工业园区)一般缺乏规划范围内的历史负荷和电量数据,但是用地规划、用地性质、建筑容积率和近期大用户信息比较齐全。因此,近期负荷预测宜选取大用户加自然增长法,中、远期负荷总量和分布预测选取基于用地规划的空间负荷预测法。

2. 分电压等级负荷预测

得到总量负荷预测结果后,为确定各电压等级主变容量的新增情况,需要进行各电压等级负荷预测,相关负荷供需情况分析可参考图 2.6 所示的一个县级供电网各电压等级负荷分布计算示意图。

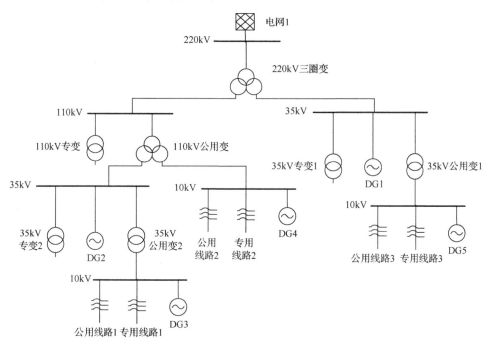

图 2.6　县级供电网各电压等级负荷分布计算示意图

首先,定义"220kV 网供负荷"为流过 220kV 主变的有功潮流;"110kV 直供负荷"为 110kV 专变所供的大用户负荷;"110kV 网供负荷"为流过 110kV 公用变的有功潮流;"35kV 直供负荷"由 35kV 专变(如图中为"35kV 专变 1"和"35kV 专变 2")所供负荷之和组成;"35kV 网供负荷"由 35kV 公用变(如图中为"35kV 公用变 1"与"35kV 公用变 2")所供负荷之和组成;"10kV 专网负荷"由 10kV 专线(如图中为 10kV"专用线路 1"、"专用线路 2"和"专用线路 3")所供负荷之和组成;"10kV 网供负荷"由 10kV 公用线路所供负荷之和组成;"10kV 用户负荷"由 10kV 专用线路以及公用线路上用户专变所供负荷之和组成;"10kV 公变负荷"由 10kV 公用线路除去用户专变后所供负荷之和组成。

在配电网规划中，网供负荷一般分电压等级计算，指同一电压等级公用变压器所供负荷。各电压等级的网供负荷可表示为

$$P_{k,t} = P_{z,t} - P_{cy,t} - P_{zg,k,t} - P_{y,k,t} - P_{fd,k,t} - P_{gr,k,t} + P_{gc,k,t} \qquad (2.15)$$

式中，$P_{k,t}$ 为规划区域第 t 年第 k 电压等级网供负荷；$P_{z,t}$ 为规划区域第 t 年全社会最大用电负荷，对应本地区全社会用电量；$P_{cy,t}$ 为规划区域第 t 年所有电厂厂用电负荷；$P_{zg,k,t}$ 为规划区域第 t 年第 k 电压等级电网的上级变压器直降第 k 电压等级电网的下级负荷，如图 2.6 中计算 110kV 公用变的网供负荷时，220kV 三圈变直供 35kV 专变 1 和 35kV 公变 1 的负荷考虑同时率相加后即为 $P_{zg,k,t}$；$P_{y,k,t}$ 为规划区域第 t 年第 k 电压等级及以上用户负荷，如图 2.6 中计算 110kV 公变的网供负荷时，110kV 专变的负荷为 $P_{y,k,t}$；$P_{fd,k,t}$ 为规划区域第 t 年第 k 电压等级以下上网且参与电力平衡的发电负荷(或等效出力)，如图 2.6 中计算 110kV 公用变的网供负荷时，DG2、DG3、DG4 为参与电力平衡的分布式电源(DG1 和 DG5 不参与平衡)；$P_{gr,k,t}$ 为规划区域第 t 年第 k 电压等级以下区外向区内供入且参与电力平衡的区间交换功率；$P_{gc,k,t}$ 为规划区域第 t 年第 k 电压等级以下区内向区外供出且参与电力平衡的区间交换功率。

需要注意的是，随着城市的发展，配电网可能逐步取消 35kV 电压等级，原有的 35kV 旧变电站可能改造成 10kV 开关站或升压改造为 110kV 变电站，在此情况下的分电压等级负荷预测需要注意将相应 35kV 负荷转移为 10kV 负荷或 110kV 负荷，同时 35kV 网供负荷可能逐渐减小。

3. 负荷预测结果校验

在实际配电网规划中，一般负荷年均增长率若太大(如超过 8%)，应说明理由(如历史负荷基数小、家电下乡和经济增长支撑，但应注重时效性)；大用户预测通常会给出高、中、低三种方案：低方案通常为现状大用户和在建项目之和；中方案指现状大用户、在建项目及核准项目之和；高方案指现状大用户、在建项目、核准项目及规划项目之和。相关用户项目规划资料应由政府经济管理部门提供。

不同的预测方法所得到的预测结果也具有一定差异，需要进行相互校核，并最终选取一个合理的预测结果作为推荐方案。对于全局负荷(即总量)预测、分区负荷预测、空间负荷预测和电力弹性系数法四种方法，其相互校验示意图如图 2.7 所示。

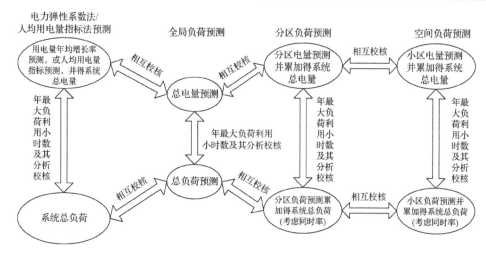

图 2.7 负荷预测各方法间相互校验示意图

4. 点负荷

实际工作中,电力公司通常只统计一些负荷较大且用电量受市场经济等因素影响明显的电力用户,这些用户的投入和退出往往会造成电力系统负荷的突变,这就是人们通常所说的"点负荷"。在工程实践中,没有特定的容量大小来规定一个电力用户是否属于点负荷,因为不同地区所能统计到的最小点负荷很可能不一样。对于工业发达的地区,各类小企业数目众多,与当地的大企业相比可视为一般负荷;反之,对于经济比较落后的地区,一个负荷相对较大的小厂矿则应该视为点负荷。总之,点负荷规模的确定视具体情况而定,一般选择 10~20 家。对点负荷要核其规模、单耗、负荷、年电量和年最大负荷利用小时(T_{max})等数据。县级主要工矿企业用电单耗和年最大负荷利用小时数如表 2.5 所示。

表 2.5 县级主要工矿企业用电单耗和年最大负荷利用小时数

行业	指标	单耗/(kW·h)	T_{max}/h
煤炭工业	立井采煤(每年 60 万 t)	18~25	3500
	斜井采煤(每年 60 万 t)	20~24	4200
	露天采煤(每年 60 万 t)	15~20	4600
冶金工业	硅铁(75%)	9000~12500	5500
	坯钢	150~160	5000
	电解铝	18500	5000
机械工业	小型水轮机	800~1000	4300
	汽车修理	500~550	3600
	农业机械	250~300	4600

续表

行业	指标	单耗/(kW·h)	T_{max}/h
化学工业	合成氨(5000t)	1500～2000	4500
	烧碱(1000t)	3000～3500	4500
	磷铵肥	1000～1200	5200
建材工业	水泥(10万t)	100～110	4200
	机制瓦	600～650	3400
	玻璃钢	650～680	3800
纺织工业	棉布	1200～1400	5000
	针织品	2500～2800	4500
	毛纺织	1800～2000	4200
造纸工业	木浆	800～1000	4000
	印刷纸	650～800	5000
	包装纸	500～600	3800
食品工业	花生油(1500t)	280～320	3800
	白酒(3000t)	10～20	4500
	面粉(中型)	50～60	4300
其他工业	水泥预制构件	35～50	3600
	自来水(20万t)	0.4～0.5	3500

在实际配电网规划的负荷预测中,可能会出现历史期和规划期负荷突变(突升或突降)的情况,原因很可能是某点负荷投产或停产。点负荷的规划发展受到很多不确定性因素的影响,若点负荷预测时只考虑近期已批复或已申报的项目,则预测结果与后来的实际情况相比很可能会偏小。解决这个问题的方法之一是使用电力弹性系数法校核,因为政府部门已做了国民经济规划,而电力弹性系数法与规划区国内生产总值的规划预测值相关,用它进行负荷预测已考虑到了市场经济等因素的影响。

5. 负荷特性分析

负荷特性分析一般包括年度、月度、典型日负荷特性分析和典型行业的负荷特性分析,主要内容包括:

(1)负荷预测基础。负荷预测基础包括最大网供负荷、全社会用电量、统调电量、负荷增速、电量增速和年最大负荷利用小时数及其变化情况。

(2)年负荷特性。年负荷特性即判断年峰谷负荷发生的时刻及规律,为电力平衡时确定电源出力和潮流计算中选择运行方式提供依据;负荷持续曲线包含最大负荷、最小负荷、累积电量、负荷累积持续时间、负荷出现的概率等大量信息,是电力系统规划与可靠性评估的基础。

(3)月负荷特性。月负荷特性即分析各月平均日负荷率、各月最大日峰谷差、各月月负荷率年度内各月之间的差异,以及逐年的变化趋势。

(4)日负荷特性。日负荷特性即分析不同季节(夏季、冬季、一般季节)和节假日期间的典型日负荷曲线变化的特点,包括负荷曲线的形状、日最大负荷、日峰谷差、日平均负荷率、日最小负荷率、日峰谷差率;分析逐年各季节典型日负荷曲线中早、中、晚高峰(各地不同,有些只有一个或两个高峰,则相应分析这些高峰区间)及低谷时间段的变化及相互关系的变化情况;分析逐年各季节典型日负荷曲线之间的差异,并分析其变化规律。

(5)典型行业负荷特性。典型行业负荷特性即分析涉及工业、居住、商业、公共管理与公共服务等典型行业,根据规划区用电特点,各行业选取几个典型用户的春夏秋冬典型日负荷曲线进行分析,为后续规划工作中负荷密度和同时率的选取提供依据。

6. 年最大负荷利用小时数

年最大负荷利用小时数 T_{max} 是用户电量(年消费电能 E_z)除以负荷(年最大负荷 P_z),其计算公式为

$$T_{max} = \frac{E_z}{P_z} \tag{2.16}$$

由于历史负荷与时间点有关,较难通过统计资料获得,而历史电量与时间段相关,能够比较容易从电力公司提供的资料中得到,因此在负荷预测中通过预测电量和预测年最大负荷利用小时数再由式(2.16)计算负荷更具有现实意义。其中,年最大负荷利用小时数预测可参考其历史值和各行业典型值及各行业比例,并根据规划期产业结构变化进行调整。一般来讲,第二产业所占比例越大,年最大负荷利用小时数越大,反之亦然。若第二产业很少,年最大负荷利用小时数在 3000h 左右;若第二产业占到 70% 以上,年最大负荷利用小时数可达 5000~6000h(年最大负荷利用小时数介于 0~8760h,偏大或偏小都要说明原因)。表 2.6 和表 2.7 给出了各行业以及各类负荷的年最大负荷利用小时数的典型值。

7. 同时率

在将各类或各分区的负荷相加时,需要考虑负荷同时率问题[12,13]。同时率是指系统峰值负荷与各用户峰值负荷总和的比值。由于各用户峰值不可能在同一时刻出现,故同时率是小于或等于 1 的正数。其大小受社会经济发展、负荷结构、季节温度变化等因素的影响。不同系统有不同的负荷同时率,在实际规划中可通过以下三种方式获得。

表 2.6　各行业典型年最大负荷利用小时数

行业名称	T_{max}/h	行业名称	T_{max}/h
有色电解	7500	机械制造	5000
化工	7300	食品工业	4500
石油	7000	农村企业	3500
有色冶炼	6800	农村灌溉	2800
黑色冶炼	6500	城市生活	2500
纺织	6000	农村照明	1500
有色采选	5800		

表 2.7　各类负荷典型年最大负荷利用小时数

负荷类型	T_{max}/h	负荷类型	T_{max}/h
户内照明及生活用电	2000~3000	三班制企业用电	6000~7000
一班制企业用电	1500~2200	农业排灌用电	1000~1500
二班制企业用电	3000~4500		

(1) 通过叠加典型日负荷曲线获得同时率。

(2) 若该地区的用电结构变化不大，可将历史同时率用于规划期的负荷预测当中。由于各级变电站主变总路和分路都装有电能计量装置，调度系统记录了各变电站最大负荷及系统的最高负荷，故可由此得到历史的负荷同时率。

(3) 在缺乏实际统计资料时，可按经验估计规划期的同时率。一般来讲，若各变电站的用电负荷性质越接近则同时率越高，可达到 0.9 以上；若负荷性质差异较大，则同时率就越小(如水泥厂、冶炼厂、化肥厂与农村变电站组合时同时率可低至 0.6)。

表 2.8 给出了部分用户和行业同时率参考值[14]。

表 2.8　部分用户和行业同时率参考值[14]

用户和行业	同时率	用户和行业	同时率
各用户之间	0.85~1.0	有色金属工业	0.97~0.98
用户少或有特大用电负荷	0.95~1.0	化学工业	0.98~1.0
用户特别多时	0.7~0.85	塑料纤维联合工业	1.0
地区或系统之间	0.9~0.95	水泥工业	0.98~1.0
一班制生产	0.94~0.95	日常生活用电	0.92~1.0
二班制生产	0.95~0.97	农业用电	0.9~0.97
三班制生产	0.97~0.98	电力牵引	1.0
煤炭工业	0.95		

8. 需用系数

需用系数 k_d 是在用电设备组投入运行时,从供电网络实际取用的功率与用电设备组设备容量之比,即

$$k_d = \frac{P_{sb}}{\sum P_{r,i}} \tag{2.17}$$

式中,P_{sb} 为用电设备组负荷曲线上最大有功负荷;$P_{r,i}$ 为用电设备 i 的容量。

某区域的最大负荷 P_z 可表示为

$$P_z = k_t \sum \left(k_d \sum P_{r,i} \right) \tag{2.18}$$

式中,k_t 为用电同时率。

通过式(2.18)转换可引入综合需用系数的概念,即一定范围内综合最大负荷与用电设备总容量的比值,即

$$k_{zd} = \frac{P_z}{\sum P_{r,i}} \tag{2.19}$$

式中,k_{zd} 为综合需用系数。

分类负荷需用系数的选取可参考表 2.9。

表 2.9 分类负荷需用系数

建筑类别	需用系数
工业用地	0.6~0.9
居民用地	0.35~0.5
商业用地	0.7~0.9
公共设施	0.5~0.7

住宅建筑和民用建筑照明负荷需用系数的取值如表 2.10 和表 2.11 所示[15]。

表 2.10 住宅建筑用电负荷需要系数

户数	需要系数	户数	需要系数	户数	需要系数
3	1.0	12	0.60	24	0.45
4	0.95	14	0.55	25~100	0.45
6	0.80	16	0.55	125~200	0.35
8	0.70	18	0.50	260~300	0.3
10	0.65	21	0.50		

表 2.11　民用建筑照明负荷的需用系数[15]

建筑类别	需用系数	建筑类别	需用系数
一般旅馆	0.70～0.80	一般办公楼	0.70～0.80
高级旅馆	0.60～0.70	高级办公楼	0.60～0.70
旅游宾馆	0.35～0.45	科研楼	0.80～0.90
电影院	0.70～0.80	教学楼	0.80～0.90
剧场	0.60～0.70	图书馆	0.60～0.70
礼堂	0.50～0.70	幼儿园	0.80～0.90
体育馆	0.70～0.80	小型商业楼	0.80～0.90
展览馆	0.65～0.75	综合商业楼	0.75～0.85
门诊部	0.60～0.70	一般饭店	0.80～0.90
住院部	0.65～0.75	高级饭店	0.70～0.80
锅炉房	0.90～1.00	火车站	0.75～0.78
宿舍楼	0.60～0.70	博物馆	0.82～0.92

文献[16]通过对全国范围不同地区近百个县的农村用电设备装机容量、农村工业用电设备所占比例、年用电量、最大负荷及年最大负荷利用小时数等数据进行大量的综合统计、比较与分析，选取综合需用系数为 0.18～0.26。文献[17]指出，综合需用系数与供电区域大小有关，在缺乏统计时，综合需用系数可采用下列数值：1 条 10kV 线路取 0.4～0.6；1 个 35kV 小型化变电所取 0.35～0.55；1 个县取 0.2～0.45。另据文献[18]推荐，全县农电综合需用系数取 0.2～0.5。

9. 饱和密度及饱和年限

负荷发展到一定年限不会持续增长下去而是保持某个负荷水平上下波动，表 2.12[19]和表 2.13[4]给出了部分分类负荷饱和年负荷密度统计结果(其中，对于工业、仓储、绿地和广场等用地，由于其建筑面积不大，最好采用占地面积指标)，即饱和密度值。负荷经历最初的缓慢发展到迅速增长，最后维持较高水平的过程需要一定的年限，即饱和年限，部分负荷饱和期的年限的范围参见表 2.14。

10. 新型负荷和分布式电源接入的影响

随着经济不断发展和社会用电需求的增长，新型负荷的出现和分布式电源渗透率不断增大，使得原有配电网负荷预测方法不再适用。一方面，负荷预测结果会受友好负荷的主动调节作用影响；另一方面，分布式电源的大量接入会就地平衡部分负荷，同样会影响配电网负荷预测结果[20]。其中，由于分布式电源出力的波动性，其装机容量不能代表其真实出力，还需要对其可信出力进行预测。

表 2.12　部分分类负荷饱和年负荷密度统计结果[19]

一级分类	二级分类	三级分类	饱和年负荷密度指标/(W/m²)
居民用电	超高档	—	112.29
	高档	—	62.72
	普通	—	29.15
公共设施用电	行政	—	24.46
	商业金融	商办	83.04
		商场	162.61
		酒店宾馆	157.59
	文化娱乐	图书馆	14.11
		影剧院	42.3
		展览馆	44.3
	教育科研设计	教学类	10.84
		科研类	112.87
	体育场馆	—	11.63
	医疗卫生	—	51.84
市政公共设施用电		泵站	112.11
公共绿地用电		—	5.68

表 2.13　规划单位建筑面积负荷指标[4]

建筑类别	单位建筑面积负荷指标	建筑类别	单位建筑面积负荷指标
居住建筑	30~70W/m² 4~16kW/户	仓储物流建筑	15~50W/m²
公共建筑	40~150W/m²	市政设施建筑	20~50W/m²
工业建筑	40~120W/m²		

注：对于户均居民生活用电高于或低于表中规定的最高或最低限值的城市，应视具体情况因地制宜确定。

表 2.14　分类负荷不同时期电量增长率和饱和年限

一级分类	二级分类	三级分类	不同时期的用电量年均增长率/%			进入饱和期的年限
			1~5 年	6~10 年	10 年以上	
居民用电	超高档	—	基本不变	—	—	5 年以内
	高档	—	9.4	6.9	4.7	10 年以上
	普通	—	20.7	15.7	9.38	10 年以上
公共设施	行政	—	6.69	2.41	1.42	6~10 年
	商业金融	商办	13.71	6.4	1.13	10 年左右
		商场	基本不变	2.47	基本不变	6~10 年
		酒店宾馆	17.2	10.41	1.84	10 年左右

一级分类	二级分类	三级分类	不同时期的用电量年均增长率/%			进入饱和期的年限
			1~5 年	6~10 年	10 年以上	
公共设施	文化娱乐	图书馆	8.86	基本不变	—	6~10 年
		影剧院	2.49	1.19	基本不变	5 年以内
		展览馆	10.1	2.49	基本不变	6~10 年
	教育科研设计	教学类	7.89	5.99	2.1	10 年左右
		科研类	23.8	6.55	基本不变	10 老左右
	体育场馆		—	23.2	9.6	基本不变	10 年左右
	医疗卫生		—	28.7	13.87	1.88	10 年左右
市政公共设施	泵站		基本不变	—	—	5 年以内
公共绿地			—	22.8	1.67	基本不变	6~10 年

11. 天气影响

许多负荷(如空调、农业灌溉等)都与天气因素有关,所以天气因素也是影响系统负荷大小的主要因素。天气因素有很多(如温度、湿度、阴、晴、雪、雨等),但随着空调、风扇、冰箱等电器的普及,其中的气温对系统负荷的影响越来越大,并主要体现在短期负荷预测方面[21]。

以某一供电区域(如配变、馈线或变电站供电区域)的短期负荷预测为例。首先,确定该区域初始最大负荷值;其次,根据历史负荷需求变化趋势以及未来经济发展情况,估计区域负荷的自然增长率;再次,确定区域自然增量负荷和计划转进转出的负荷;最后,考虑气温影响的预测负荷可表示为

$$P_{z,t} = (P_{z,t-1} - \Delta P_{w,t-1})(1 + \beta_t) + \Delta P_{i,t} + \Delta P_{o,t} + \Delta P_{w,t} \tag{2.20}$$

式中, $P_{z,t}$ 和 $\Delta P_{w,t}$ 分别为第 t 年规划区域的最大负荷和温度修正负荷; β_t 为第 t 年规划区域的负荷自然增长率; $\Delta P_{i,t}$ 和 $\Delta P_{o,t}$ 分别为第 t 年规划区域新增负荷和区域外转移来的负荷(转出为负)。

2.5　应用算例

CEES 软件中"空间负荷预测"功能模块(参见附录)采用了本章所述的负荷预测方法,并在本节被用来进行算例的计算分析。

1. 算例简介

以 X 城市城区空间负荷预测为例,规划面积共计 38.59km², 其中老城区面积

17.49km^2。规划末期小区共计 266 个,其中工业小区 8 个,居民小区 104 个,商业仓储小区 47 个,其他(包括文物古迹用地、体育用地、行政办公用地、广场用地)小区 107 个。以居民类负荷为例:现有老城区中,有 8 个居民小区仅知道投运年限,另有 6 个居民小区已知 5 年及以上历史负荷,其余老城区数据不详;36 个居民类新区中有 9 个为 2021 年投运,7 个为 2023 年投运,其余投运年份不详。现以 2017 年为现状年,预测 2018～2025 年负荷分布情况。

2. 饱和度法

新、老地块各年的饱和度情况见表 2.15。图 2.8 为饱和度法负荷分布预测结果中部分年份小区负荷密度主题图(可采用不同灰度或填充代表不同小区负荷密度)。

表 2.15　X 城市新、老地块各年的饱和度

年份	老地块饱和度	年份	新地块饱和度
2018	0.37	第一年	0.10
2019	0.44	第二年	0.15
2020	0.51	第三年	0.20
2021	0.58	第四年	0.28
2022	0.65	第五年	0.36
2023	0.70	第六年	0.45
2024	0.73	第七年	0.50
2025	0.75	第八年	0.55

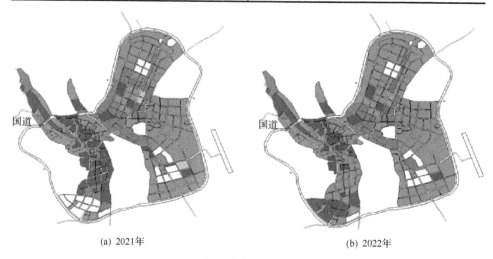

(a) 2021年　　　　　　　　　　(b) 2022年

图 2.8　饱和度法负荷密度主题图

3. 分类分区法

X 城市历史总量及分类负荷见表 2.16。以居民负荷为例，负荷总量及对应某投运年份负荷分量拟合曲线如图 2.9 所示。可以看出，对于老区负荷或对应某投运年份及之前的总负荷，其预测曲线都是基于其先前历史负荷/预测值及相应负荷的饱和值。

表 2.16　X 城市历史总量及分类负荷

年份	居民负荷/MW	工业负荷/MW	商业仓储负荷/MW	其他负荷/MW	总负荷/MW
2012	30.398	12.380	4.452	8.225	50.590
2013	22.772	10.268	4.445	29.742	57.673
2014	31.060	11.834	6.216	27.195	67.991
2015	37.918	12.824	8.776	27.984	78.228
2016	45.874	14.123	11.583	28.623	87.586

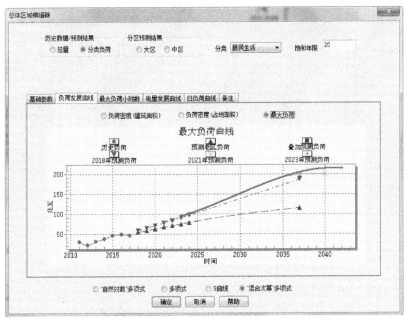

图 2.9　居民负荷总量及分量预测曲线

图 2.10 为负荷分布预测结果中部分年份小区负荷密度主题图。可以看出，各小区投运年限之前负荷为 0(小区为空白)，体现了小区发展的时序关系；考虑了各小区发展时序和不均衡发展的规律后，计算所得小区发展基本上遵循由内(负荷集中地区)向外(负荷密度小地区)扩展的规律。

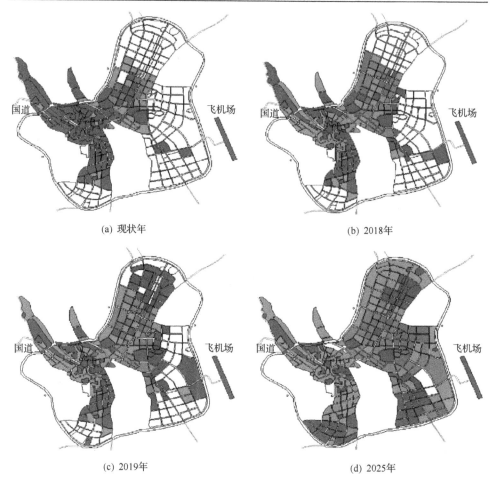

(a) 现状年　　　　　　　　　　　　　　　(b) 2018年

(c) 2019年　　　　　　　　　　　　　　　(d) 2025年

图 2.10　分类分区法负荷密度主题图

2.6　本 章 小 结

本章对配电网规划中的常用负荷预测方法及其适用范围进行了介绍。

(1)针对不同分类的配电网规划提出了推荐的负荷预测方法。一般来说,近期负荷预测通常选取大用户加自然增长法,中、远期负荷总量和分布预测在有政府用地规划时采用空间负荷预测法,否则可根据经验按照一定增长率结合政府对经济的预期估算一个合理的预测值。

(2)介绍了基于用地规划的两种负荷分布预测方法,即数据要求量少的饱和度法,以及相对精细的考虑小区负荷发展时序和不均衡的分类分区法。其中,对于没有面积信息的小区负荷数据,提出基于负荷增长率进行曲线拟合获得饱和度曲线模板；对于没有历史负荷的小区，推荐采用基于空区推论的分类分区法；并以地理位置为依据引入分配权重计及负荷发展的不均衡性。

(3)搜集并提供了大用户单耗、同时率、需用系数、最大负荷利用小时数、饱和密度及饱和年限等典型参考数值，为实际负荷预测工作提供了便利，但这些数值应在类似情况下(如同类地区同等发展程度)进行借鉴或采用，在条件具备时还应进行相关的实地调研。

(4)为了使常态的空间负荷预测结果更趋于合理和科学，并减少烦琐的数据输入、修改、计算和输出工作，介绍了 CEES 软件空间负荷预测计算模块涉及饱和度法和分类分区法的两个应用案例。

参 考 文 献

[1] 蔡夏, 邢骏. 电力系统负荷预测方法综述[J]. 信息化研究, 2010, 36(6): 5-7.

[2] 杨双吉, 董青峰. 产值单耗法在负荷预测中的应用[J]. 华北水利水电学院学报, 2009, 30(6): 73-76.

[3] 钱纹. 采用电力弹性系数法预测负荷[J]. 云南电力技术, 2001, 29(1): 41-43.

[4] 中华人民共和国国家标准. 城市电力规划规范(GB/T 50293–2014)[S]. 北京: 中国建筑工业出版社, 2014.

[5] Willis H L. Spatial Electric Load Forecasting[M]. New York: Marcel Dekker, Inc., 1994.

[6] 殷祚云. Logistic 曲线拟合方法研究[J]. 数理统计与管理, 2002, 1(21): 41-46.

[7] 肖白, 穆冠男, 姜卓, 等. 计及城市发展程度的多阶段空间负荷预测方法[J]. 电网技术, 2019, 43(7): 2251-2257.

[8] 乐欢, 王主丁, 肖栋柱, 等. 基于空区推论的空间负荷预测分类分区实用法[J]. 电力系统自动化, 2009, 33(7): 81-84.

[9] 朱凤娟, 王主丁, 寿挺, 等. 考虑规划小区发展时序的空间负荷预测分类分区法[J]. 华东电力, 2011, 39(3): 423-427.

[10] 朱凤娟, 王主丁, 向婷婷, 等. 考虑小区发展不平衡的空间负荷预测分类分区法[J]. 电力系统自动化, 2012, 36(12): 41-47.

[11] 张静, 王主丁, 张代红, 等. 配电网规划中负荷预测实际问题探讨[J]. 华东电力, 2014, 42(2): 384-390.

[12] 何善瑾. 上海电力系统最大负荷同时率分析[J]. 供用电, 2008, 25(1): 13-15.

[13] 田怀源, 周步祥, 冯燕禧, 等. 城市电网规划中负荷同时率的选择技术研究[J]. 四川电力技术, 2011, 34(1): 38-41.

[14] 纪雯. 电力系统设计手册[M]. 北京: 中国电力出版社, 1998.

[15] 靖大为. 城市供电技术[M]. 天津: 天津大学出版社, 2009.

[16] 东北电业管理局《农村电气化基础知识》编写组. 农村电气化基础知识(修订本)[M]. 沈阳: 辽宁科学技术出版社, 1995.

[17] 中华人民共和国电力行业标准. 农村电力网规划设计导则(DL/T 5118–2010)[S]. 北京: 中国电力出版社, 2011.

[18] 国家电网公司农电工作部.农村电网规划培训教材[M]. 北京: 中国电力出版社, 2006.

[19] 程浩忠, 姜详生.20kV 配电网规划与改造[M]. 北京: 中国电力出版社, 2010.

[20] 钟清, 孙闻, 余南华, 等. 主动配电网规划中的负荷预测与发电预测[J]. 中国电机工程学报, 2014, 34(19): 3050-3056.

[21] 程卓. 引入负荷温度梯度的负荷预测方法研究[J]. 电气技术, 2015, (10): 13-16.

第3章 变电站布点及其容量规划

配电网规划主要包括负荷预测、变电站规划和配电网络规划三大主要内容。本章介绍变电站布点及其容量规划的实用模型和算法，涉及单阶段规划和多阶段规划、负荷均匀分布和不均匀分布情况下的规划，以及分布式电源对变电站个数、变电站容量和馈线条数的替代作用；基于典型技术经济数据对变电站布点、容量和出线规划进行计算分析，归纳总结出若干技术要点或规则。

3.1 引　言

变电站作为主配网之间的衔接点，既可看成上一级电网的负荷点，也可以看成下一级电网的电源点。变电站规划涉及变电站站址站容的科学合理选择，用以在技术可行的条件下找到尽可能经济节约的规划方案。

国内外针对变电站规划的研究提出了许多模型和算法，涉及单阶段静态规划[1~3]和多阶段动态规划[4,5]。这些模型和算法一是基于变电站固定投资费用(与变电站容量无关)和中压线路费用的平衡进行变电站布点；二是基于主变 "N–1" 安全负载率或给定的容载比确定变电站容量(其中主变台数和单台容量的选择一般是参考较为笼统的规划技术导则)，但少有同时考虑到主变停电的严重程度和概率[6]。对于缺乏详细负荷分布的情况，工程实际中通常在负荷均匀分布的简化条件下对配电网建设规模进行近似估算[7~9]。在含分布式电源变电站规划中对分布式电源容量价值的处理方法主要分为两类：第一类为简化方法，即用分布式电源的装机容量乘以某一容量系数来代替其出力值，其中容量系数选取与分布式电源的间歇性相关(如风电取 0.43、光伏取 0.33，其他类型取 1.0)[10]；第二类是采用置信容量的概念进行评估[11~14]，其中置信容量是分布式电源可以等效的变电站容量，代表分布式电源的变电容量价值。

本章内容包括基于空间负荷预测的变电站规划、负荷均匀分布条件下变电站简化规划、考虑分布式电源影响的变电站概率规划和应用案列。

3.2 基于负荷分布的变电站规划

基于负荷分布的变电站规划需要完整的空间负荷预测结果(即每个小区负

荷),数据准备和录入工作量较大,一般需要借助较为复杂的软件计算工具来完成。

3.2.1 数学优化模型

本节涉及变电站单阶段规划优化模型和多阶段规划优化模型。

1. 单阶段规划优化模型

单阶段规划优化模型是假设负荷在规划水平年内保持不变的静态模型,不需要考虑设备在规划期内的具体投建时间。单阶段变电站规划问题可描述为:在负荷大小及分布已知的情况下,以年总费用最小为目标,建立模型求解,可得到变电站的优化数量、位置、容量和供电范围。相应的年总费用 f_c 包含变电站年费用 C_b 和中压线路年费用 C_x,在变电站带负荷能力和满足最大允许供电半径等约束条件下,单阶段优化模型可表示为

$$\min f_c = C_b + C_x$$
$$= (C_{bt} + C_{bz} + C_{bf}) + (C_{xt} + C_{xs} + C_{xk})$$
$$\text{s.t.} \begin{cases} K_{r,i} \sum_{j \in \Omega_{fh,i}} P_j \leqslant S_{b,i} \\ L_{i,j} \leqslant R_{max} \\ i \in \Omega_b, \quad j \in \Omega_{fh,i} \end{cases}$$

$$(3.1)$$

式中,C_b 为变电站年费用,包括变电站投资年费用 C_{bt} 和变电站电能损耗年费用(含空载损耗年费用 C_{bz} 和负载损耗年费用 C_{bf});C_x 为线路年费用,包括线路投资年费用 C_{xt}、线路电能损耗年费用 C_{xs} 和线路停电损失年费用 C_{xk};$S_{b,i}$ 为变电站 i 的变电容量;Ω_b 为变电站(包括已有和新建的变电站)集合;$\Omega_{fh,i}$ 为由变电站 i 供电的负荷点集合;P_j 为负荷点 j 的有功负荷;$K_{r,i}$ 为变电站 i 供电区域的容载比;$L_{i,j}$ 为变电站 i 到负荷点 j 之间线路的长度;R_{max} 为变电站中压出线允许的最大供电半径。

需要说明的是,在上级变电站给定的情况下,对于高压网状型网架结构,由于不同变电站布点个数对高压线路总长度影响不大,式(3.1)中的总费用没有计入高压线路投资费用[3];对于辐射型高压网架结构,高压线路总长度针对不同的变电站布点方案可能存在一定的差异,为了简化本章也没有考虑其对总费用的影响。

2. 多阶段规划优化模型

多阶段规划优化模型是考虑负荷在规划期内变化的动态模型,需要确定设备在规划期内的投入时间,保证规划结果能够在整个规划期内达到最优;电网的建

设改造是一个长期的过程，变电站规划需要满足负荷的增长需求，分几个阶段逐步实施，因此变电站规划不仅要考虑目标年方案，更应该确定合理中间年规划方案，以确定整个规划期内的最优变电站规划方案。并不能简单地认为多阶段规划优化模型是单阶段规划优化模型的叠加，因为整个规划期内各个阶段的最优方案之间是相互影响的，最终方案要能保证在整个规划期内达到最优。

变电站多阶段规划优化数学模型可描述为在初始网络和各规划阶段(或时段)负荷分布已知的情况下，以变电站的带负荷能力、供电半径、各阶段间变电站的容量关系及目标年站址站容为约束，确定各阶段变电站的站址站容和供电范围，以达到整个规划期内的总费用最小。基于最小年总费用的变电站多阶段规划优化数学模型可表示为

$$\min f_{\mathrm{c}} = \sum_{t=1}^{D_{\mathrm{jd}}} \frac{C_{\mathrm{b}}(t) + C_{\mathrm{x}}(t)}{(1+r)^{N_{\mathrm{y}}(t)}}$$

$$\mathrm{s.t.} \begin{cases} K_{\mathrm{r},i}(t) \sum_{j \in \Omega_{\mathrm{fh},i}(t)} P_j(t) \leqslant S_{\mathrm{b},i}(t) \\ L_{i,j} \leqslant R_{\max} \\ S_{\mathrm{b},i}(t-1) \leqslant S_{\mathrm{b},i}(t) \leqslant S_{\mathrm{b},i}(D_{\mathrm{jd}}) \\ x_{\mathrm{b},i}(t) = x_{\mathrm{b},i}(D_{\mathrm{jd}}) \\ y_{\mathrm{b},i}(t) = y_{\mathrm{b},i}(D_{\mathrm{jd}}) \\ i \in \Omega_{\mathrm{b}}(t), \quad j \in \Omega_{\mathrm{fh},i}(t) \end{cases}$$

(3.2)

式中，D_{jd} 为规划期总阶段数；t 为规划阶段；$C_{\mathrm{b}}(t)$ 为第 t 阶段投入使用的 $N_{\mathrm{b}}(t)$ 个变电站的年费用；$C_{\mathrm{x}}(t)$ 为第 t 阶段线路年费用；r 为贴现率；$N_{\mathrm{y}}(t)$ 为规划阶段 t 的年份数；$\Omega_{\mathrm{b}}(t)$ 为第 t 阶段变电站集合；$\Omega_{\mathrm{fh},i}(t)$ 为第 t 阶段由变电站 i 供电的负荷点集合；$P_j(t)$ 为第 t 阶段负荷点 j 的有功功率；$S_{\mathrm{b},i}(t)$ 为第 t 阶段变电站 i 的容量；$K_{\mathrm{r},i}(t)$ 为第 t 阶段变电站 i 供电区域的容载比；$(x_{\mathrm{b},i}(t), y_{\mathrm{b},i}(t))$ 为第 t 阶段变电站 i 的位置坐标。

3.2.2 容载比确定

容载比是某一供电区域某一电压等级变电设备总容量与对应的总负荷的比值，对于区域较大、负荷发展水平极度不平衡、负荷特性差异较大和分区年最大负荷出现在不同季节的地区，可分区计算容载比。在工程上容载比可表示为

$$K_{\mathrm{r}} = \frac{S_{\mathrm{bz}}}{P_{\mathrm{z}}}$$

(3.3)

式中，K_r 为某一电压等级电网的容载比，MV·A/MW；P_z 为相应电压等级全网或供电区域的年网供最大预测负荷，MW；S_{bz} 为相应电压等级全网或供电区域内变电站的总容量，MV·A。

容载比是电网负荷正常增长和发生故障时保障供电需求的重要宏观控制指标，是电网规划时宏观控制变电总容量以满足电力平衡的重要依据。容载比的确定主要考虑负荷分散系数、负荷储备系数、负荷平均功率因数和变压器运行系数四个指标的影响[7]。其中，变电站 i 供电区域的负荷分散系数 $K_{1,i}$ 等于该供电区域内各主变压器最高负荷累加值/总负荷最高值；负荷储备系数 $K_{2,i}$ 代表该供电区域负荷发展储备系数(如考虑 5～10 年规划负荷的需求，这是因为当变电站容量达到规划容量以后，若负荷继续增长一般应新建变电站，不宜对原变电站继续扩建增容)；负荷平均功率因数 $K_{3,i}$ 为该供区变压器负荷的平均功率因数(根据实际情况或参考相关技术导则的要求)；变压器运行系数 $K_{4,i}$ 代表在单台变压器停运时确保该供电区域变压器安全运行的最大允许负载率，可表示为

$$K_{4,i} = \frac{S_{dz,i} - S_{db,i}}{S_{dz,i}} \tag{3.4}$$

式中，$S_{dz,i}$ 和 $S_{db,i}$ 分别为变电站 i 单台主变的额定容量和预留的备用容量(即其他主变停运时可以转移到该主变的最大负荷)。

变电站 i 供电区域的容载比 $K_{r,i}$ 宜控制为

$$K_{r,i} = \frac{K_{1,i} K_{2,i}}{K_{3,i} K_{4,i}} \tag{3.5}$$

《配电网规划设计技术导则》(DL/T 5729–2016)[15]要求"应根据规划区域的经济增长和社会发展的不同阶段，确定合理的容载比取值范围，容载比总体应控制在 1.8～2.2 范围之间"，"对于负荷发展初期及快速发展期的地区、发展潜力大的重点开发区或负荷较为分散的偏远地区，可适当提高容载比的取值；对于负荷发展完善(负荷发展已进入饱和期)或规划期内负荷明确的地区，在满足用电需求和可靠性要求的前提下，可适当降低容载比的取值"。针对后一种情况，若多数变电站采用 3 台甚至 4 台相同主变进行配置，且考虑到站间负荷转移的影响，本章建议容载比总体应控制在 1.3～1.5。

3.2.3 变电站年费用

变电站年费用 C_b 包括变电站投资年费用 C_{bt} 和变电站电能损耗年费用(含空载损耗年费用 C_{bz} 和负载损耗年费用 C_{bf})。$C_b(t)$ 与 C_b 类似，但只是第 t 阶段投入使用的 $N_b(t)$ 个变电站的年费用。

1. 变电站投资费用模型

变电站建设分为新建和扩建增容两种，其投资费用属于一次性投资成本。变电站投资费用包括变压器的综合投资、配电装置的综合投资以及土地征用费用、建筑物拆迁费用、环境保护费等附加投资。由于变电站投资费用与变电站容量之间线性曲线拟合度较高，本章将以线性模型表示变电站投资费用，从而将变电站投资费用分为固定投资费用和可变投资费用：固定投资费用与该变电站容量大小无关，可变投资费用与该变电站容量成正比[7]。同时，这也意味着总容量相同但主变台数和单台容量不同的变电站投资费用近似相同。

通过变电站建设费用的调研，采用线性拟合曲线，建立变电站(新建和扩建增容)费用的数学模型。以某地区为例，统计该地区 110kV 变电站不同容量新建投资费用和不同扩建增容容量下的投资费用，如表 3.1 所示(表中扩建增容投资含土建费用)。可以看出，一次建成比扩建增容节省投资。

表 3.1　各类规模 110kV 变电站投资费用

序号	项目类型	110kV 变电站规模/(台×MV·A/台)	容量/(MV·A)	投资费用/万元	序号	项目类型	110kV 变电站规模/(台×MV·A/台)	容量/(MV·A)	投资费用/万元
1	新建	1×31.5	31.5	3000	8	新建	3×50	150	5300
2	新建	1×40	40	3100	9	新建	2×63	126	5000
3	新建	1×50	50	3300	10	新建	3×63	189	6000
4	新建	1×63	63	4100	11	扩建增容	—	31.5	1200
5	新建	2×31.5	63	4200	12	扩建增容	—	40	1400
6	新建	2×40	80	4300	13	扩建增容	—	50	1500
7	新建	2×50	100	4500	14	扩建增容	—	63	1700

对表 3.1 中不同容量 110kV 变电站新建和扩建增容投资费用采用不同的方法进行拟合分析，最终综合比较选取拟合度最好的线性拟合来表示变电站投资费用与其容量之间的关系，如图 3.1 所示。

由线性拟合可以得到，110kV 变电站新建和扩建增容投资费用与其相关容量之间的线性数学模型分别为

$$\begin{cases} C_{xb,110} = 2636.8 + 18.411 S_{xb,110} \\ C_{kb,110} = 749.16 + 15.194 S_{kb,110} \end{cases} \tag{3.6}$$

式中，$C_{xb,110}$ 和 $C_{kb,110}$ 分别为 110kV 变电站新建的投资费用和增容扩建的投资费用，万元；$S_{xb,110}$ 和 $S_{kb,110}$ 分别为 110kV 变电站新建的容量和增容扩建的容量，MV·A。

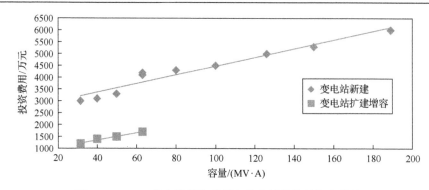

图 3.1   110kV 变电站投资费用与其容量的线性拟合曲线

统计该地区 35kV 变电站不同容量新建和扩建增容容量下的投资费用，如表 3.2 所示。可以看出，一次建成通常比扩建增容节省投资。

表 3.2   各类规模 35kV 变电站投资费用

序号	项目类型	35kV 变电站规模/(台× MV·A/台)	容量/(MV·A)	投资费用/万元	序号	项目类型	35kV 变电站规模/(台× MV·A/台)	容量/(MV·A)	投资费用/万元
1	新建	1×5	5	680	7	新建	1×20	20	850
2	新建	2×5	10	900	8	新建	2×20	40	1400
3	新建	1×8	8	700	9	扩建增容	—	5	300
4	新建	2×8	16	1000	10	扩建增容	—	8	350
5	新建	1×10	10	800	11	扩建增容	—	10	400
6	新建	2×10	20	1100	12	扩建增容	—	20	500

对表 3.2 中不同容量 35kV 变电站新建和扩建增容投资费用进行拟合分析，最终综合比较选取拟合度较好的线性曲线来表示变电站投资费用与其容量之间的关系，如图 3.2 所示。

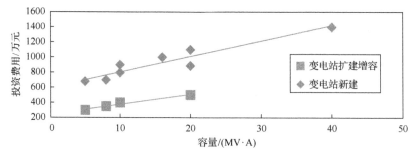

图 3.2   35kV 变电站投资费用与其容量的线性拟合曲线

由线性拟合可以得到，35kV 变电站新建与扩建增容投资费用与相关容量之间

的线性数学模型分别为

$$\begin{cases} C_{\mathrm{xb},35} = 608.23 + 19.877 S_{\mathrm{xb},35} \\ C_{\mathrm{kb},35} = 248.62 + 12.919 S_{\mathrm{kb},35} \end{cases} \tag{3.7}$$

式中，$C_{\mathrm{xb},35}$ 和 $C_{\mathrm{kb},35}$ 分别为 35kV 变电站新建的投资费用和增容扩建的投资费用，万元；$S_{\mathrm{xb},35}$ 和 $S_{\mathrm{kb},35}$ 分别为 35kV 变电站新建的容量和增容扩建的容量，MV·A。

式(3.6)和式(3.7)均为线性表达式，再参考表 3.1 和表 3.2 中的数据，可以看出，尽管大容量变压器单位容量造价低，但除少数情况外(如 35kV 变电站的"2×10"与"1×20"变电站规模的投资费用对比)，大小容量变压器单位容量造价相差并不明显。

2. 变电站投资年费用

变电站投资年费用可以利用与容量相关的费用统计资料，通过拟合的方法确定变电站投资年费用与变电站容量间的数学模型。由前面变电站投资费用模型可知，若采用线性拟合，变电站 i 投资费用与其变电容量的线性数学模型可表示为

$$C_{\mathrm{bt},i} = a_{\mathrm{b}} + b_{\mathrm{b}} S_{\mathrm{b},i} \tag{3.8}$$

式中，$S_{\mathrm{b},i}$ 为变电站 i 的变电容量；a_{b} 和 b_{b} 分别为变电站 i 的固定投资费用(即变电站投资中与变电容量无关的投资费用)系数和单位容量的可变投资费用(即变电站投资中与变电容量相关的投资费用)系数。由前面"变电站投资费用模型"可知，a_{b} 和 b_{b} 根据变电站电压等级和投资分类(新建或扩建增容)取值不同。

规划地区所有变电站投资年费用 C_{bt} 可表示为

$$C_{\mathrm{bt}} = \varepsilon \sum_{i=1}^{N_{\mathrm{b}}} C_{\mathrm{bt},i} \tag{3.9}$$

式中，N_{b} 为变电站的总数；$\varepsilon = k_{\mathrm{z}} + k_{\mathrm{y}} + k_{\mathrm{h}}$，其中，$k_{\mathrm{z}}$、$k_{\mathrm{y}}$ 和 k_{h} 分别为折旧系数、运行维护费用系数和投资回报系数。

3. 变电站电能损耗年费用

变电站电能损耗费用主要由变压器空载损耗和负载损耗产生。

1)空载损耗年费用

基于相关的统计资料，通过线性拟合的方法可以得到，主变 j 的空载损耗与其容量间的线性数学模型分别为

$$P_{\mathrm{k},j} = a_{\mathrm{k}} + b_{\mathrm{k}} S_{\mathrm{z},j} \tag{3.10}$$

式中，$P_{k,j}$ 为主变 j 的空载损耗，kW；a_k 和 b_k 分别为空载损耗中与变电容量无关和有关的系数；$S_{z,j}$ 为主变 j 的变电容量，MV·A。

不同容量主变对应的空载损耗和负载损耗如表 3.3 所示。利用表 3.3 中的主变容量和空载损耗的数据进行线性拟合，最终选取线性曲线来表示空载损耗与主变容量之间的关系，如图 3.3 所示(图中 a_k 为 6.4336，b_k 为 0.8276)。

表 3.3　不同容量主变对应的空载损耗和负载损耗

主变容量/(MV·A)	空载损耗/kW	负载损耗/kW
6.3	10	36
8	12	45
10	14.2	53
12.5	16.8	63
16	20.2	77
20	24	93
25	28.4	110
31.5	33.8	133
40	40.4	156
50	47.8	194
63	56.8	234

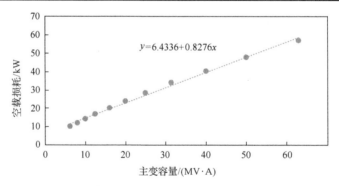

图 3.3　变压器空载损耗与其主变容量的线性拟合曲线

空载损耗年费用 C_{bz} 可表示为

$$C_{bz}=C_e\sum_{j=1}^{N_b n_z}(a_k+b_k S_{z,j})T_b=C_e\sum_{i=1}^{N_b}(n_z a_k+b_k S_{b,i})T_b \tag{3.11}$$

式中，n_z 为任一变电站的主变台数(可取值为 1、2、3 或 4)；$S_{z,j}$ 为主变 j 的变电容量；T_b 为变压器运行时间；C_e 为单位电能损耗费用，可取该地区相应电压等级的购电电价。

2) 负载损耗年费用

变压器负载损耗与空载损耗类似，通过线性拟合主变 j 的负载损耗与主变容量间的线性数学模型可表示为

$$P_{f,j} = a_f + b_f S_{z,j} \tag{3.12}$$

式中，$P_{f,j}$ 为主变 j 的负载损耗，kW；a_f 为负载损耗中与变电容量无关的系数；b_f 为负载损耗中与变电容量有关的系数。

不同容量主变对应的空载损耗和负载损耗如表 3.3 所示。利用表 3.3 中的主变容量和负载损耗的数据进行线性拟合，最终选取线性曲线来表示负载损耗与主变容量之间的关系，如图 3.4 所示(图中 a_f 为 19.653，b_f 为 3.4638)。

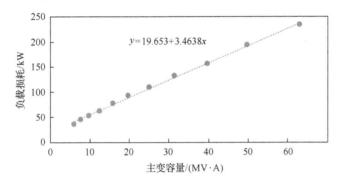

图 3.4 变压器负载损耗与其主变容量的线性拟合曲线

负载损耗年费用 C_{bf} 可表示为

$$C_{bf} = C_e \sum_{i=1}^{N_b} \left(\frac{S_{f,i}}{S_{b,i}} \right)^2 \left(n_z a_f + b_f S_{b,i} \right) \tau_{max} \tag{3.13}$$

式中，$S_{f,i}$ 为变电站 i 所带的最大负荷；τ_{max} 为最大负荷损耗小时数。

3.2.4 线路年费用

线路年费用 C_x 包含线路投资年费用 C_{xt}、线路电能损耗年费用 C_{xs} 和线路停电损失年费用 C_{xk}。$C_x(t)$ 与 C_x 类似，但 $C_x(t)$ 只是第 t 阶段线路年费用。

1. 线路规模估算及投资费用模型

线路单位长度建设费用包括线路本体及其相关附件费用，与导线横截面积相关。以某地区为例，统计该地区不同横截面导线线路的电气投资单价，如表 3.4 所示。

表 3.4　不同导线截面中压线路单位长度电气投资费用

序号	线路类型	导线横截面积/mm²	单位长度投资费用/(万元/km)	序号	线路类型	导线横截面积/mm²	单位长度投资费用/(万元/km)
1	电缆线路	70	40	6	架空线路	95	20
2	电缆线路	150	70	7	架空线路	120	28
3	电缆线路	240	80	8	架空线路	150	28
4	电缆线路	300	90	9	架空线路	185	32
5	电缆线路	400	100	10	架空线路	240	35

　　线路投资费用与线路长度成正比。在实际电网中,由于街道、地形、接线模式和电网运行方式等因素的影响,负荷点到变电站的实际长度难于统计且可能经常发生变化。在规划电网中,馈线长度更无法精确计算。因此,线路投资费用通常采用估算模型:基于变电站到负荷点的直线距离模型与基于出线数和供电半径的模型。

　　1)基于变电站到负荷点的直线距离模型

　　目前的变电站自动规划方法在考虑线路投资费用时一般将各负荷点到电源点的直线距离作为线路长度来进行估算[5],再根据各负荷点功率和经济电流密度所确定的截面大小确定估算费用。

　　基于线路建设费用的调研,采用线性拟合曲线,建立线路费用的数学模型。如对表 3.4 线路投资费用采用不同的方法进行拟合分析,最终综合比较选取线性曲线来表示其单位长度投资费用与导线横截面积之间的关系,结果如图 3.5 所示。

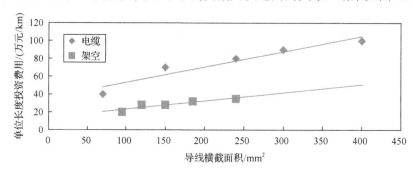

图 3.5　线路单位长度投资费用与导线横截面积的线性拟合曲线

　　由线性拟合可得,该地区电缆和架空线路单位长度投资费用与导线横截面积之间的线性数学模型分别为

$$\begin{cases} C_{dx} = 36.07 + 0.172 A_{dx} \\ C_{jx} = 14.11 + 0.0917 A_{jx} \end{cases} \tag{3.14}$$

式中，C_{dx} 和 C_{jx} 分别为电缆线路和架空线路单位长度投资费用，万元/km；A_{dx} 和 A_{jx} 分别为电缆线路和架空线路导线横截面积，mm^2。

设变电站 i 和负荷点 j 的几何坐标分别为 $(x_{b,i}, y_{b,i})$ 和 (x_j, y_j)，变电站 i 与负荷点 j 之间的距离可表示为

$$L_{i,j} = \sqrt{(x_{b,i} - x_j)^2 + (y_{b,i} - y_j)^2} \tag{3.15}$$

线路投资年费用可表示为

$$C_{xt} = \sum_{i \in \Omega_b} \sum_{j \in \Omega_{fh,i}} [k_d(a_{df} + b_{dv}A_{i,j}) + k_j(a_{jf} + b_{jv}A_{i,j})]L_{i,j} \tag{3.16}$$

式中，a_{df} 和 b_{dv} 分别为电缆线路单位长度投资费用中与导线横截面积无关和有关的费用系数；a_{jf} 和 b_{jv} 分别为架空线路单位长度投资费用中与导线横截面积无关和有关的费用系数；$A_{i,j}$ 为变电站 i 与负荷点 j 之间的中压线路的横截面积；k_j 和 k_d 分别为架空线路和电缆线路长度在系统线路总长度中的占比。

2) 基于中压出线数和供电半径的模型

基于变电站到负荷点的直线距离模型估算线路长度与实际偏差很大，而且基于经济电流密度确定导线横截面积的计算过程烦琐，相关参数也不易得到。由于中压线路出线总数可直接根据规划单条线路最大负荷和系统总负荷得到，再基于估算的供电半径或单条线路平均长度，以及根据规划技术导则选择的导线型号或截面，可计算得到近似的线路投资费用，即

$$C_{xt}^{(0)} = (k_d C_d + k_j C_j) \sum_{i=1}^{N_b} n_{x,i} L_{x,i} \tag{3.17}$$

式中，C_j 和 C_d 分别为基于规划技术导则选用的架空线路和电缆线路导线的单位长度投资费用；N_b 为变电站个数；$L_{x,i}$ 为变电站 i 与其供电半径成正比的单条线路平均长度；$n_{x,i}$ 为变电站 i 线路出线总数。

变电站 i 线路出线总数 $n_{x,i}$ 可表示为

$$n_{x,i} = \text{int}\left(\frac{S_{f,i}}{\eta_{l,max} S_{dl,i}}\right) + 1 \tag{3.18}$$

式中，$\text{int}(\cdot)$ 为取整函数；$S_{dl,i}$ 为变电站 i 单条线路的容量；$\eta_{l,max}$ 为线路的最大允许负载率，一般取其经济负载率[16]，也可根据供区负荷密度或接线方式调整，如三供一备可取为 0.75，负荷密度低的农村地区可取为 0.2。

变电站 i 单条线路平均长度 $L_{x,i}$ 可根据变电站的供电范围或供电半径求出。假设变电站 i 的供电范围为一个圆，变电站处于圆心位置，其供电半径 $R_{x,i}$ 可表示为

$$R_{x,i} = \sqrt{\frac{A_{m,i}}{\pi}} \tag{3.19}$$

式中，$A_{m,i}$ 为变电站 i 供电面积。

变电站 i 单条线路平均长度由其主干线和分支线组成，且分支线由主干线引出，如图 3.6 所示。考虑到分支线长度与其供电面积(或供电负荷)近似成正比，则 $L_{x,i}$ 可表示为

$$L_{x,i} = K_{z,i} R_{x,i} = L_{xm,i} + L_{xb,i} \tag{3.20}$$

其中，

$$\begin{cases} L_{xm,i} = K_{q,i} R_{x,i} \\ L_{xb,i} = (K_{z0,i} - K_{q,i}) \dfrac{n_{bx0,i}}{n_{bx,i}} \dfrac{R_{x,i}^2}{R_{x0,i}} \end{cases} \tag{3.21}$$

式中，$L_{xm,i}$ 和 $L_{xb,i}$ 分别为变电站 i 单条线路主干线和分支线的平均长度；$K_{z,i}$ 和 $K_{q,i}$ 分别为变电站 i 单条线路全长和主干线长度的修正系数，前者考虑了支线和线路弯曲的影响，后者考虑了线路弯曲的影响(如取 1.2)；$n_{bx,i}$ 为变电站 i 出线条数；$n_{bx0,i}$ 和 $R_{x0,i}$ 分别为 $K_{z,i}$ 等于某个值 $K_{z0,i}$ 时的 $n_{bx,i}$ 和 $R_{x,i}$，如当 $K_{z0,i}=2.0$ 时，$n_{bx0,i}=20$，$R_{x0,i}=8km$。其中，$n_{bx0,i}$、$R_{x0,i}$ 和 $K_{z0,i}$ 可以是实测的一组典型样本数据，也可基于若干组 $n_{bx,i}$、$R_{x,i}$ 和 $K_{z,i}$ 的数据样本通过参数估计方法计算获得。

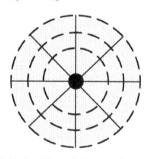

图 3.6 变电站中压主干线与分支线理想模型示意图

——— 主干线；- - - - - 分支线；● 变电站；▒ 供电区域

2. 线路投资年费用

线路投资年费用可表示为

$$C_{xt} = \varepsilon C_{xt}^{(0)} = \varepsilon(k_d C_d + k_j C_j)\sum_{i=1}^{N_b} n_{x,i} L_{x,i} \tag{3.22}$$

3. 线路电能损耗年费用

线路电能损耗年费用可表示为

$$C_{xs} = G_p \tau_{max} C_e \sum_{i=1}^{N_b}(n_{x,i}\Delta P_{max,i}) \tag{3.23}$$

式中，$\Delta P_{max,i}$ 为变电站 i 单条线路最大负荷集中于其末端的线路功率损耗；G_p 为考虑负荷沿主干线不同分布形式时的线路功率损耗系数。

负荷分布形式分为末端集中、均匀分布、渐增分布、递减分布和中间较重等，相应的线路功率损耗系数 G_p 如表 3.5 所示[17]。

表3.5　不同负荷分布下的线路功率损耗系数[17]

负荷分布形式	末端集中	均匀分布	渐增分布	递减分布	中间较重
G_p	1	0.333	0.533	0.200	0.380

式(3.23)中的 $\Delta P_{max,i}$ 可近似表示为

$$\Delta P_{max,i} = \frac{(S_{f,i}/n_{x,i})^2}{U_n^2}(k_d r_d + k_j r_j)\frac{L_{xm,i}}{K_b} \tag{3.24}$$

式中，r_j 和 r_d 分别为架空线路和电缆线路单位长度的电阻值；K_b 为考虑支线影响的损耗修正系数（如取 0.8）；U_n 为线路额定电压。

4. 线路停电损失年费用

本章年总费用中考虑了由于线路停运造成的停电损失年费用，这需要先计算用户年均停电时间(system average interruption duration index, SAIDI)。

1) 用户年均停电时间

（1）架空线路。

变电站 i 单条架空线路用户年均停电时间 $SAIDI_{j,i}$ 可根据文献[18]的模型进行估算，相应计算公式可改写为

$$\text{SAIDI}_{j,i} = D_j L_{xm,i} + D_j' \tag{3.25}$$

式中，系数 D_j 和 D_j' 对于不同情况其计算表达式有所不同。基于文献[18]的模型分类，对于有联络、开关无选择性并忽略负荷转供比例约束的架空线路，D_j 和 D_j' 可表示为

$$\begin{cases} D_j = \dfrac{N_i-1}{N_i}\lambda_f t_{df} + \dfrac{N_i-1}{2N_i}\lambda_s t_{ds} + \dfrac{1}{N_i}(\lambda_f t_f + \lambda_s t_s) \\ D_j' = D_j L_{xb,i} + (N_i-1)\lambda_w t_{df} \end{cases} \tag{3.26}$$

式中，N_i 为典型线路 i 分段数，一般取 3；λ_f 为单位长度线路年故障率；λ_s 为单位长度线路年计划检修率；λ_w 为分段开关年故障率；t_{df} 为故障定位、隔离及倒闸操作时间；t_{ds} 为计划停运隔离及倒闸操作时间；t_f 和 t_s 分别为线路平均故障停运持续时间(含 t_{df}，但当 N_i 为 1 时不含 t_{df})和平均计划停运持续时间(含 t_{ds}，但当 N_i 为 1 时不含 t_{ds})；

(2) 电缆线路。

基于文献[18]的估算模型，第 i 个变电站单条电缆线路用户年均停电时间 $\text{SAIDI}_{d,i}$ 可表示为

$$\text{SAIDI}_{d,i} = D_d L_{xm,i} + D_d' \tag{3.27}$$

式中，系数 D_d 和 D_d' 对于不同情况其计算表达式有所不同。基于文献[18]的模型分类，对于有联络、开关有选择性并忽略负荷转供比例约束的电缆线路，D_d 和 D_d' 可表示为

$$\begin{cases} D_d = \dfrac{N_i+1}{2N_i}(\lambda_f t_{df} + \lambda_s t_{ds}) \\ D_d' = \dfrac{\lambda_f t_f + \lambda_s t_s}{N_i(H_i-2)} L_{xb,i} + \dfrac{(N_i+1)H_i}{2}\lambda_w t_{df} + \lambda_w(t_w - t_{df}) \end{cases} \tag{3.28}$$

式中，H_i 为由变电站 i 供电的单个环网箱内开关个数，如取 6；t_w 为分段开关故障平均修复时间。

2) 停电损失年费用

停电类型可分为计划停电与故障停电两类，二者的停电损失费用不同。其中，计划检修通常是相关元件统一进行，可只考虑检修时间最长的元件(如线路)；故障停电则是无序停电，各个元件需单独考虑。因此，停电损失年费用可表示为

$$C_{xk} = \xi \sum_{i=1}^{N_b} S_{f,i} \cos\theta \left[k_d \left(D_{dc} L_{xm,i} + D_{dc}' \right) + k_j \left(D_{jc} L_{xm,i} + D_{jc}' \right) \right] \tag{3.29}$$

式中，ξ 为线路的负荷率，为平均负荷与最大负荷之比，与地区负荷构成和负荷季节性波动有关；D_{jc}、D_{dc}、D'_{jc} 和 D'_{dc} 分别为针对 D_j、D_d、D'_j 和 D'_d 引入相应的计划停电费用和故障停电费用后的变量或系数。

例如，式(3.26)中的系数 D_j 和 D'_j 引入停电费用后的系数可表示为

$$\begin{cases} D_{jc} = \dfrac{N_i-1}{N_i}C_f\lambda_f t_{df} + \dfrac{N_i-1}{2N_i}C_s\lambda_s t_{ds} + \dfrac{1}{N_i}(C_f\lambda_f t_f + C_s\lambda_s t_s) \\[2mm] D'_{jc} = D_{jc}L_{xb,i} + (N_i-1)C_f\lambda_w t_{df} \end{cases} \tag{3.30}$$

式中，C_s 和 C_f 分别为计划停电和故障停电的单位停电成本，其值在不同地区差异较大，可采用计算简单、资料易得的方法估算，如计划停电成本可采用供电区域内的国内生产总值除以该区域的年用电量（约为 $5\sim15$ 元/$(kW\cdot h)$）。

再比如，式(3.28)中的系数 D_d 和 D'_d 引入停电费用后的系数可表示为

$$\begin{cases} D_{dc} = \dfrac{N_i+1}{2N_i}(C_f\lambda_f t_{df} + C_s\lambda_s t_{ds}) \\[2mm] D'_{dc} = \dfrac{C_f\lambda_f t_f + C_s\lambda_s t_s}{N_i(H_i-2)}L_{xb,i} + \dfrac{(N_i+1)H_i}{2}C_f\lambda_w t_{df} + C_f\lambda_w(t_w - t_{df}) \end{cases} \tag{3.31}$$

3.2.5　模型求解算法

1. 单阶段优化模型算法

本节针对变电站规划中初始站址对规划结果影响大的问题，采用了一种基于冗余网格动态减少法和交替定位分配法的单阶段优化模型算法[3]。算法主要分为三大步骤：确定新建变电站个数 n 的范围 $[n_{min}, n_{max}]$；采用交替定位分配法，确定对应 $n\in[n_{min}, n_{max}]$ 的变电站站址站容规划方案；基于目标函数，比较各方案得到工程上满意的规划结果。

1)基于冗余网格动态减少法的初始站址

考虑到交替定位分配法对初始站址的依赖较大，本节采用一种自动寻找优良初始站址的冗余网格动态减少法。基于各区域机会均等和变电站就近供电的原则，冗余网格动态减少法可计及负荷的不均匀分布。首先根据可能的最大变电站个数对规划区域进行冗余网格均等划分，并以各网格中心作为候选变电站初始站址，把各负荷分配给邻近的候选变电站；然后舍弃带负荷最小的候选变电站后再进行负荷分配；照此逐步减少变电站个数，并找出对应不同变电站个数规划方案的初始站址。具体步骤如下：

(1)确定新建变电站的个数范围$[n_{\min}, n_{\max}]$:

$$\begin{cases} n_{\min} = \mathrm{int}\left(\dfrac{K_r P_z - S_{kb.}}{S_{b,\max}}\right) \\ n_{\max} = \mathrm{int}\left(\dfrac{K_r P_z - S_{xb}}{S_{b,\min}}\right) + 1 \end{cases} \tag{3.32}$$

式中,P_z为系统总有功负荷;S_{xb}和S_{kb}分别为现有变电站总容量及其可能扩建增容后的总容量;$S_{b,\min}$和$S_{b,\max}$分别为变电站可选容量中的最小值和最大值。

(2)把规划区域均匀地划分为$(n_{\max}+1)^2$个区域,即形成$(n_{\max}+1)^2$个网格,并选取各网格的几何中心为变电站的候选初始站址,此时变电站个数$n=(n_{\max}+1)^2$。

(3)记录当前的n个初始站址,根据变电站就近供电的原则进行负荷分配。

(4)选出带负荷最少的变电站,把该变电站站址舍弃。此时,变电站个数 n 的值减1。

(5)若$n > n_{\min}$,则返回步骤(3),否则继续下一步。

(6)得到的对应不同变电站个数n的初始站址。

需要注意的是,变电站规划的区域可能存在一个或多个现有变电站。因此,在采用冗余网格动态减少法确定新建变电站初始站址时,应考虑现有变电站的供区约束。具体的处理方法如下:

(1)确定现有变电站的供电圆域(圆域半径可由用户设定),将所划分方格中位于该圆域内的新建变电站候选站址舍弃。

(2)考虑现有变电站位置,将其与符合要求的新建变电站候选站址共同参与规划区域的负荷分配。

基于冗余网格动态减少法求取初始站址算法流程如图3.7所示。

2)站址站容规划

运用冗余网格动态减少法确定初始站址后,采用基于距离加权因子的交替定位分配法,迭代求解变电站的站址和站容。

(1)交替定位分配法。

在满足给定变电站相应供电分区容载比条件下,交替定位分配法通过迭代计算获得变电站站址和分配的负荷(或供电范围),主要步骤如下:

①负荷分配。基于变电站的站址,将各负荷点分配到距离最近(或供电线路综合造价最小)的变电站,得到各变电站的供电范围。

②变电站定位。根据各新建变电站的供电范围,更新变电站的站址。

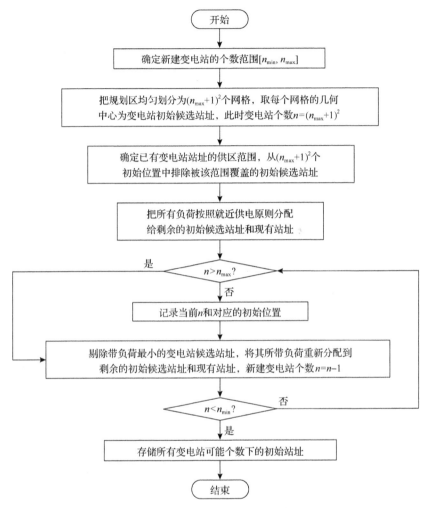

图 3.7　基于冗余网格动态减少法的初始站址算法流程图

设变电站 i 供电范围内的负荷点 j 的位置坐标为 (x_j, y_j)，考虑到负荷矩（负荷功率乘以该负荷距变电站的距离）与相应线路的电压损耗、投资和运行费用近似成正比，变电站 i 位置 $(x_{b,i}, y_{b,i})$ 的优化应使该站供电范围内所有负荷点的负荷矩之和为最小，相应的目标函数可表示为

$$\min f_{b,i} = \sum_{j \in \Omega_{fh,i}} P_j L_{i,j} = \sum_{j \in \Omega_{fh,i}} P_j \sqrt{\left(x_{b,i} - x_j\right)^2 + \left(y_{b,i} - y_j\right)^2} \tag{3.33}$$

令 $\mathrm{d}f_{b,i}/\mathrm{d}x_{b,i} = 0$ 和 $\mathrm{d}f_{b,i}/\mathrm{d}y_{b,i} = 0$，可得到变电站 i 的中位点位置坐标为

$$\begin{cases} x_{b,i} = \dfrac{\sum\limits_{j \in \Omega_{fh,i}} \dfrac{P_j x_j}{L_{i,j}}}{\sum\limits_{j \in \Omega_{fh,i}} \dfrac{P_j}{L_{i,j}}} \\[4mm] y_{b,i} = \dfrac{\sum\limits_{j \in \Omega_{fh,i}} \dfrac{P_j y_j}{L_{i,j}}}{\sum\limits_{j \in \Omega_{fh,i}} \dfrac{P_j}{L_{i,j}}} \end{cases} \tag{3.34}$$

③交替计算。以上两步交替计算,直到各变电站站址及供电范围的变化小于给定的精度为止。

(2)基于距离加权因子的负荷分配。

运用交替定位分配法进行求解时,通过就近供电原则进行变电站间负荷分配,约束条件主要是相应供电分区容载比和可选变电站容量组合,所以在负荷分布不均匀时可能会出现某些变电站负荷太大而某些变电站负荷太小的情况。针对这一问题,可在负荷分配时,基于上次迭代获得的变电站负荷大小,采用引入距离权重因子后的虚拟距离来识别各负荷离各变电站的远近,以改善负荷分布不均对变电站供电负荷大小的影响,获得变电站供电负荷较为均衡的变电站站址及供电范围。

变电站 i 到其供电负荷 j 的虚拟距离 $L'_{i,j}$ 可表示为

$$L'_{i,j} = L_{i,j} \lambda_{b,i} \tag{3.35}$$

式中, $\lambda_{b,i}$ 为变电站 i 的当前距离权重因子。

$$\lambda_{b,i} = \left(\frac{P_z}{P_z - P_{b,i}} \right)^k \tag{3.36}$$

式中, $P_{b,i}$ 为变电站 i 的前一次迭代确定的供电范围所带负荷总量; k 为权重因子调节系数。

从权重因子的计算公式可以看出,引入权重因子综合考虑了规划区总负荷、各站在前一次迭代分区所带负荷总量和权重因子调节系数。通过改变权重因子调节系数可调整各变电站的供电范围,从而使各变电站负荷趋于均衡,负荷分布更加合理。权重因子调节系数太小(如 0)可能会使各变电站供电负荷很不平衡,但太大也可能会出现近距负荷由远方变电站供电的交叉供电现象(该交叉供电现象可采用类似于 6.4.5 节中"基于线路负荷平均分配原则的分区调整"的启发式方法规避)。

(3) 站容规划。

基于交替定位分配法求出的各变电站负荷并考虑变电站相应供电分区容载比约束后，对于新建变电站和负荷大于现有容量的已有变电站，根据技术导则提供的变电站规划期可能的容量组合(单台容量及台数)[15]，选择能够满足容载比的最小容量组合。

(4) 人工干预。

依据变电站选址原则，需要充分考虑地理和环境因素的影响，但在变电站规划模型中由于这类影响因素难以量化并未考虑，因此在经计算确定变电站规划方案以后，需要规划人员结合自身经验考虑地理因素的影响对新建变电站站址的地理属性(如用地性质、交通状况、施工条件和地形地质等)进行分析，并通过人工干预对规划方案进行调整。

人工干预步骤如下：

①首先对新建变电站位置进行地理属性分析，确定出新建变电站中不适宜建站的站址。

②对每一个不适宜建站的站址分析其周边的地理环境，找出距离原规划站址最近的可行位置，并进行如下人工干预。

人工布点：在新建变电站调整后的位置上进行人工布点。

参数设置：依据变电站规划算法中所确定的新建变电站容量，完成对该人工布点变电站参数的设定。

③人工干预后重新进行变电站规划计算，转向步骤①直到所有的新建变电站站址都满足选址原则。

④确定最终的变电站规划方案。

(5) 结果检验。

对于某变电站个数的规划方案，若各变电站满足供电半径约束，则保留该方案并计算总费用；否则舍弃该方案。

变电站单阶段优化模型算法流程如图 3.8 所示。

2. 多阶段优化模型算法

本节介绍一种可用于大规模系统变电站准动态规划优化模型和算法。

1) 算法思路

(1) 总体思路。

将空间负荷预测结果相对可靠的远景年或近期末年作为目标年，采用单阶段优化模型算法求解目标年变电站规划方案；以目标年变电站站址站容作为规划期各阶段变电站待选站址站容，采用多阶段准动态规划模型算法求解负荷预测结果相对可靠的近期逐年(规划期各阶段)变电站规划方案，总体思路如图 3.9 所示。

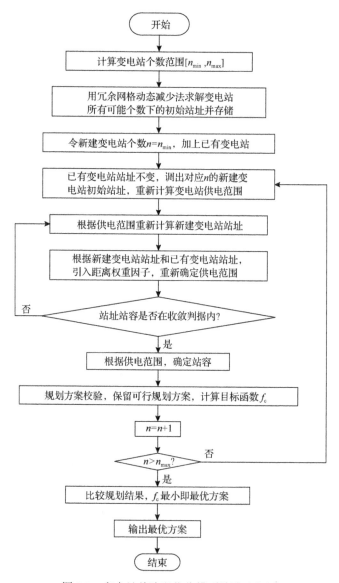

图 3.8 变电站单阶段优化模型算法流程图

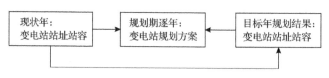

图 3.9 多阶段变电站规划总体思路

(2)目标年选取及其变电站规划。

以现状年电网为基础,依据目标年空间负荷预测结果,将目标年变电站规划作为单阶段规划来处理，方法详见 3.2.5 节第 1 部分"单阶段优化模型算法"。目标年的选取对规划结果影响较大，可依据地区负荷预测情况来定。考虑到地区(特别是城市)负荷发展模式一般呈现 S 形曲线，远景年负荷趋于饱和且相对稳定，并考虑到可利用城乡用地规划结果和类似地区发展趋于饱和的负荷密度指标，远景年负荷预测结果相对可靠。因此，可以将远景年作为目标年并采用单阶段规划来处理。但是，如果某些原因(如城乡用地规划不确定或改动太大)导致远景年负荷预测不可靠，也可将负荷预测相对可靠的中间某年或近期末年作为目标年。

(3)规划期选取及其变电站规划。

考虑到近期(如 3～5 年)负荷预测可以利用该地区历史负荷数据和近期大用户报装信息获得比较好的预测结果，选择近期逐年作为规划期；基于目标年规划结果，规划期变电站建设方案采用多阶段准动态规划模型算法获得，它是一种基于变电站及其供区单位负荷成本的多路径前推法[5]；首先通过基于单位负荷成本的指标筛选初始方案，然后通过约束条件和费用比较，确定出若干可行方案，最终取规划期总费用最小的一条路径作为最终方案。为兼顾算法的寻优速度和搜索精度，可依据电网规模灵活设置各阶段保留的最优路径数，适合于大规模系统变电站动态规划。

2)多路径前推准动态规划法

考虑到规划期内各阶段的投资年费用最优，不一定能够使整个规划期内年总费用最优，对于大规模多阶段变电站规划，采用基于目标年变电站站址站容和各阶段变电站及其供区单位负荷成本的多路径前推准动态规划法，从现状年开始逐年向规划目标年过渡。规划期各阶段在采用多路径前推准动态规划法的过程中可根据系统规模保留多条满足约束的可行路径，以在计算效率和增加搜索范围间达到平衡，使最终方案在快速计算基础上尽量接近全局最优解。

图 3.10 为从初始状态开始逐阶段向目标年过渡的状态转移图。图中 D_{jd} 表示规划期总阶段数；$N_{fe}(t)$ 表示第 t 阶段候选的可行状态数；$N_{op}(t)$ 表示第 t 阶段筛选出的保留状态数。以第 t 阶段为例，第 t 阶段的可行状态基于目标年变电站规划方案和第 $t-1$ 段所保留的最优状态得到，通过比较从阶段 1 至阶段 t 各可行状态相应路径的总费用(即式(3.2)中整个规划期内的年总费用 f_c)，筛选出路径总费用最小的若干个状态作为第 t 阶段保留状态。

多阶段优化模型算法具体步骤如下：

(1)基于近期负荷可信度确定目标年和规划期总阶段数 D_{jd}，目标年变电站规划方案由单阶段优化模型算法求解；根据系统规模设置各阶段最多保留的最优路状态数 $N_{r,max}$(对于现状年和目标年 $N_{r,max}$ 为 1)；设各阶段可行状态的序号为 m，保留状态的序号为 k。初始化 $m=0$，$k=1$，$t=1$。

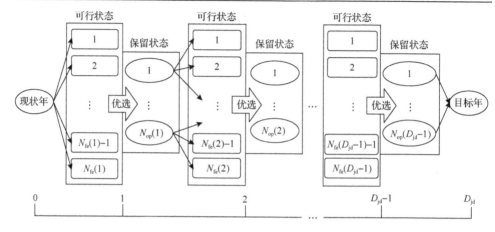

图 3.10 多阶段变电站规划状态转移示意图

(2)初始化待选站址方案为目标年变电站规划方案站址。

(3)以第 $t-1$ 阶段的第 k 个保留状态为约束，对待选站址方案，根据第 t 阶段负荷预测结果，基于距离加权因子的负荷分配重新计算各变电站所带负荷，并根据相关技术导则获得变电站候选容量组合（如 $2\times31.5\text{MV}\cdot\text{A}$、$2\times40\text{MV}\cdot\text{A}$、$2\times50\text{MV}\cdot\text{A}$、$2\times63\text{MV}\cdot\text{A}$、$3\times31.5\text{MV}\cdot\text{A}$、$3\times40\text{MV}\cdot\text{A}$、$3\times50\text{MV}\cdot\text{A}$ 和 $3\times63\text{MV}\cdot\text{A}$ 等），选择能够满足允许最大负载率和供电半径的最小容量组合。要注意的是：单台主变容量应与目标年的单台主变容量一致；一般情况下，各站址主变台数既不能少于其第 $t-1$ 阶段第 k 个保留状态下的主变台数，也不能超过其目标年主变总台数。

(4)若无可行待选站址方案则跳转步骤(7)；否则，可获得第 t 阶段一个相应的站址站容可行状态，令 $m=m+1$ 并继续下一步。

(5)计算第 t 阶段第 m 个可行状态对应新增站址变电站 i 的年总费用和单位负荷成本指标[19]：

$$\Gamma_i(t) = C_{\text{b},i}(t)\left(\frac{1}{S_{\text{f},i}(t)} - \frac{1}{\overline{S}_{\text{f},i}(t)}\right) \tag{3.37}$$

式中，$C_{\text{b},i}(t)$ 为新增站址变电站 i 在第 t 阶段的年总费用；$S_{\text{f},i}(t)$ 和 $\overline{S}_{\text{f},i}(t)$ 分别为新增站址变电站 i 在第 t 阶段的最大负荷和最大允许负荷

$$\overline{S}_{\text{f},i}(t) = \frac{S_{\text{f},i}(t)}{K_{\text{r},i}(t)\cos\theta} \tag{3.38}$$

式中，$\cos\theta$ 为相关供电区域内变压器负荷的平均功率因数。

(6)比较各新建站址变电站单位负荷成本指标的大小，舍弃单位负荷成本最大的变电站，得到变电站站址组合的又一个待选方案，跳转步骤(3)。

(7)如果 $k < N_{r,\max}$ ，令 $k = k+1$ ，转向步骤(2)；否则，继续下一步。

(8)对于第 t 阶段保留的 m 个可行状态，比较其从初始阶段至本阶段为止的年总费用，保留年总费用最小的 $N_{r,\max}$ 个方案及其路径。

(9)令 $t = t+1$ ，如果 $t < D_{jd}$ ，令 $k=1$ 和 $m=0$ 并转向步骤(2)；否则，继续下一步。

(10)对最终得到的 $N_{r,\max}$ 条路径，取整个规划期年总费用最小的一条作为最优动态规划方案，进而确定各阶段的变电站建设方案。

3.3　变电站规划的简化模型和方法

对于缺乏详细负荷分布的情况，工程实际中通常在适当的简化条件下进行配电网建设规模估算，涉及变电站的数量、容量和馈线长度。因此，采用一种数据要求量小且具有一定精度的变电站数量容量优化的简化模型和方法显得尤为重要。

3.3.1　简化条件

为获得具有一般性意义的规划原则或结论，本节将采用如下简化条件。

1. 负荷均匀分布

若规划区域负荷密度相同，系统出线总数 n_x 可表示为

$$n_x = \mathrm{int}\left(\frac{P_z}{\eta_{l,\max} S_{dl} \cos\theta}\right)+1 \tag{3.39}$$

式中， P_z 为规划区域的最大负荷； S_{dl} 为单条线路的容量。

2. 各变电站供电面积相同

若各变电站供电面积相同，各变电站单条线路供电半径可表示为

$$R_x = \sqrt{\frac{A_m}{N_b \pi}} \tag{3.40}$$

式中， A_m 为规划区域总供电面积； N_b 为变电站个数。

基于图 3.6 中的变电站中压主干线与分支线理想模型，各变电站单条出线平均长度可近似表示为

$$L_x = K_z R_x = L_{xm} + L_{xb} \tag{3.41}$$

其中,

$$L_{xm} = K_q R_x = K_q \sqrt{\frac{A_m}{\pi}} \frac{1}{\sqrt{N_b}} \tag{3.42}$$

$$L_{xb} = (K_{z0} - K_q)\frac{n_{bx0}}{n_{bx}}\frac{R_x^2}{R_{x0}} = \frac{n_{bx0} A_m}{R_{x0}\pi}(K_{z0} - K_q)\frac{1}{n_x} \tag{3.43}$$

式中,L_{xm} 和 L_{xb} 分别为单条线路主干线和分支线的平均长度;K_z 和 K_q 分别为单条线路全长和主干线长度的修正系数;n_{bx} 为单个变电站出线条数;n_{bx0} 和 R_{x0} 分别为 K_z 等于某个值 K_{z0} 时的 n_{bx} 和 R_x。

对于某一规划区域内的线路,由式(3.42)可以看出,主干线长度随着变电站个数的增加而减小。由式(3.43)可以看出,单条线路的支线长度与变电站个数无关,但与区域出线总数成反比(或与馈线最大允许负载率成正比);区域支线总长度(即 $n_x L_{xb}$)与变电站个数和出线总数均无关。

3. 满足系统容载比要求

变电站负荷满足系统要求的合理容载比 K_r。

4. 高压线路总长度近似相同

总费用计算中不考虑高压线路投资费用。

5. 满足设备"$N{-}1$"安全校验

线路和主变满足"$N{-}1$"安全校验。

3.3.2 变电站年费用简化

基于 3.3.1 节的简化条件,考虑到各变电站容量相同,综合式(3.8)和式(3.9),C_{bt} 可简化为

$$C_{bt} = \varepsilon \sum_{i=1}^{N_b} C_{bt,i} = \varepsilon \sum_{i=1}^{N_b}(a_b + b_b S_{b,i}) = B_{bt} N_b + B'_{bt} \tag{3.44}$$

式中,$B_{bt} = \varepsilon a_b$,$B'_{bt} = \varepsilon b_b \sum_{i=1}^{N_b} S_{b,i} = \varepsilon b_b (K_r P_z)$。

式(3.11)空载损耗年费用 C_{bz} 可简化为

$$C_{bz}=C_e\sum_{i=1}^{N_b}\left(n_z a_k + b_k S_{b,i}\right)T_b = B_{bk}N_b + B'_{bk} \tag{3.45}$$

式中，$B_{bk}=C_e n_z a_k T_b$，$B'_{bk}=C_e b_k (P_z K_r)T_b$。

式(3.13)负载损耗年费用 C_{bf} 可表示为

$$C_{bf}=C_e\sum_{i=1}^{N_b}\left(\frac{S_{f,i}}{S_{b,i}}\right)^2\left(n_z a_f + b_f S_{b,i}\right)\tau_{max}=B_{bf}N_b + B'_{bf} \tag{3.46}$$

式中，$B_{bf}=\dfrac{C_e n_z a_f}{(K_r\cos\theta)^2}\tau_{max}$，$B'_{bf}=\dfrac{C_e b_f P_z}{K_r\cos^2\theta}\tau_{max}$。

规划地区所有变电站年费用 C_b 可简化表示为

$$C_b=C_{bt}+C_{bz}+C_{bf}=B_b N_b + B'_b \tag{3.47}$$

式中，$B_b=B_{bt}+B_{bz}+B_{bf}$，$B'_b=B'_{bt}+B'_{bz}+B'_{bf}$。

3.3.3　线路年费用简化

基于 3.3.1 节的简化条件，考虑到各变电站出线数和单条线路平均长度相同，基于估算的出线数和供电半径，可对规划地区所有线路年费用的表达式进行如下简化。

综合式(3.22)、式(3.39)~式(3.41)，线路投资年费用可表示为

$$C_{xt}=\frac{B_{xt}}{\sqrt{N_b}}+B'_{xt} \tag{3.48}$$

式中，$B_{xt}=\varepsilon n_x K_q\sqrt{\dfrac{A_m}{\pi}}(k_d C_d + k_j C_j)$，$B'_{xt}=\varepsilon n_x L_{xb}(k_d C_d + k_j C_j)$。

综合式(3.23)、式(3.24)、式(3.39)~式(3.41)，C_{xs} 可表示为

$$C_{xs}=\frac{B_{xs}}{\sqrt{N_b}} \tag{3.49}$$

式中，$B_{xs}=G_p\dfrac{(P_z/\cos\theta)^2}{n_x U_n^2}(k_d r_d + k_j r_j)\dfrac{K_q}{K_b}\sqrt{\dfrac{A_m}{\pi}}\tau_{max}C_e$。

综合式(3.25)、式(3.27)、式(3.29)、式(3.39)~式(3.41)，C_{xk} 可表示为

$$C_{xk}=\frac{B_{xk}}{\sqrt{N_b}}+B'_{xk} \tag{3.50}$$

式中，$B_{xk} = P_z \xi K_q \sqrt{\dfrac{A_m}{\pi}} (k_{dc} D_{dc} + k_j D_{jc})$，$B'_{xk} = P_z \xi (k_d D'_{dc} + k_j D'_{jc})$。

规划地区所有线路年费用 C_x 可简化表示为

$$C_x = C_{xt} + C_{xs} + C_{xk} = \frac{B_x}{\sqrt{N_b}} + B'_x \tag{3.51}$$

式中，$B_x = B_{xt} + B_{xs} + B_{xk}$，$B'_x = B'_{xt} + B'_{xk}$。

3.3.4 年总费用简化

综合上述各费用，式(3.1)中的年总费用最终可表达为变电站数量的简单函数，即

$$f_c = C_b + C_x = B_b N_b + \frac{B_x}{\sqrt{N_b}} + (B'_b + B'_x) \tag{3.52}$$

3.3.5 简化模型求解

1. 变电站个数优化概念

随着变电站个数增加，变电站年费用 C_b 增加，线路年费用 C_x 减少(这是由于在供电区域总面积不变的情况下，随着变电站数量增多，变电站到负荷点的平均距离将减少，中压出线长度将减少)，其和年总费用 f_c 在某点具有最小值，该点对应的变电站个数 N_b 就是最优值 $N_{b,opt}$，如图 3.11 所示。

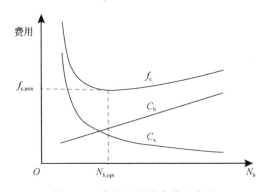

图 3.11 变电站最优个数示意图

2. 单阶段优化方法

由式(3.52)可知，在满足容载比的条件下，年总费用只是变电站个数的简单

函数，在不考虑最大允许供电半径约束的情况下，可采用求极值方法得到变电站最优个数的解析表达式，从而计算得到变电站平均容量、平均供电半径和年总费用等，具体步骤如下：

(1) 求解变电站个数。

令 $\dfrac{\mathrm{d}f_\mathrm{c}}{\mathrm{d}N_\mathrm{b}} = 0$，得

$$\frac{\mathrm{d}f_\mathrm{c}}{\mathrm{d}N_\mathrm{b}} = B_\mathrm{b} - \frac{B_\mathrm{x}}{2} N_\mathrm{b}^{-\frac{3}{2}} = 0 \tag{3.53}$$

则

$$N_\mathrm{b,opt} = \mathrm{int}\left[\left(\frac{B_\mathrm{x}}{2B_\mathrm{b}}\right)^{\frac{2}{3}}\right] + 1 \tag{3.54}$$

将 $N_\mathrm{b,opt}$ 代入式 (3.40) 中替换 N_b，可求出供电半径 R_x 并校验，若大于最大允许供电半径 (根据相关技术导则[15]：A+、A、B 类供电区域 10kV 供电半径不宜超过 3km；C 类供电区域 10kV 供电半径不宜超过 5km；D 类供电区域 10kV 供电半径不宜超过 15km)，应增加变电站布点，直到满足该约束。

由式 (3.54) 可知，变电站最优个数仅与变电站投资中和变电容量无关的系数 a_b 及主干线路费用有关，而与变电站投资中和变电容量有关的系数 b_b 无关，即在不考虑变电站容量为离散值的情况下，变电站最优个数与变电站容量和分支线无关。

(2) 求解变电站容量。

变电站平均优化容量可表示为

$$S_{\mathrm{b},i} = \frac{S_\mathrm{bz}}{N_\mathrm{b,opt}} = \frac{K_\mathrm{r}P_\mathrm{z}}{N_\mathrm{b,opt}} \tag{3.55}$$

根据变电站可能的容量组合 ($n_\mathrm{z}\times31.5\mathrm{MV\cdot A}$、$n_\mathrm{z}\times40\mathrm{MV\cdot A}$、$n_\mathrm{z}\times50\mathrm{MV\cdot A}$、$n_\mathrm{z}\times63\mathrm{MV\cdot A}$，$n_\mathrm{z}$ 可考虑 1、2、3 和/或 4)，在小于平均容量的组合中，选择其中最大容量组合校验容载比，若该容量组合能够满足最小允许容载比 (如取 1.8)，将其作为变电站优化容量；否则，在大于平均容量的组合中，选择其中最小容量组合作为变电站优化容量。

(3) 求解变电站年费用及年总费用。基于优化的变电站容量组合，重新计算式 (3.52) 中变电站年费用 (C_x 不变) 以及年总费用。此时，变电站投资年费用 $C_{\mathrm{bt},i}$ 直接采用相应主变容量的统计值，主变的空载损耗 $P_{\mathrm{k},j}$ 和负载损耗 $P_{\mathrm{f},j}$ 则由主变容量查表得到。

(4) 记录对应于 $N_{b,opt}$ 及其变电站优化容量组合的年总费用为 $f_{c,1}$；令 $N_{b,opt}=N_{b,opt}-1$，重复步骤(2)和(3)，将得到年总费用，记为 $f_{c,0}$。

(5) 比较 $f_{c,0}$ 和 $f_{c,1}$，选择对应较小年总费用的变电站优化个数及其优化容量组合作为优化结果。

3. 多阶段优化方法

本节介绍的多阶段优化方法是以理想目标为导向、基于充分利旧原则的准动态规划方法：首先以单阶段优化方法求解规划期末变电站个数和容量组合，然后据此制定规划期各阶段待选变电站可能的容量组合，再由现阶段向规划期末逐阶段进行变电站个数和容量的优化。具体步骤如下：

(1) 确定规划期阶段总数 D_{jd}，令阶段数 $t=1$，初始化 $n_z(0)=1$ 和 $N_b(0)=0$。

(2) 基于规划期末(第 D_{jd} 阶段)预测负荷，以单阶段优化方法求解得到变电站的优化个数 $N_b(D_{jd})$、主变容量 $S_b(D_{jd})$ 和台数 $n_z(D_{jd})$。

(3) 制定第 t 阶段变电站候选的容量组合为 $n_z(t)S_b(D_{jd})$，其中 $n_z(t-1) \leqslant n_z(t) \leqslant n_z(D_{jd})$。

(4) 基于第 t 阶段预测负荷 $P_z(t)$ 及某可能的容量组合，计算相应变电站个数：

$$N_b(t) = \mathrm{int}\left[\frac{K_r P_z(t)}{n_z(t) S_b(D_{jd})}\right] + 1 \tag{3.56}$$

对于变电站个数分别为 $N_b(t)$ 和 $N_b(t)-1$，类似单阶段优化方法的步骤(2)～(4)计算相应的年总费用。

(5) 基于第 t 阶段变电站所有可能容量组合的两个年总费用计算情况，选择满足 $n_z(t-1) \leqslant n_z(t) \leqslant n_z(D_{jd})$ 和 $N_b(t-1) \leqslant N_b(t) \leqslant N_b(D_{jd})$ 且年总费用最小的变电站个数及其容量组合，相应的变电站个数、主变容量和台数分别记为 $N_b(t)$、$S_b(t)$ 和 $n_z(t)$。

(6) 令 $t=t+1$，如果 $t<D_{jd}$，则转向步骤(3)；否则，获得各阶段的变电站建设方案。

3.4　计及分布式电源的变电站规划

随着配电网分布式电源(distributed generations，DG)渗透的提高，分布式电源对配电网规划方法和结果的影响研究也越来越具有现实意义。本节基于概率规划方法对分布式电源可以等效的变电站个数、容量和出线条数进行了评估,相应的置信变量涉及变电站置信个数、变电站置信容量和馈线置信条数等内容。不同于基于确定性"N–1"安全准则的传统规划,概率规划既要考虑停电的严重程度,也要考虑停电的概率[18]。

3.4.1 研究现状

变电站布点、容量和出线情况是影响电网结构、供电安全可靠性和经济性的重要因素。变电站布点、容量和出线的决策取决于供电区域负荷的现状和增长速度、负荷的性质和对供电可靠性要求、供电能力和单位供电量的投资,以及系统短路容量和运输安装条件等。目前实际工程应用中变电站及其出线规划通常是根据相关技术导则并结合经验进行。

分布式电源具有显著的随机性和间歇性,在配电网规划中应考虑高渗透率分布式电源对变电站及其出线规划的影响,特别是应评估分布式电源可以等效的变电站个数、变电站容量和馈线条数。现有变电站置信个数、置信容量和馈线置信条数的计算方法一般以分布式电源接入前后可靠性水平不变为目标[11~13]。这些方法存在以下缺点:首先,分布式电源接入前的可靠性水平是否合理没有说明;其次,国内设备负载率普遍偏低,通常满足"N–1"安全校验,此时分布式电源是否出力对可转供负荷的大小的影响很小,从而对可靠性指标也并无大的影响(即变电置信容量总是为零);再次,缺乏涉及设备投资费用和停电损失费用的经济性分析;最后,没有考虑到实际规划中变电站容量为离散值。

3.4.2 简化思路

本节在 3.3.1 节简化条件的基础上,基于式(3.54)和式(3.55),在假设变电站容量可为连续值的情况下,变电站布点及其供电范围主要是基于变电站固定投资和中压线路投资的平衡获得,即各变电站布点、供电范围和负荷大小可先于其容量确定。因此,为减小计算的规模和复杂性,可将涉及分布式电源的变电站及其出线置信变量优化问题近似简化分解为变电站置信个数(含馈线置信条数)优化子问题和变电站置信容量优化子问题:首先阐述变电站置信个数及其出线置信条数的优化,在此基础上再进行变电站置信容量的优化。此外,类似负荷均匀分布的假设,本章假设分布式电源容量在规划区域内均匀分布。

3.4.3 模型方法基础

由于在规划阶段数据收集不易,难以获得准确的数据,采用精确的模型和方法复杂且意义不大,因此在实际规划工作中通常采用经过适当简化后的模型和方法。

1. 分布式电源多状态出力模型

通过多场景概率分析法建立了分布式电源的多状态出力模型，在较小供电区域内仅对不同类型分布式电源状态进行组合来考虑分布式电源出力的相关性。

1) 分布式电源出力特点

接入配电网的分布式电源主要分为两类：间歇性分布式电源与非间歇性分布式电源。间歇性分布式电源具有强烈的波动性和随机性，最具有代表性的有风电与光伏发电。由于风速不可控，风力发电随时间尺度变化较大；由于地球的自转和公转，光伏发电相对而言具有较明显的日常性和季节性。非间歇性分布式电源出力的波动性与不确定性一般较小，属于可控电源，常见的包含小水电、小火电和供冷供热机组等。其中，小水电通常只需考虑其丰水期出力与枯水期出力两种状态；小火电其特性类似于常规火电机组，通常类比于常规机组进行考虑；供冷供热机组的功率波动分量在短时看来一般很小，可类似负荷采用典型日功率曲线的方式进行处理。

间歇性分布式电源出力特性除波动性和随机性外，还存在一定相关性。该相关性主要源于其一次能源(如风速和光照强度等)的相关特性，受地理分布、气候和天气等因素影响较大，目前通常采用概率论中的相关系数或相关系数矩阵来描述。由于配电网覆盖范围较小，当多个分布式电源同时接入配电网时，其地理位置相互邻近导致其出力具有较强的相关性：通常多台同类分布式电源间存在正相关，出力变化趋势具有高度一致性；多台不同类分布式电源间存在负相关。

2) 分布式电源出力模型

对于分布式电源出力模型，在电力平衡中多采用确定性规划方法和多场景概率分析法。其中传统的确定性规划方法仅考虑分布式电源的最小出力，而多场景概率分析法在计及分布式电源随机性的同时简化了建模难度，采用离散的概率分布来描述其多种功率出力状态[14,20]。本节采用多场景概率分析法，其中间歇性分布式电源出力状态数目多，且存在出力值等于零的状态。考虑到分布式电源出力的时序特性主要受自然天气条件影响，其统计规律在相当长的时间内一般不变或变化很小，因此可通过统计资料获得各类分布式电源在不同时段具有代表性的出力状态及其概率，如光伏出力可由晴(最大出力)至雨(不出力)分为 4 种不同状态(见图 3.12(a))，风电出力可基于不同季节由大到小分为 4 种不同状态(见图 3.12(b))。

对于分布式电源间出力相关性的处理方法，可根据各分区地理分布、气候和天气等因素基本一致的原则，将系统分为若干供电区域，认为同一区域内的多台同类分布式电源具有基本一致的出力分布，从而在概率分析法中不需要对同一区域内同类分布式电源进行相关状态的组合分析，因此减少了需要考虑的组合数。

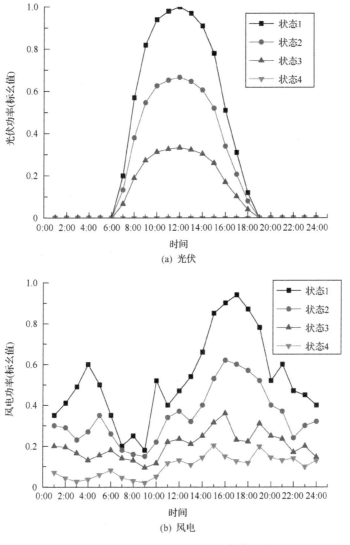

图 3.12　分布式电源日出力多状态模型实例

　　因此，可将一天划分为 T_h 个时段，每个时段内各类分布式电源具有多种运行状态和对应的概率；将规划区域分为 N_{za} 个供电区域，假设每个供电区域内的同类型分布式电源出力状态和概率分布相同。基于各类分布式电源的多状态模型，考虑分布式电源出力相关性仅需对不同类型或不同供电区域的分布式电源状态进行组合，相应的第 i 个时段系统分布式电源的状态组合数可表示为

$$N_{dg}(i) = \prod_{m=1}^{N_{za}} \prod_{k=1}^{N_{dg,m}} N_{dg}(i,m,k) \tag{3.57}$$

式中，$N_{dg}(i)$ 为第 i 时段不同类型分布式电源组合得到的出力状态组合数；N_{za} 为供电区域总数；$N_{dg,m}$ 为第 m 个区域的分布式电源类型总数；$N_{dg}(i,m,k)$ 为第 i 时段第 m 个区域第 k 种类型分布式电源的出力状态数。

第 i 时段第 j 种分布式电源系统出力状态组合的出力值及其概率可表示为

$$\begin{cases} P_{g,i,j} = \sum_{m=1}^{N_{za}} \sum_{k=1}^{N_{dg,m}} P_{i,j}(m,k) \\ p_{i,j} = \prod_{m=1}^{N_{za}} \prod_{k=1}^{N_{dg,m}} p_{i,j}(m,k) \end{cases} \quad j=1,2,\cdots,N_{dg}(i) \quad (3.58)$$

式中，$P_{g,i,j}$ 和 $p_{i,j}$ 分别为所有分布式电源在第 i 时段第 j 种分布式电源系统出力状态组合的出力大小及其概率；$P_{i,j}(m,k)$ 和 $p_{i,j}(m,k)$ 分别为第 m 个供电区域第 k 种类型分布式电源在第 i 时段对应第 j 种分布式电源系统出力状态组合的出力大小及其概率。

2. 负荷曲线

考虑到负荷的波动性相对分布式电源而言较小，在规划中通常采用确定的典型日负荷曲线进行分析。典型日负荷曲线又可细分为不同季节和不同行业的代表日典型功率曲线。一般情况下，居民负荷高峰为 20:00～22:00，商业负荷高峰为 10:00～13:00，工业负荷高峰为 10:00 和 14:00。图 3.13 为典型的居民、商业和工业日负荷曲线图。

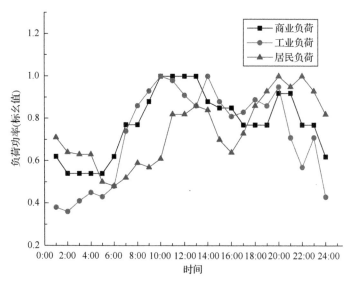

图 3.13　典型的居民、商业和工业日负荷曲线示意图

3. "N-1" 安全校验

"N-1" 安全校验指电力系统的 N 个元件中的任一独立元件被切除后，系统的各项运行指标仍能满足给定的要求。本节主要考虑导致中压线路和变电站主变停运的 "N-1" 安全校验，并将其中涉及主变停运的情况大致分为以下两个阶段。第一阶段为在单台主变较短停电时间内(如 2h)，若主变负载率等于或低于 K_{zn}(K_{zn} 为站内转移的最高主变负载率，如 1.3)，可进行站内负荷转移；若主变负载率超过 K_{zn}，超过部分所带负荷将会感受到短时停电时间。第二阶段为在单台主变短时停电后，对于主变负载率大于 1 且低于 K_{zj}(K_{zj} 为可通过站间转移的最高主变负载率)的部分负荷，可进行站间负荷转移；对于主变负载率大于 K_{zj} 的部分负荷会感知到停电修复时间。

因此，主变 "N-1" 安全校验两阶段的安全负载率可分别表示为

$$\begin{cases} K_{zg,1} = \dfrac{n_z - 1}{n_z} K_{zn} \\[2mm] K_{zg,2} = \dfrac{n_z - 1}{n_z} K_{zj} \end{cases} \tag{3.59}$$

式中，$K_{zg,1}$ 和 $K_{zg,2}$ 分别为主变 "N-1" 安全校验第一阶段与第二阶段的安全负载率；n_z 为变电站的主变台数；K_{zn} 和 K_{zj} 分别为没有分布式电源情况下以标幺值表示的负荷可以通过站内和站间转移的最高主变负载率。

4. 传统变电站容量规划方法

在实际规划工作的电力平衡中[15]，规划人员主要采用基于容载比的确定性方法，仅考虑分布式电源的最小出力值，而忽略了分布式电源出力的波动性，即

$$S_r = K_r \left(P_z - P_{dg,min} \right) \tag{3.60}$$

式中，S_r 为基于容载比所得变电站容量；K_r 为容载比；$P_{dg,min}$ 为规划区域内分布式电源的最小出力。

式(3.60)是基于最大负荷与分布式电源最小出力进行变电站容量规划，可以满足极端运行情况，但结果可能保守，从而导致设备得不到有效利用。

5. 传统馈线条数规划方法

1)技术导则推荐主变出线规模

依据配电网规划设计的相关技术导则[15]，可得到不同容量的主变对应的 10kV 馈线出线规模。

2) 估算方法

传统馈线数量通常在线路满足"$N–1$"安全准则的基础上确定，如式(3.18)和式(3.39)所示。

6. 传统变电站个数规划方法

1) 估算方法

依据相关技术导则推荐的容载比确定变电站个数，如式(3.32)所示。

2) 简化优化方法

在不考虑分布式电源影响基础上确定变电站优化个数，如式(3.54)所示。

3.4.4 计及分布式电源的变电站个数优化

基于分布式电源对线路电能损耗和负荷转供比例的影响，阐述了变电站个数和馈线条数(或负载率)的优化模型和方法，涉及变电站置信个数和馈线置信条数的定义和计算。

1. 概率规划模型

本节年总费用 f_{c1} 包含了变电站固定投资年费用 C_{bt1} 和线路年费用，其中线路年费用中的停电损失费用 C_{xkg} 和电能损耗费用 C_{xsg} 考虑了负荷的变化和分布式电源的随机性。在满足线路最大允许负载率和供电半径等条件下，计及分布式电源的变电站个数优化模型可表示为

$$\min f_{c1} = C_{bt1} + \left(C_{xt} + C_{xsg} + C_{xkg} \right)$$

$$\text{s.t.} \begin{cases} \eta_l = \dfrac{P_z}{n_x S_{dl} \cos\theta} \\ \eta_l \leqslant \eta_{l,max} \\ R_x \leqslant R_{max} \end{cases}$$

$$(3.61)$$

式中，η_l 和 $\eta_{l,max}$ 分别为线路的负载率和最大允许负载率，其中最大允许负载率除了考虑设备容量约束外，也可根据需要基于"$N–1$"安全准则设定(即"$N–1$"安全准则可作为约束以前置处理的方式体现在该模型中，或先不在该模型中考虑，之后再采用后置处理的方式尽量选择满足"$N–1$"安全准则的优化结果或规划方案)。

2. 变电站固定投资费用

由 3.3.2 节可见，变电站固定投资年费用可表示为

$$C_{bt1} = \varepsilon a_b N_b \tag{3.62}$$

3. 线路停电损失年费用

对于有联络的线路，在某设备停运情况下负荷转供比例以及相应的停电时间和停电损失可能会受到相关联络线路容量约束的影响。对于线路停运段下游受影响但能被转供的部分负荷，其年户均停电时间等同于线路有联络但不考虑负荷转供比例约束的情况；而对于不能被转供的部分负荷，其年均停电时间则等同于线路为单辐射的情况。因此，在线路有联络且受负荷转供比例约束的情况下，考虑到负荷变化和分布式电源随机性，参考式(3.29)，线路停电损失年费用可表示为

$$C_{xkg} = \frac{1}{T_h} \sum_{i=1}^{T_h} P_{z,i} \sum_{j=1}^{N_{dg}(i)} p_{i,j} \left[k_d \left(D_{dcz,i,j} L_{xm} + D'_{dcz,i,j} \right) + k_j \left(D_{jcz,i,j} L_{xm} + D'_{jcz,i,j} \right) \right] \tag{3.63}$$

其中，

$$\begin{cases} D_{dcz,i,j} = (1 - \alpha_{dz,i,j}) D_{dcl} + \alpha_{dz,i,j} D_{dcf} \\ D'_{dcz,i,j} = (1 - \alpha_{dz,i,j}) D'_{dcl} + \alpha_{dz,i,j} D'_{dcf} \\ D_{jcz,i,j} = (1 - \alpha_{jz,i,j}) D_{jcl} + \alpha_{jz,i,j} D_{jcf} \\ D'_{jcz,i,j} = (1 - \alpha_{jz,i,j}) D'_{jcl} + \alpha_{jz,i,j} D'_{jcf} \end{cases} \tag{3.64}$$

式中，$D_{jcz,i,j}$、$D_{dcz,i,j}$、$D'_{jcz,i,j}$ 和 $D'_{dcz,i,j}$ 为第 i 时段第 j 种分布式电源系统出力状态组合情况下考虑负荷转供比例约束时分别对应 D_{jc}、D_{dc}、D'_{jc} 和 D'_{dc} 的变量或系数；D_{jcl}、D_{dcl}、D'_{jcl} 和 D'_{dcl} 为有联络线路停运段下游受影响负荷能够完全转供情况下分别对应 D_{jc}、D_{dc}、D'_{jc} 和 D'_{dc} 的变量或系数；D_{jcf}、D_{dcf}、D'_{jcf} 和 D'_{dcf} 为线路停运段下游受影响负荷完全不能转供情况下分别对应 D_{jc}、D_{dc}、D'_{jc} 和 D'_{dc} 的变量或系数；$P_{z,i}$ 为第 i 时段规划区域的总负荷；T_h 为考虑计算周期内的时段总数；$\alpha_{dz,i,j}$ 和 $\alpha_{jz,i,j}$ 为第 i 时段第 j 种分布式电源系统出力状态组合情况下分别对应于电缆线路和架空线路停运时负荷不能转供的比例，与负荷变化和分布式电源出力大小相关。

$\alpha_{dz,i,j}$ 和 $\alpha_{jz,i,j}$ 的具体计算方法和公式可参考文献[18]获得。例如，对于 n 分段 n 联络的馈线，不能被转供的负荷比例可表示为

$$\alpha_{jz,i,j} = \alpha_{dz,i,j} = \max \left\{ \frac{\eta_{i,j}}{N_{xd}} - \eta'_{i,j}, 0 \right\} \tag{3.65}$$

其中，

$$\begin{cases} \eta_{i,j} = \dfrac{\left(P_{z,i} - P_{g,i,j}\right)/(n_x \cos\theta)}{S_{dl}} \\[3mm] \eta'_{i,j} = \dfrac{\Delta S_i + P_{g,i,j}/(n_x \cos\theta)}{S_{dl}} \end{cases} \tag{3.66}$$

式中，N_{xd} 为单条线路分段数；ΔS_i 表示无分布式电源情况下第 i 时段联络线的容量裕度。

4. 线路电能损耗年费用

考虑到负荷变化和分布式电源随机性，参考式(3.23)，整个规划区域线路电能损耗年费用可表示为

$$C_{xsg} = n_x G_p C_e \times 8760 \sum_{i=1}^{T_h} \frac{\Delta P_i}{T_h} \tag{3.67}$$

式中，ΔP_i 为在第 i 时段线路负荷集中于主干线末端的单条线路功率损耗，可表示为

$$\Delta P_i = \sum_{j=1}^{N_{dg}(i)} p_{i,j} \frac{\left[\left(P_{z,i} - P_{g,i,j}\right)/n_x\right]^2}{U_n^2 \cos^2\theta}\left(k_j r_j + k_d r_d\right)\frac{L_{xm}}{K_b} \tag{3.68}$$

5. 模型求解

1)求解思路

由式(3.61)～式(3.68)可知，在给定线路负载率的条件下，年总费用只是变电站个数的简单函数，在不考虑供电半径约束的情况下，可采用求极值方法得到变电站优化个数的解析表达式。因此，可采用求解式(3.61)优化模型的思路：首先将目标函数转化为与变电站个数和馈线条数有关的函数，并通过求极值方法得到变电站优化个数与馈线条数的解析表达式；然后基于不同馈线条数，采用枚举法计算不同最优的变电站个数及其对应的年总费用；最后选择具有最小年总费用的变电站个数和馈线条数(或线路负载率)为优化结果。

2)变电站个数的解析表达式

在给定馈线总条数的情况下，可将式(3.61)的目标函数改写为仅与变电站个数 N_b 有关的函数，即

$$f_{c1} = B_{br} N_b + B_{xr} N_b^{-\frac{1}{2}} + B'_{xr} \tag{3.69}$$

其中，

$$B_{br} = \varepsilon a_b \tag{3.70}$$

$$B_{xr} = K_q \sqrt{\frac{A_m}{\pi}} \left[\varepsilon n_x \left(k_j C_j + k_d C_d \right) + \frac{1}{T_h} \sum_{i=1}^{T_h} P_{z,i} \sum_{j=1}^{N_{dg}(i)} p_{i,j} \left(k_d D_{dcz,i,j} + k_j D_{jcz,i,j} \right) \right.$$
$$\left. + \frac{G_p C_e \left(k_j r_j + k_d r_d \right) \times 8760}{n_x K_b T_h U_n^2 \cos^2 \theta} \sum_{i=1}^{T_h} \sum_{j=1}^{N_{dg}(i)} p_{i,j} \left(P_{z,i} - P_{g,i,j} \right)^2 \right] \tag{3.71}$$

$$B'_{xr} = n_x L_{xb} \varepsilon \left(k_j C_j + k_d C_d \right) + \frac{1}{T_h} \sum_{i=1}^{T_h} P_{z,i} \sum_{j=1}^{N_{dg}(i)} p_{i,j} \left(k_d D'_{dcz,i,j} + k_j D'_{jcz,i,j} \right) \tag{3.72}$$

令 $\dfrac{\mathrm{d}f_{c1}}{\mathrm{d}N_b} = 0$，可以得到

$$\frac{\mathrm{d}f_{c1}}{\mathrm{d}N_b} = B_{br} - \frac{B_{xr}}{2} N_b^{-\frac{3}{2}} = 0 \tag{3.73}$$

则

$$N_{b,opt} = \mathrm{int} \left[\left(\frac{B_{xr}}{2 B_{br}} \right)^{\frac{2}{3}} \right] + 1 \tag{3.74}$$

将 $N_{b,opt}$ 代入式(3.40)中替换 N_b，可求出供电半径 R_x 并校验，若大于最大允许供电半径，则应增加变电站布点，直到满足该约束。

由式(3.74)可见，最优变电站个数与馈线条数(或线路负载率)和主干线长度相关，而与分支线长度无关。

3) 算法步骤

由于对应不同馈线数的线路负载率可以在 0~1 之间近似取值为若干有限的离散值，同时考虑到式(3.62)~式(3.74)的计算量不大，本节采用枚举法近似求解优化模型式(3.61)，步骤如下：

(1) 将规划区域分为 N_{za} 个分区，将一天 24h 等分为 T_h 个时段，由相应的日负荷曲线与规划区域的最大负荷计算第 i 时段负荷 $P_{z,i}$。

(2) 采用式(3.58)计算第 i 时段第 j 种分布式电源出力状态组合的出力值 $P_{g,i,j}$ 及其概率 $p_{i,j}$。

(3) 将线路负载率设定为某一较小的可行初始值(如 0.15)。

（4）根据式（3.39）求解规划区域在当前线路负载率下的馈线总数 n_x。

（5）根据式（3.74）求解最优变电站个数 N_b 和相应的年总费用；记录相应于 N_b 的年费用为 $f_{c1,1}$；令 $N_b=N_b-1$，计算相应的年总费用并将其记为 $f_{c1,0}$。

（6）比较 $f_{c1,0}$ 和 $f_{c1,1}$，选择对应较小年总费用的变电站优化个数为当前负载率下的最优 N_b。

（7）若当前线路负载率满足最大允许负载率和供电半径要求，则将线路负载率增加一个步长 $\Delta\eta$（如 0.01），跳转步骤（4），否则进行下一步。

（8）选取目标函数 f_{c1} 最小的方案，其对应的 N_b 和 n_x 即为变电站个数最优值 $N_{b,opt}$ 和馈线条数最优值 $n_{x,opt}$。

模型求解步骤流程如图 3.14 所示。

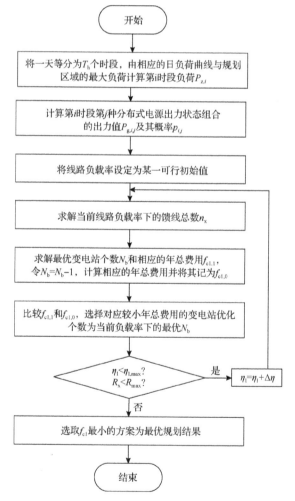

图 3.14　含分布式电源的变电站布点和出线概率规划流程图

6.分布式电源置信变量的定义和计算

为了评估分布式电源接入对变电站及馈线所起的替代作用以及对总费用的优化效果，本章定义了三大类置信变量，即分布式电源可以等效的变电站个数、馈线条数和配电网建设资金。

1)变电站置信个数和个数置信度

定义 3.1 将采用传统变电站规划方法与概率规划方法计算所得变电站个数之差定义为第一类变电站置信个数 N_{cb1}，即

$$N_{cb1}=\max\left\{N_{b0}-N_{b,opt},0\right\} \tag{3.75}$$

式中，N_{b0} 和 $N_{b,opt}$ 分别为采用传统方法和概率规划方法(考虑了分布式电源出力)计算所得的变电站个数。

定义 3.2 采用本文概率规划模型,将分别不考虑与考虑分布式电源出力计算所得变电站个数之差定义为第二类变电站置信个数 N_{cb2}，即

$$N_{cb2}=\max\left\{N_{b0,opt}-N_{b,opt},0\right\} \tag{3.76}$$

式中，$N_{b0,opt}$ 为不考虑分布式电源出力时采用概率规划方法计算所得的变电站个数。

两种变电站置信个数与不同变电站规划个数之间的关系如图 3.15 所示。

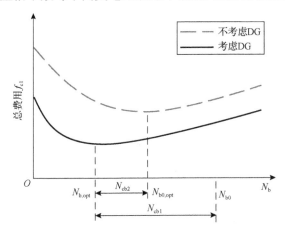

图 3.15 变电站置信个数与不同变电站规划个数关系示意图

定义 3.3 将 N_{cb1} 与传统方法所得变电站个数之比定义为第一类变电站个数置信度 λ_{b1}，即

$$\lambda_{b1}=\frac{N_{cb1}}{N_{b0}} \tag{3.77}$$

定义 3.4　将 N_{cb2} 与不考虑分布式电源出力时所得变电站个数 $N_{b0,opt}$ 之比定义为第二类变电站个数置信度 λ_{b2}，即

$$\lambda_{b2}=\frac{N_{cb2}}{N_{b0,opt}} \tag{3.78}$$

2)馈线置信条数和条数置信度

定义 3.5　将采用传统馈线条数规划方法与概率规划方法(考虑了分布式电源出力)计算所得馈线条数之差定义为第一类馈线置信条数 n_{cx1}，即

$$n_{cx1}=\max\left\{n_{x0}-n_{x,opt},0\right\} \tag{3.79}$$

式中，n_{x0} 和 $n_{x,opt}$ 分别为采用传统方法和概率规划方法计算所得的馈线条数。其中，n_{x0} 综合考虑了估算法和规划技术导则得出的计算结果：当估算法计算值在导则推荐值区间内，n_{x0} 最终采用估算值的结果；当估算值小于技术导则推荐区间的最小值时，n_{x0} 最终采用该最小值；当估算值大于技术导则推荐区间的最大值时，n_{x0} 最终采用该最大值。

定义 3.6　采用本章概率规划模型,将分别不考虑与考虑分布式电源出力计算所得馈线条数之差定义为第二类馈线置信条数 n_{cx2}，即

$$n_{cx2}=\max\left\{n_{x0,opt}-n_{x,opt},0\right\} \tag{3.80}$$

式中，$n_{x0,opt}$ 和 $n_{x,opt}$ 分别为不考虑和考虑分布式电源出力时采用概率规划方法计算所得的馈线条数。

定义 3.7　将 n_{cx1} 与传统方法所得馈线条数之比定义为第一类馈线条数置信度 λ_{x1}，即

$$\lambda_{x1}=\frac{n_{cx1}}{n_{x0}} \tag{3.81}$$

定义 3.8　将 n_{cx2} 与不考虑分布式电源出力时所得馈线条数 $n_{x0,opt}$ 之比定义为第二类馈线条数置信度 λ_{x2}，即

$$\lambda_{x2}=\frac{n_{cx2}}{n_{x0,opt}} \tag{3.82}$$

3)配电网置信资金和资金置信度

定义 3.9　将采用传统规划方法与概率规划方法计算所得年总费用之差定义

为第一类配电网置信资金 C_{c1}，即

$$C_{c1} = \max\left\{f_{c1,0} - f_{c1,opt}, 0\right\} \tag{3.83}$$

式中，$f_{c1,0}$ 和 $f_{c1,opt}$ 分别为采用传统方法和概率规划方法(考虑了分布式电源出力)计算所得的年总费用。

定义 3.10　采用本章概率规划模型，将分别不考虑与考虑分布式电源计算所得年总费用之差定义为第二类配电网置信资金 C_{c2}，即

$$C_{c2} = \max\left\{f_{c1,0,opt} - f_{c1,opt}, 0\right\} \tag{3.84}$$

式中，$f_{c1,0,opt}$ 为不考虑分布式电源出力时采用概率规划方法计算所得的年总费用。

定义 3.11　将 C_{c1} 与传统方法所得年总费用之比定义为第一类资金置信度 λ_{c1}，即

$$\lambda_{c1} = \frac{C_{c1}}{f_{c1,0}} \tag{3.85}$$

定义 3.12　将 C_{c2} 与不考虑分布式电源出力时的年总费用 $f_{c1,0,opt}$ 之比定义为第二类资金置信度 λ_{c2}，即

$$\lambda_{c2} = \frac{C_{c2}}{f_{c1,0,opt}} \tag{3.86}$$

4) 计算步骤

本节涉及变电站个数和馈线条数的分布式电源置信变量的计算步骤如下：

(1) 基于传统规划方法计算变电站个数、线路条数和总费用。

(2) 基于式(3.61)～式(3.74)的概率规划模型和求解方法，计算出不考虑分布式电源出力时的变电站个数最优值 $N_{b0,opt}$、馈线条数最优值 $n_{x0,opt}$ 和费用最优值 $f_{c1,0,opt}$。

(3) 基于式(3.61)～式(3.74)的概率规划模型和求解方法，计算考虑分布式电源出力的变电站个数最优值 $N_{b,opt}$、馈线条数最优值 $n_{x,opt}$ 和费用最优值 $f_{c1,opt}$。

(4) 由式(3.75)～式(3.86)分别计算分布式电源的置信变量。

3.4.5　计及分布式电源的变电站容量优化

在 3.4.4 节确定的变电站布点和供电范围基础上，本节基于导致单台主变停运的过程及相关元件的分析，阐述了计及分布式电源的变电站容量概率规划模型及其求解方法，涉及变电站置信容量的定义和计算。

1. 容量分站规划的简化思路

若不考虑设备停电概率的影响，各变电站容量可采用其供电范围内的负荷及相应供电分区容载比直接相乘获得；而针对变电站容量概率规划，由于各变电站仅通过站间负荷转供相互影响，各变电站容量规划也可视为相对独立。因此，为减小计算的规模和复杂性，本节将变电站容量(含主变台数和单台容量)概率规划的全局问题分解为各变电站容量规划的局部问题，并通过可实现站间转移的最高主变负载率反映站间负荷转供的相互影响。

2. 简化条件

(1)仅考虑并网分布式电源接入对转供容量和电能损耗的影响，不考虑分布式电源的孤岛运行方式[20]。

(2)仅考虑主变容量约束，忽略馈线容量约束。

(3)变电站主变容量相同。

(4)不考虑不同容量主变功率损耗差别的影响。这是因为变压器的电能损耗费用在变电站总费用中的占比较小；尽管大容量主变损耗小，但与之配套的开关等设备的开断能力要求也大，节约的电能损耗费用可能难以补偿投资费用的增加。

3. 概率规划模型

本节年总费用 f_{c2} 包含变电站可变投资年费用 C_{bt2} 和因主变停运导致的停电损失费用 C_{bk}；约束为相关配电网规划导则中推荐的主变容量及其组合。对于计及分布式电源影响的单座变电站容量优化模型可表示为

$$\min f_{c2} = C_{bt2} + C_{bk}$$

$$\text{s.t.} \begin{cases} S_{db} = n_z S_{dz} \\ n_z S_{dz} \in \Omega_s \\ K_r \left(P_{z,i} - P_{g,i,j} \right) \leqslant S_{db} \\ i = 1, 2, \cdots, T_h, \quad j = 1, 2, \cdots, N_{dg}(i) \end{cases}$$

$$(3.87)$$

式中，S_{zb} 为变电站总容量；S_{dz} 为单台主变容量(为简化公式表达假设各主变容量相同)；C_{bk} 为由于主变停运导致的停电损失年费用，与变电站容量、负荷大小和分布式电源出力相关；Ω_s 为由相关导则确定的变电站可选离散容量组合的集合。

式(3.87)的优化模型是将变压器的停运概率及其影响的电量转换为了总费用中的一部分，然后基于总费用的大小进行方案优选，并可根据是否需要满足确定性"N–1"安全准则来调整变电站容载比 K_r (或变压器最大允许负载率)。

4. 变电站可变投资年费用

由 3.3.2 节可见，变电站可变投资年费用可表示为

$$C_{bt2} = \varepsilon b_b S_{db} \tag{3.88}$$

5. 主变停电损失年费用

1) 分时段缺电功率

第 i 时段主变"N-1"安全校验第一阶段和第二阶段的缺电功率 $\Delta P_{i,1}$ 和 $\Delta P_{i,2}$ 可分别表示为

$$\Delta P_{i,1} = \sum_{j=1}^{N_{dg}(i)} \left(p_{i,j} \max\left\{ \left(P_{z,i} - P_{g,i,j} \right) - K_{zg,1} S_{db} \cos\theta, 0 \right\} \right) \tag{3.89}$$

$$\Delta P_{i,2} = \sum_{j=1}^{N_{dg}(i)} \left(p_{i,j} \max\left\{ \left[P_{z,i} - \left(1 + \alpha_{zj}\right) P_{g,i,j} \right] - K_{zg,2} S_{db} \cos\theta, 0 \right\} \right) \tag{3.90}$$

式中，α_{zj} 为考虑可与本站进行站间负荷转移变电站的分布式电源影响而引入的修正因子，即联络变电站分布式电源出力与本站分布式电源出力的比值(没有影响时 α_{zj}=0，与本站分布式电源同等影响时 α_{zj}=1)。

2) 年缺供电量

导致单台主变停运的相关元件可以分为三种类型：一是变压器自身；二是引起变压器停电的高压侧线路(如链式 T 接线路)；三是与变压器直接相连的高、中压断路器。因此，基于式(3.89)和式(3.90)，主变"N-1"安全校验第一阶段和第二阶段的年缺供电量 $\Delta E_{bk,1}$ 与 $\Delta E_{bk,2}$ 可表示为

$$\begin{cases} \Delta E_{bk,1} = \dfrac{r_{b1}\left(\lambda_{s,t} + \displaystyle\sum_{k \in \Omega_e} \lambda_{f,k} \right)}{T_h} \displaystyle\sum_{i=1}^{T_h} P_{i,1} \\[4mm] \Delta E_{bk,2} = \dfrac{\lambda_{s,t}(r_{s,t} - r_{b1}) + \displaystyle\sum_{k \in \Omega_e} \lambda_{f,k}(r_{f,k} - r_{b1})}{T_h} \displaystyle\sum_{i=1}^{T_h} P_{i,2} \end{cases} \tag{3.91}$$

式中，r_{b1} 为主变的短时停电时间；$\lambda_{s,t}$ 和 $r_{s,t}$ 分别为主变的计划检修率和计划停电时间；Ω_e 为导致单台主变停电的单个故障元件的集合；$\lambda_{f,k}$ 和 $r_{f,k}$ 分别为 Ω_e 中第 k 个元件的故障率和故障停电时间。

因此，主变停运的年缺供电量 ΔE_{bk} 可表示为

$$\Delta E_{bk} = \Delta E_{bk,1} + \Delta E_{bk,2} \tag{3.92}$$

3) 停电损失年费用

停电类型可分为计划停电与故障停电两类，二者的停电损失费用不同。其中，计划停电通常是相关元件统一进行，可只考虑检修时间最长的元件(如变压器)；故障停电是无序停电，各个元件需单独考虑。因此，类似式(3.91)，主变"N–1"安全校验第一阶段和第二阶段的停电损失年费用 $C_{bk,1}$ 与 $C_{bk,2}$ 可分别表示为

$$\begin{cases} C_{bk,1} = \dfrac{r_{b1}\left(C_s \lambda_{s,t} + \displaystyle\sum_{k\in\Omega_e} \lambda_{f,k} C_f\right)}{T_h} \displaystyle\sum_{i=1}^{T_h} \Delta P_{i,1} \\[4mm] C_{bk,2} = \dfrac{C_s \lambda_{s,t}(r_{s,t} - r_{b1}) + \displaystyle\sum_{k\in\Omega_e} C_f \lambda_{f,k}(r_{f,k} - r_{b1})}{T_h} \displaystyle\sum_{i=1}^{T_h} \Delta P_{i,2} \end{cases} \tag{3.93}$$

由于主变停运的停电损失年费用可表示为

$$C_{bk} = C_{bk,1} + C_{bk,2} \tag{3.94}$$

考虑到 $r_{s,t}$ 和 $r_{f,k}$ 通常远大于主变的短时停电时间 r_{b1}，通常可忽略主变"N–1"安全校验第一阶段的年缺供电量 $\Delta E_{bk,1}$ 和停电损失年费用 $C_{bk,1}$。

6. 主变容量组合约束

在实际高压变电站规划中，变电站容量通常从有限且离散的容量组合中进行选择。根据相关技术导则[15]，可得到不同类型供电区域 110kV 变电站的可选台数和可选的单台容量，如表 3.6 所示。

表 3.6　不同类型供电区域 110kV 变电站建设规模

供电区域类型	台数/台	单台容量/(MV·A)
A+、A 类	3~4	80、63、50
B 类	2~3	63、50、40
C 类	2~3	50、40、31.5
D 类	2~3	50、40、31.5、20
E 类	1~2	20、12.5、6.3

7. 模型求解方法

考虑到实际变电容量的离散性，对式(3.87)的优化模型采用枚举法进行求解。

1) 最小费用变电站容量概念

随着变电站容量 S_{db} 的增大，变电站投资年费用 C_{bt2} 逐渐增加而停电损失年费用 C_{bk} 会逐渐减小，两种费用之和最小时对应的变电站容量即最小费用变电站容量或容量最优值 S_{opt}，如图 3.16 所示。

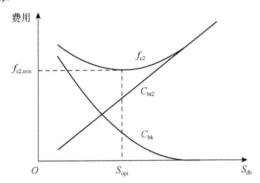

图 3.16　变电站容量与各类费用关系示意图

2) 算法步骤

由表 3.6 可知候选变电站容量组合是有限的，同时考虑到式(3.88)~式(3.94)的计算量不大，本节采用枚举法求解优化模型式(3.87)，具体步骤如下：

(1) 将变电站供电区域分为 N_{za} 个分区，确定变电站供电区域最大负荷 P_z。

(2) 将一天 24h 等分为 T_h 个时段，由相应的日负荷曲线与 P_z 计算变电站供区第 i 时段负荷 $P_{z,i}$。

(3) 采用式(3.58)计算第 i 时段第 j 种分布式电源出力状态组合的出力值 $P_{g,i,j}$ 及其概率 $p_{i,j}$。

(4) 根据表 3.6 与变电站所在的供电区域类型，确定有限的候选变电站容量组合集合 Ω_s。

(5) 基于 Ω_s 集合，通过式(3.88)计算所有候选变电站容量组合方案的投资年费用 C_{bt2}。

(6) 基于步骤(2)~(4)得到的 $P_{z,i}$、$P_{g,i,j}$、$p_{i,j}$ 与 Ω_s，通过式(3.89)~式(3.94)计算所有待选方案的停电损失年费用 C_{bk}。

(7) 根据所求得的 C_{bt2} 和 C_{bk}，选择使目标函数 f_{c2} 最小的变电站容量组合，从而得到最小费用变电站容量 S_{opt}。

含分布式电源的变电站容量计算方法总体流程如图 3.17 所示。

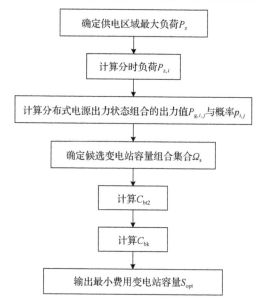

图 3.17　含分布式电源的变电站容量概率规划流程图

8.分布式电源置信变量的定义和计算

基于式(3.87)模型求解获得的变电站优化容量，定义两类分布式电源变电置信容量，将传统的分布式电源变电置信容量评估转换成基于变电站优化容量的分布式电源变电置信容量计算。

1)置信变量定义

分布式电源变电置信容量是分布式电源的变电容量价值，即分布式电源可以等效的变电站容量。本节针对某一变电站供电区域，明确定义两种分布式电源变电置信容量。

定义 3.13 将采用变电站容量规划传统方法与概率规划方法获得的变电站容量之差定义为分布式电源第一类变电置信容量 S_{c1}，即

$$S_{c1} = \max\left\{S_r - S_{opt}, 0\right\} \tag{3.95}$$

定义 3.14 将考虑和不考虑分布式电源出力采用概率规划方法获得的变电站容量之差定义为分布式电源第二类变电置信容量 S_{c2}，即

$$S_{c2} = \max\left\{S_{opt,0} - S_{opt}, 0\right\} \tag{3.96}$$

式中，$S_{opt,0}$ 为不考虑分布式电源出力时采用概率规划方法计算所得的最优变电站容量。

定义 3.15　将 S_{c1} 与传统方法所得变电站容量之比定义为第一类变电站容量置信度 λ_{s1}，即

$$\lambda_{s1} = \frac{S_{c1}}{S_r} \tag{3.97}$$

定义 3.16　将 S_{c2} 与不考虑分布式电源出力时所得变电站容量 $S_{opt,0}$ 之比定义为第二类变电站容量置信度 λ_{s2}，即

$$\lambda_{s2} = \frac{S_{c2}}{S_{opt,0}} \tag{3.98}$$

两种分布式电源变电置信容量与不同变电站规划容量之间的关系如图 3.18 所示。

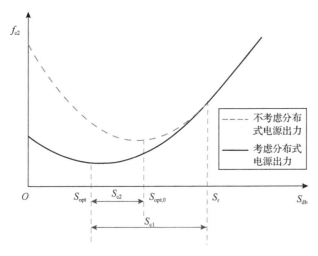

图 3.18　分布式电源变电置信容量与不同变电站规划容量关系示意图

2) 计算步骤

本节涉及变电站容量的分布式电源置信变量的计算步骤如下：

(1) 基于传统变电站容量规划方法计算变电站容量 S_r。

(2) 基于式 (3.87)～式 (3.94) 的概率规划模型和求解方法，计算出不考虑分布式电源出力时的最优变电站容量 $S_{opt,0}$。

(3) 基于式 (3.87)～式 (3.94) 的概率规划模型和求解方法，计算考虑分布式电源出力的最优变电站容量 S_{opt}。

(4) 由式 (3.95)～式 (3.98) 分别计算分布式电源变电站容量的置信变量。

3.5 应用算例

CEES 软件中"变电站规划优化"功能模块(参见附录)采用了本章模型算法,本节将用来进行算例的计算分析。

3.5.1 算例 3.1:单阶段和多阶段规划

在负荷分布不均匀的情况下,以某市城区变电站规划为例,规划面积共计 38.59km²,其中老城区面积 17.49km²。现以 2017 年为现状年,进行 2018~2025 年变电站规划。首先采用分类分区法预测 2018~2025 年负荷分布情况,部分结果如图 3.19 所示(可采用不同颜色或填充代表不同小区负荷密度)。然后使用准动态规划法进行变电站规划,分别在 2023 年和 2024 年新增一个变电站布点,如图 3.20

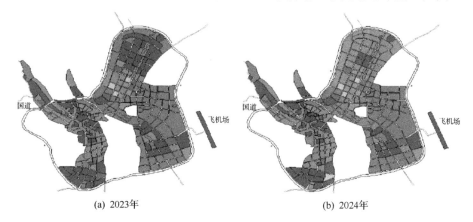

(a) 2023年   (b) 2024年

图 3.19 空间负荷预测结果示意图

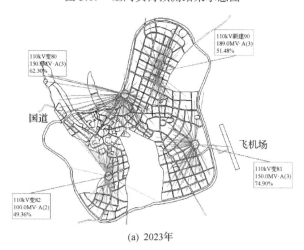

(a) 2023年

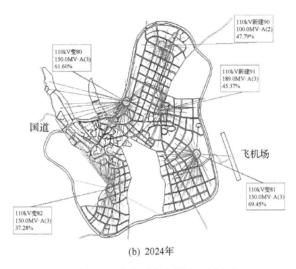

(b) 2024年

图 3.20　变电站规划结果示意图

所示。图 3.20(a)中位置靠下的三圆圈为现有变电站,各变电站供电范围为其辐射直线连接的地块。可以看出,基于冗余网格动态减少法产生初始站址,各新建变电站均处在区域负荷中心,变电站负载率和分布合理。

3.5.2　算例 3.2:变电站简化规划

借助本章简化模型和方法可以优化变电站的个数、容量和供电半径,还可以便捷地考虑不同线路类型、不同负荷密度和不同停电成本对优化结果的影响,为配电网科学合理投资提供定量的决策依据。现以某配电网络为例进行变电站个数、平均容量、供电半径和年总费用的单阶段计算分析。

1. 基础数据

1)系统参数

该系统供电方式为 110kV 变电站直接降压至 10kV 向用户供电,供电区域总面积 A_m 为 910km^2;容载比 K_r 取 2.0, T_b 取 8760h,功率因数 $\cos\theta$ 为 0.9;负荷密度分别考虑了 0.1MW/km^2、1MW/km^2、5MW/km^2、10MW/km^2、20MW/km^2、30MW/km^2、40MW/km^2 和 50MW/km^2 的情况;在负荷密度大于 5MW/km^2 和小于等于 5MW/km^2 的情况下,负荷率分别为 0.7 和 0.5,线路负载率分别为 0.5 和 0.3,最大负荷损耗小时数分别为 2500h 和 1500h,曲折系数 K_q 分别为 1.2 和 1.3;架空线路和电缆线路分别采用负荷开关和断路器分为 3 段(单联络);当变电站出线 n_{bx0} 为 20 且其供电半径 R_{x0} 为 8km 时,考虑支线和弯曲影响的线路长度修正系数 K_{z0} 为 2.0。

2)经济参数

折旧系数、运行维护费用系数和投资回报系数分别为 0.045、0.025 和 0.1；110kV 购电价为 0.45 元/(kW·h)；在负荷密度大于 5MW/km² 和小于等于 5MW/km² 的情况下，中压架空线路单位长度价格分别取 30 万元/km 和 20 万元/km，变电站固定投资 a_b 分别取 3000 万元和 2000 万元(可变投资 b_b 为 18.411)；中压电缆线路取 130 万元/km。

3)可靠性参数

单位电量计划停电成本 C_s 分别考虑了 0.5 元/(kW·h)、5 元/(kW·h)、10 元/(kW·h)、20 元/(kW·h)的情况，$C_f = 2C_s$；中压元件典型可靠性参数见表 5.7。

4)线路参数

采用的电缆线型号为 YJV22-3×300，电阻 r_d 为 0.0601 Ω/km；架空线型号为 JKLYJ-240，电阻 r_j 为 0.132 Ω/km；在计算线损时，由于采用了图 3.6 中的变电站中压主干线与分支线理想模型，主干线负荷分布应为渐增分布，线路功率损耗系数 G_p 取值为 0.533。

2. 计算分析

1)不同线路类型、不同负荷密度、不同停电成本的变电站优化计算

基于本章建立的模型可得到线路类型分别为全架空、50%架空+50%电缆和全电缆情况下的变电站最优个数、单位电量费用、平均容量和平均供电半径，结果如表 3.7 所示。可以看出：

(1)线路类型不同，变电站最优个数和平均容量也不同。中压配电网电缆线路比例越大，变电站最优个数越多但平均容量越小。这是因为电缆造价比架空线路造价高很多，为了合理节约线路费用，需要适当增加变电站布点以减少线路供电长度及其投资，使年总费用最小。

(2)单位电量停电损失成本越高，变电站最优个数越大，变电站平均容量越小。这是因为停电成本主要由线路停电引起，为减少年总费用，同样可以通过多建变电站来减少线路供电距离，从而降低由线路停电引起的停电费用。

(3)随着单位停电损失成本增大，全架空情况下变电站最优个数变化范围很大，而全电缆情况下变电站最优个数变化很小。这是因为架空线的可靠性低于电缆线，单位停电损失成本的影响更大。

(4)在不同线路类型占比相同的情况下，负荷密度越大，需建更多容量更大的变电站以满足负荷增长要求。

(5)考虑负荷密度越大，电缆占比越高，且停电成本也越高，容载比为 2.0 时变电站平均容量的近似取值可如表 3.7 中有下划线的数字：负荷密度在 1~30MW/km² 的供电区域单个 110kV 变电站平均容量几乎一样，宜控制在 130~190MV·A；负

表 3.7 不同线路类型、不同负荷密度、不同停电成本的变电站优化结果

计划停电成本/[元/(kW·h)]	负荷密度/(MW/km²)	全架空				50%架空+50%电缆				全电缆			
		优化个数	单位电量费用/[元/(kW·h)]	平均容量/(MV·A)	供电半径/km	优化个数	单位电量费用/[元/(kW·h)]	平均容量/(MV·A)	供电半径/km	优化个数	单位电量费用/[元/(kW·h)]	平均容量/(MV·A)	供电半径/km
0.5	0.1	3	0.221	60.67	9.83	5	0.557	36.40	7.61	7	0.849	26.00	6.43
	1	12	0.084	151.67	4.91	24	0.157	75.83	3.47	31	0.210	58.71	3.06
	5	35	0.056	260.00	2.88	69	0.090	131.88	2.05	89	0.112	102.25	1.80
	10	53	0.034	343.40	2.34	90	0.048	202.22	1.79	125	0.062	145.60	1.52
	20	84	0.030	433.33	1.86	143	0.041	254.55	1.42	199	0.051	182.91	1.21
	30	110	0.028	496.36	1.62	187	0.037	291.98	1.24	261	0.046	209.20	1.05
	40	133	0.026	547.37	1.48	227	0.035	320.70	1.13	316	0.043	230.38	0.96
	50	155	0.026	587.10	1.37	263	0.033	346.01	1.05	367	0.041	247.96	0.89
5	0.1	3	0.231	60.67	9.83	5	0.563	36.40	7.61	7	0.851	26.00	6.43
	1	13	0.087	140.00	4.72	24	0.158	75.83	3.47	31	0.210	58.71	3.06
	5	37	0.057	245.95	2.80	70	0.091	130.00	2.03	90	0.112	101.11	1.79
	10	56	0.035	325.00	2.27	92	0.049	197.83	1.77	127	0.062	143.31	1.51
	20	89	0.030	408.99	1.80	146	0.041	249.32	1.41	202	0.052	180.20	1.20
	30	116	0.028	470.69	1.58	191	0.038	285.86	1.23	265	0.047	206.04	1.05
	40	141	0.027	516.31	1.43	232	0.035	313.79	1.12	321	0.044	226.79	0.95
	50	164	0.026	554.88	1.33	269	0.034	338.29	1.04	372	0.041	244.62	0.88
10	0.1	3	0.242	60.67	9.83	5	0.570	36.40	7.61	7	0.852	26.00	6.43
	1	13	0.090	140.00	4.72	24	0.160	75.83	3.47	31	0.211	58.71	3.06
	5	38	0.059	239.47	2.76	71	0.091	128.17	2.02	91	0.113	100.00	1.78
	10	59	0.036	308.47	2.22	94	0.049	193.62	1.76	129	0.063	141.09	1.50
	20	94	0.031	387.23	1.76	150	0.042	242.67	1.39	205	0.052	177.56	1.19
	30	123	0.029	443.90	1.53	196	0.038	278.57	1.22	269	0.047	202.97	1.04
	40	149	0.028	488.59	1.39	238	0.036	305.88	1.10	326	0.044	223.31	0.94
	50	173	0.027	526.01	1.29	276	0.034	329.71	1.02	378	0.042	240.74	0.88
20	0.1	3	0.264	60.67	9.83	5	0.583	36.40	7.61	7	0.856	26.00	6.43
	1	14	0.096	130.00	4.55	25	0.163	72.80	3.40	31	0.212	58.71	3.06
	5	41	0.062	221.95	2.66	73	0.093	124.66	1.99	93	0.114	97.85	1.76
	10	65	0.038	280.00	2.11	99	0.051	183.84	1.71	133	0.064	136.84	1.48
	20	104	0.033	350.00	1.67	157	0.043	231.85	1.36	211	0.053	172.51	1.17
	30	136	0.031	401.47	1.46	206	0.039	265.05	1.19	277	0.048	197.11	1.02
	40	165	0.029	441.21	1.32	250	0.037	291.20	1.08	335	0.045	217.31	0.93
	50	191	0.028	476.44	1.23	290	0.035	313.79	1.00	389	0.043	233.93	0.86

荷密度小于 1MW/km² 的供电区域单个 110kV 变电站的容量应相应减小(负荷密度在 0.1MW/km² 左右时大约为 60MV·A,此时由于负荷分布较为分散,应考虑保留 35kV 电压等级的必要性);负荷密度大于 30MW/km² 的供电区域单个 110kV 变电站的容量应相应增大(负荷密度在 40MW/km² 左右时约为 220MV·A)。

2) 优化方案效果和费用分类

假设规划年的预测负荷 P_z 为 4551MW,规划结果共需要 65 个 110kV 变电站,线路类型为全电缆。为分析该规划方案与采用本章模型得到的优化方案的优劣,进行了年总费用的比较,如表 3.8 所示。可以看出,由于该地区规划中未考虑不同类型线路投资差异和停电费用对变电站个数的影响,年总费用为 171.42 千万元;若采用本章优化方案,不考虑停电费用但考虑线路类型影响时需建 91 个变电站,年总费用减少 21.3%(或 36.52 千万元)。

表 3.8　实际变电站规划方案与其优化方案的费用比较

计划停电成本/[元/(kW·h)]	规划方案		优化方案		偏差	
	变电站数/个	年总费用/千万元	(最优)变电站数/个	年总费用/千万元	费用偏差/千万元	费用偏差百分数/%
0.5	65	170.35	89	133.72	36.63	21.5
5	65	170.86	90	134.28	36.58	21.4
10	65	171.42	91	134.90	36.52	21.3
20	65	172.54	93	136.16	36.38	21.1

为比较变电站和线路各项费用对年总费用 f_c 的贡献程度,计算总负荷 P_z 为 9100MW(即负荷密度为 10MW/km²)时,年总费用中各项费用及其所占比例,结果如表 3.9 所示。可以看出:

表 3.9　各项费用及其所占比例

线路类型	计划停电成本/[元/(kW·h)]	变电站年费用				线路年费用						年总费用/万元
		投资		电能损失		投资		电能损耗		停电损失		
		费用/千万元	比例/%	费用/千万元	比例/%	费用/千万元	比例/%	费用/千万元	比例/%	费用/千万元	比例/%	
全电缆	0.5	120.71	48.90	0.63	0.26	121.76	49.32	3.61	1.46	0.17	0.07	246.88
	5	121.73	48.99	0.64	0.26	120.89	48.65	3.58	1.44	1.66	0.67	248.50
	10	122.75	49.04	0.65	0.26	120.04	47.96	3.55	1.42	3.31	1.32	250.30
	20	124.79	49.15	0.67	0.27	118.39	46.62	3.50	1.38	6.58	2.59	253.93
全架空	0.5	83.99	62.17	0.27	0.20	36.20	26.80	14.17	10.49	0.45	0.34	135.09
	5	85.52	61.39	0.28	0.21	35.29	25.33	13.79	9.90	4.43	3.18	139.32
	10	87.05	60.50	0.30	0.21	34.45	23.94	13.43	9.33	8.66	6.02	143.90
	20	90.11	58.98	0.33	0.22	32.94	21.56	12.80	8.38	16.60	10.86	152.78

(1) 变电站和线路投资年费用在年总费用中占较大比例,其中全电缆线路情况下线路投资和变电站投资费用接近,全架空线路情况下变电站投资费用是线路投资的 2～3 倍。

(2) 全电缆情况下线路电能损耗费用和停电损失较小,最大占比分别为 1.46% 和 2.59%,对年总费用影响较小。若为全架空情况,线路电能损耗费用和停电损失相对较大,计算结果最大占比分别为 10.49% 和 10.86%。

3.5.3　算例 3.3: 变电站置信个数和馈线置信条数

1. 系统概述

该系统分布式电源将分别考虑光伏电源和风力电源两种情况。其中,光伏出力由晴(最大出力为标幺值为 1)至雨(不出力)分为 4 种状态,概率分别为 0.2、0.3、0.3 和 0.2,如图 3.12(a) 所示;风电基于不同季节由大到小分为 4 种不同状态,概率分别为 0.2、0.3、0.3 和 0.2,其时序出力曲线如图 3.12(b) 所示。负荷特性将分别考虑居民负荷和商业负荷,其典型日负荷功率曲线如图 3.13 所示。系统其他数据和参数同 3.5.2 节。

2. 不同类型分布式电源和不同特性的负荷场景

为了表明不同类型分布式电源和不同特性的负荷场景情况下分布式电源对变电站个数和馈线条数的替代作用,在假设负荷密度为 10MW/km² 和计划停电费用 C_s 为 10 元/(kW·h) 的情况下($C_f=2C_s$),分别针对各种典型分布式电源类型和负荷特性场景进行计算分析,结果如图 3.21～图 3.25 所示。

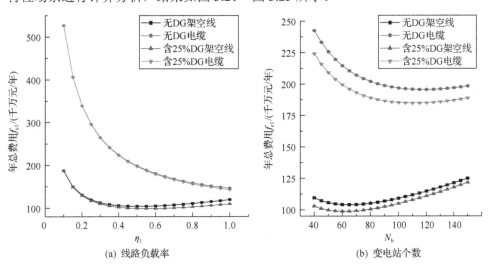

图 3.21　"风电-商业"场景下最小总费用与线路负载率和变电站个数的关系示意图

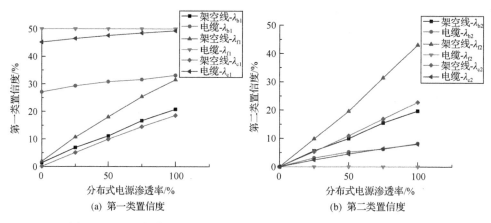

图 3.22　"风电-商业"场景下分布式电源渗透率与各类置信度关系图

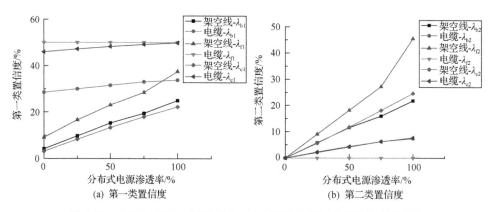

图 3.23　"风电-居民"场景下分布式电源渗透率与各类置信度关系图

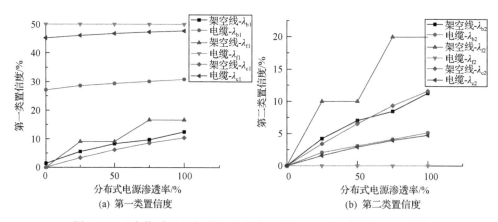

图 3.24　"光伏-商业"场景下分布式电源渗透率与各类置信度关系图

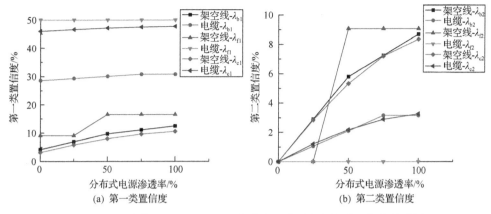

图 3.25　"光伏-居民"场景下分布式电源渗透率与各类置信度关系图

1)"风电-商业"场景

若规划区域分布式电源为风电并且负荷为商业用电(即"风电-商业"场景),计算分析最小总费用随线路负载率和变电站个数变化的情况,以及分布式电源的多种置信度。

(1)变电站个数和馈线条数优化。

由式(3.74)和式(3.61)可知,对于不同的馈线条数(或线路负载率)可得到相应的最优变电站个数和最小总费用。针对分布式电源渗透率分别为 0 和 25%的情况,计算最小总费用随变电站个数和线路负载率(或馈线条数)增加而变化的趋势,结果如图 3.21 所示。可以看出,对于分布式电源渗透率分别为 0 和 25%的情况,架空线路的最优负载率分别约为 0.51 和 0.56,电缆线路的最优负载率均为 1;电缆线路情况下的变电站最优个数大于架空线路情况下的变电站最优个数。这是由于电缆线路投资大而电能损耗和停电损失都较小,适当增加变电站布点和提高线路负载率可以节省线路费用并减小总费用。

对于分布式电源渗透率分别为 0 和 25%的架空线路和电缆线路情况,基于本章主干线与分支线长度估算模型和传统馈线长度估算方法[9]的规划结果表明,前者较后者可大致减少 25%的变电站个数和节约 20%的年总费用(馈线条数不变)。这是由于传统方法采用了综合考虑分支线和线路曲折的长度修正系数,导致变电站个数与主干线和分支线都相关,致使估算结果误差偏大。

(2)置信度。

计算各种分布式电源置信变量随分布式电源渗透率增加而变化的趋势,结果如图 3.22 所示。可以看出,分布式电源渗透率为 0 时,第一类置信变量几乎全都大于 0,而第二类置信变量都为 0,这是由于传统方法中线路需要满足相关的供电安全性,负载率通常较低(如小于 50%),而采用概率规划方法时线路的最优负载率通常较高;随着分布式电源渗透率增加各种分布式电源置信变量都有增加的趋势。

相同条件下，电缆线路的第一类置信变量都大于架空线的相应变量，而电缆线路的第二类置信变量都小于架空线的相应变量。这是由于电缆线路相对于架空线投资大而电能损耗和停电损失都较小，使得采用概率规划方法时电缆线路的最优负载率较高(全都接近 1)，从而相对于传统方法可减少更多的变电站个数和馈线条数，即电缆线路的第一类置信变量较大；对于全是基于概率规划的第二类置信变量，在线路最优负载率都较高的情况下，由于架空线路相对于电缆线路电能损耗和停电损失都较大，因此分布式电源的引入作用更为明显，即架空线路的第二类置信变量比电缆线路的相应变量更大。

2)"风电-居民"场景置信度

若规划区域分布式电源为风电并且负荷为居民用电(即"风电-居民"场景)，计算结果如图 3.23 所示，相应的数据分析类似图 3.22 的情况。

3)"光伏-商业"场景置信度

若规划区域分布式电源为光伏电源并且负荷为商业用电(即"光伏-商业"场景)，计算结果如图 3.24 所示。可以看出，第一类置信度类似"风电-商业"场景和"风电-居民"场景的情况，第二类置信度较分布式电源为风电时的相应变量减小了约一半，这是由于光伏在晚上没有出力，从而减小了其对变电站个数和馈线条数的替代作用。

4)"光伏-居民"场景置信度

若规划区域分布式电源为光伏电源并且负荷为居民用电(即"光伏-居民"场景)，计算结果如图 3.25 所示。可以看出，第一类置信度类似"风电-居民"场景、"风电-商业"场景和"光伏-商业"场景的情况，第二类置信度较"光伏-商业"场景的相应变量减小了约一半，这是由于光伏仅在白天才可能有出力，而居民负荷相对于商业负荷白天负荷较小，从而进一步减小了光伏对变电站个数和馈线条数的替代作用。

3. 不同负荷密度、不同停电成本场景

若该地区分布式电源为风电并且负荷为商业用电，针对不同的负荷密度、停电成本及分布式电源渗透率组成的各类场景(其中，负荷密度考虑了 0.1MW/km²、1MW/km²、5MW/km²、10MW/km²、20MW/km²、30MW/km²、40MW/km² 和 50MW/km² 的情况；计划停电成本考虑了 0.5 元/(kW·h)、5 元/(kW·h)、10 元/(kW·h)和 20 元/(kW·h)的情况，$C_f=2C_s$；光伏渗透率考虑了 0、25%、50%、75%和 100%的情况)，采用不考虑"$N–1$"安全准则的概率规划方法进行计算分析，主要结果归纳如下。

1)线路负载率

对于架空线路，最优负载率主要分布在 30%～70%范围内，随着分布式电源渗透率的增加而提高，但随着负荷密度和停电成本的增加而减小。其中，在无分布式电源情况下，最优负载率主要分布在 30%～50%范围内。

相对于架空线的情况电缆线路投资较大而电能损耗和停电损失较小，使得较少的线路条数(即较大的线路负载率)可以导致较小的总费用。因此电缆线路的最优负载率全都接近 100%，几乎与负荷密度、停电成本及分布式电源渗透率无关。

2) 变电站个数置信度

相对于采用概率规划方法的情况，采用传统方法得到的线路负载率较低，因此相同条件下第一类变电站个数置信度 λ_{b1} 一般大于第二类变电站个数置信度 λ_{b2}；随着分布式电源渗透率的提高，λ_{b1} 和 λ_{b2} 都在增加，且在架空线情况下变电站个数置信度变化幅度较大，分布式电源接入对变电站布点的替代效果更为明显。

对于第一类变电站个数置信度 λ_{b1}，架空线路和电缆线路情况下的 λ_{b1} 分别在 0～34%和 25%～46%范围内(其中在分布式电源渗透率为 25%时分别约为 7%和 30%)，随着分布式电源渗透率的增加而提高，但随着负荷密度和停电成本的增加通常会减小；电缆线路情况下采用概率方法较传统方法通常可以减少更多的变电站布点，这是由于电缆造价高而停电损失和电能损耗都较小，使得电缆线路的最优负载率较高或馈线条数较少，根据式(3.74)减少变电站个数可以表现出更好的经济性。

对于第二类变电站个数置信度 λ_{b2}，架空线路和电缆线路情况下的 λ_{b2} 分别在 0～33%和 0～20%范围内(其中在分布式电源渗透率为 25%时分别约为 5%和 3%)，随着分布式电源渗透率的增加而提高，但随着停电成本的增加而减小，随着负荷密度的变化增加或减小的幅度不大。可见，分布式电源在架空线情况下比电缆线情况下可替代更多的变电站布点，这是由于架空线平均停电时间较长而且损耗较大，分布式电源接入对于提高可靠性和减小损耗的作用更明显，从而可替代更多的变电站布点。

3) 馈线条数置信度

对于第一类馈线条数置信度 λ_{x1}，架空线的 λ_{x1} 在 0～52%范围内(其中在分布式电源渗透率为 25%时约为 11%)，随着分布式电源渗透率的增加而提高，随着负荷密度和停电成本的增加而减小；电缆线路的 λ_{x1} 在 50%左右变化很小，即受分布式电源渗透率、负荷密度和停电成本影响很小，这是由于电缆造价高而停电损失和电能损耗都小，可在高负载率下运行从而减少馈线条数。

对于第二类馈线条数置信度 λ_{x2}，架空线路的 λ_{x2} 在 0～48%范围内(其中在分布式电源渗透率为 25%时约为 9%)，随着分布式电源渗透率的增加而提高，随着停电成本的增加而减小，随着负荷密度的变化增加或减小的幅度不大；电缆线路的 λ_{x2} 全为 0(即分布式电源对电缆线路没有替代作用)，这是由于无论有无分布式电源，概率规划中投资大的电缆都会导致线路的最优负载率接近 1。

4)资金置信度

对于第一类资金置信度 λ_{c1}，架空线路和电缆线路的 λ_{c1} 分别在 0～24%和 10%～88%范围内(其中在分布式电源渗透率为 25%时分别约为 5%和 30%)，随着分布式电源渗透率的增加而提高，随着负荷密度和停电成本的变化增加或减小。

对于第二类资金置信度 λ_{c2}，架空线路和电缆线路的 λ_{c2} 分别在 0～29%和 0～9%范围内(其中在分布式电源渗透率为 25%时分别约为 5%和 2.4%)，随着分布式电源渗透率的增加而提高，随着停电成本的增加而减小，随着负荷密度的变化增加或减小的幅度不大。

3.5.4　算例 3.4：变电站置信容量

1. 系统概述

现以某地区一个 110kV 变电站为例，该变电站供电区域内最大负荷 P_z 为 55MW，分布式电源主要为间歇式的光伏电源。光伏出力由晴(最大出力标幺值为 1)至雨(不出力)分为 4 种状态，概率分别为 0.2、0.3、0.3 和 0.2，如图 3.12(a)所示。与变电容量投资相关的系数 b_b 为 18.411 万元/(MV·A)。K_{zn} 为 1.3，K_r 在采用传统方法和概率规划方法情况下分别取值为 1.8 和 1.0，α_{zj} 为 2，T_h 为 24，$\cos\theta$ 为 0.9。

主变停运考虑了变压器的故障停电与计划停电：计划检修率为 0.01 次/(台·年)，检修时间为 90h；故障率为 0.57 次/(台·年)，故障停电时间为 57h。其他元件仅考虑了故障停电：断路器故障率为 0.01 次/(台·年)，停电时间为 47h；线路故障率为 0.002 次/(年·km)，停电时间为 23h。计划停电损失费用 C_s 和故障停电损失费用 C_f 分别为 10 元/(kW·h)和 20 元/(kW·h)。

2. 变电站规划容量计算分析

对于最大负荷为 55MW 时，采用容载比方法得到的 S_r 为 2×50MV·A，采用不考虑"N-1"安全准则的概率规划方法计算分析不同因素对变电站容量费用的影响，主要涉及以下四种情形。

1)情形一：不同的 K_{zj} 值

K_{zj} 值分别取 1、1.15 和 1.3，负荷为商业负荷，光伏渗透率为 30%，C_s 和 C_f 分别为 10 元/(kW·h)和 20 元/(kW·h)。

采用概率规划法，在不同 K_{zj} 值情况下不同变电站容量组合年总费用 f_{c2} 的计算结果如图 3.26 所示。对于某一固定变电站容量，K_{zj} 值越大，年总费用越小；但当 $S_{db} > S_r$ 时，年总费用均相同，与 K_{zj} 值无关，这是因为此时不管有无分布式电源都不会出现负荷缺供现象(即 $C_{bk}=0$)，年总费用仅含有变电站投资年费用 C_{bt2}。

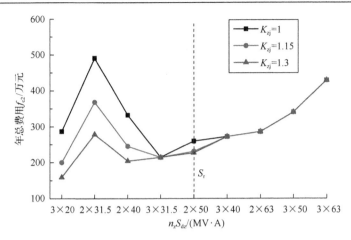

图 3.26　不同 K_{zj} 情况下不同变电站容量组合的年总费用

对于某一固定的 K_{zj} 值，年总费用最小对应的变电站容量组合为 S_{opt}：图 3.26 中 3 条曲线均在多台小容量组合（如 3×20，3×31.5）处为最小值，即 K_{zj} 为 1 时 S_{opt} 为 3×31.5，K_{zj} 为 1.15 和 1.3 时 S_{opt} 为 3×20，这是因为这些容量组合的单台主变容量较小，主变停电损失费用更小。

2）情形二：不同的停电损失费用

停电损失费用分别取两组数据：$C_s = 10$ 元/(kW·h) 和 $C_f = 20$ 元/(kW·h)，以及 $C_s = 5$ 元/(kW·h) 和 $C_f = 10$ 元/(kW·h)；K_{zj} 为 1.15；其余参数同情形一。

计算结果如图 3.27 所示，当 $S_{db} \leqslant S_r$ 时，停电损失费用越高，年总费用越高。为避免光伏不确定性带来的损失，结果倾向于选择容量较大的方案。

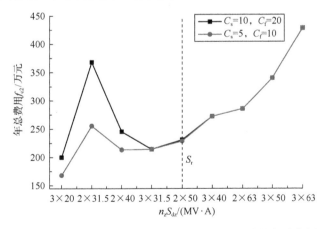

图 3.27　不同停电损失费用情况下不同容量组合的年总费用

3）情形三：不同的负荷类型

负荷类型分别选择为商业负荷与居民负荷；K_{zj} 为 1.15；其余参数同情形一。

计算结果如图 3.28 所示，容量组合为 3×20、2×31.5、2×40 与 2×50，均表现出商业负荷较居民负荷的年总费用低，这是由于商业负荷较居民负荷更多地出现在可能存在日照的时间内，即商业负荷与光伏的相关性更强。

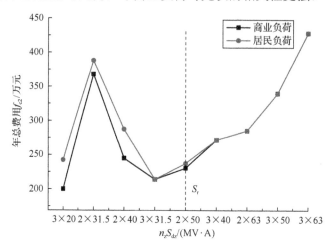

图 3.28 不同负荷类型情况下对应不同容量组合的年总费用

4)情形四：不同的光伏渗透率

光伏渗透率(即光伏最大出力与最大负荷之比的百分值)分别取值为 0、10%、30%、50%、80%及 100%；K_{zj} 为 1.15；其余参数同情形一。

计算结果如图 3.29 所示，随着光伏渗透率的增加，光伏对于变电站容量的替代作用在增强，年总费用减小。然而，随着光伏渗透率的增加，光伏带来的经济效果变化逐渐减小，对配电网的容量贡献具有一定的饱和效应。

此外，不同情况下涉及分布式电源的变电站最优容量组合有所不同，但主变台数均为三台。这是因为在变电站总容量接近的情况下，相比于两台主变而言，采用三台主变的单台主变容量较小，一台主变停电时退出的变电容量较少，使得缺供电量和年总费用都较小。

出现 S_{opt} 均为多台小容量的组合原因在于当变电站总容量接近(甚至更小)的情况下，主变台数增加时单台主变容量较小，一台主变停电时退出的变电容量更小，主变满足"N-1"安全准则的负载率较高，使得缺供电量和年总费用都较小。

3. 分布式电源变电置信变量计算分析

设负荷特性为商业负荷，停电损失费用 C_s 和 C_f 分别取值为 10 元/(kW·h)和20 元/(kW·h)。对于不同的 K_{zj}、不同光伏渗透率和不同负荷大小进行分布式电源

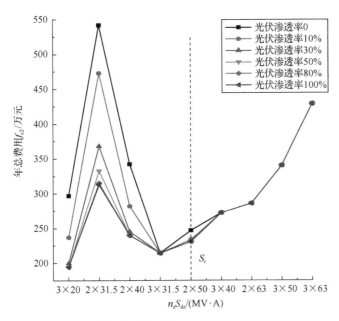

图 3.29　不同光伏渗透率情况下不同容量组合的年总费用

变电置信容量和置信度的优化计算，结果如表 3.10 和图 3.30 和图 3.31 所示。可见，随着光伏渗透率的增加，两种变电置信容量均呈现出增加的趋势；随着站间负荷转移率 K_{zj} 的增加，仅第一类变电置信容量 S_{c1} 呈现增加的趋势。

表 3.10　不同 K_{zj} 值、不同光伏渗透率和不同负荷大小对应的规划容量和变电置信容量

最大负荷/MW	光伏渗透率/%	$K_{zj}=1$			$K_{zj}=1.1$			$K_{zj}=1.2$			$K_{zj}=1.3$		
		S_{opt}/(MV·A)	S_{c1}/(MV·A)	S_{c2}/(MV·A)	S_{opt}/(MV·A)	S_{c1}/(MV·A)	S_{c2}/(MV·A)	S_{opt}/(MV·A)	S_{c1}/(MV·A)	S_{c2}/(MV·A)	S_{opt}/(MV·A)	S_{c1}/(MV·A)	S_{c2}/(MV·A)
55	0	3×31.5	5.5	—	3×31.5	5.5	—	3×31.5	5.5	—	3×20	40	—
	10	3×31.5	5.5	0	3×31.5	5.5	0	3×20	40	34.5	3×20	40	0
	30	3×20	40	34.5	3×20	40	34.5	3×20	40	34.5	3×20	40	0
	50	3×20	40	34.5	3×20	40	34.5	3×20	40	34.5	3×20	40	0
	100	3×20	40	34.5	3×20	40	34.5	3×20	40	34.5	3×20	40	0
80	0	4×31.5	24	—	4×31.5	24	—	3×40	30	—	3×40	30	—
	10	4×31.5	24	0	3×40	30	6	3×40	30	0	3×40	30	0
	30	4×31.5	24	0	3×40	30	6	3×40	30	0	3×31.5	55.5	25.5
	50	4×31.5	24	0	3×40	30	6	3×40	30	0	3×31.5	55.5	25.5
	100	4×31.5	24	0	3×40	30	6	3×40	30	0	3×31.5	55.5	25.5

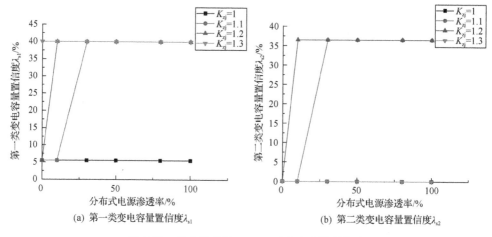

图 3.30　最大负荷为 55MW 时变电容量置信度

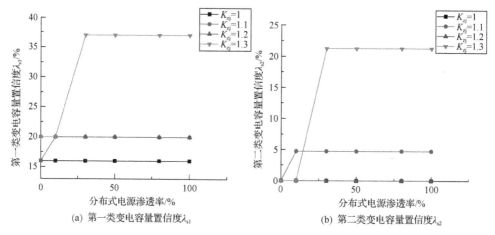

图 3.31　最大负荷为 80MW 时变电容量置信度

1)最大负荷为 55MW

首先采用容载比方法得到的 S_r 为 $2 \times 50 \text{MV} \cdot \text{A}$,然后采用概率规划法获得的变电置信容量对于不同的 K_{zj} 存在以下三种优化结果:

(1)当 $K_{zj} < 1.1$ 时,S_{c1} 为 5.5,S_{c2} 为 0($S_{opt,0}$ 和 S_{opt} 均为 3×31.5)。这是由于 K_{zj} 较小,即在没有分布式电源的情况下可以通过站间转移的最高主变负载率本身就较低(极端情况为 0),因此光伏并网对转供容量和供电可靠性的影响有限。

(2)当 $1.1 \leqslant K_{zj} < 1.3$ 时,若光伏渗透率较低,情况同上。但随着光伏渗透率增加,S_{c1} 增至 40,S_{c2} 增至 34.5。这是因为随着转供能力和光伏出力的增强,光伏并网强化了站间转供能力并提升了供电可靠性,使得 S_{opt} 减至 $3 \times 20 \text{MV} \cdot \text{A}$,此时光伏可替代部分变电容量。

(3)当 $K_{zj} = 1.3$ 时,S_{c1} 仍为 40,S_{c2} 减至 0。这是由于此时站间负荷转供率高,

有无光伏负荷几乎都能完全实现站间转移，$S_{opt,0}$ 和 S_{opt} 均为 $3 \times 20MV \cdot A$（即满足要求的所有待选容量组合的最小值），此时光伏并网对取有限离散值的 S_{opt} 无影响，只是在一定程度上减少缺供电量，改善了经济性。

2）最大负荷为 80MW

首先采用容载比方法得到的 S_r 为 $3 \times 50MV \cdot A$，然后采用概率规划法获得的变电置信容量存在四种不同情况：S_{c1} 为 24，S_{c2} 为 0（$S_{opt,0}$ 和 S_{opt} 均为 $4 \times 31.5MV \cdot A$）；S_{c1} 为 30，S_{c2} 为 6（$S_{opt,0}$ 为 $4 \times 31.5MV \cdot A$，S_{opt} 为 $3 \times 40MV \cdot A$）；S_{c1} 为 30，S_{c2} 为 0（$S_{opt,0}$ 和 S_{opt} 均为 3×40）；S_{c1} 为 55.5，S_{c2} 为 25.5（$S_{opt,0}$ 为 $3 \times 40MV \cdot A$，S_{opt} 均为 $3 \times 31.5MV \cdot A$），相应的结果分析类似于最大负荷为 55MW 的情况。

因此，光伏对于变电站容量具有有限的替代作用，但需要以较适中的站间转供能力和较大光伏渗透率为条件。

3.6 本 章 小 结

本章模型和算法涉及变电站布点及其容量规划、负荷均匀分布情况下的变电站简化规划，以及分布式电源的变电站置信个数、变电站置信容量和馈线置信条数。

1. 传统站址站容规划

（1）优先确定变电站布点（个数及位置）及各站供电范围，而非变电站容量：变电站优化布点方案由变电站投资费用（主要为站址用地费用）和中压线路各种费用平衡后确定；而各变电站容量应由其供电范围内的负荷与相应供电分区容载比直接相乘获得（其中主变台数和单台容量可参考相关规划技术导则进行优选）。

（2）对于基于空间负荷预测的变电站规划，针对变电站初始站址对规划结果影响大的问题，本章阐述了一种基于冗余网格动态减少法以自动确定优良初始站址；针对大规模系统多阶段规划计算量大的问题，本章介绍了一种基于变电站及其供区单位负荷成本的多路径前推准动态规划法，可兼顾算法的寻优速度和搜索精度。

（3）对于缺乏详细负荷分布或相关软件计算工具的情况，基于负荷均匀分布假设和给定的系统或分区容载比，可采用简化模型和方法进行变电站规划，能方便地估算出优化后的变电站最优个数、平均容量、容量组合、平均供电半径和年总费用。

2. 计及分布式电源的变电站概率规划

（1）不同于基于确定性的"$N-1$"安全准则的传统规划方法，考虑分布式电源影响的变电站及其出线概率规划可同时计及设备停电的严重程度及其概率；若还需要同时考虑"N–1"安全准则，可将其作为约束以前置的方式体现在优化模型中，或以后置方式尽量选择满足"N–1"安全准则的优化结果或规划方案。

(2)变电站概率规划可近似简化分解为两步，即先进行变电站布点和出线的概率规划；再针对各变电站分别进行主变台数和容量的概率规划。

(3)模型方法简洁直观。目标函数综合考虑了相关的投资费用与停电损失费用，约束考虑了相关技术导则要求(如主变容量及其组合等)。其中，通过多场景概率分析法建立了分布式电源的多状态出力模型，提出了中压主干线与分支线长度的近似计算模型，并考虑了负荷变化、分布式电源随机性和线路负荷转供率对停电时间和停电费用的影响。

(4)考虑到实际优化变量的离散性，模型采用简捷的枚举法求解。其中，根据推导获得的简化计算公式，最优变电站个数仅与主干线长度相关，而与馈线分支线长度无关；采用的主干线与分支线长度估算新模型更为接近实际，而且也可用于解释为什么中压布线规划重点是主干线规划(见6.5.3节和7.5.3节)。

3. 变电站布点、容量和出线规划要点

基于本章模型方法及其算例计算分析，归纳总结出变电站布点、容量和出线规划的要点或规则。

(1)一般情况下，不同的负荷密度 σ 对应不同的变电站个数和站间距(即两倍供电半径)：

①σ 大于 20MW/km^2 的站间距小于 2km。

②σ 为 10~20MW/km^2 的站间距为 3.5~2km。

③σ 为 5~10MW/km^2 的站间距应为 4~3.5km。

④σ 为 1~5MW/km^2 的站间距为 10~4km。

⑤σ 为 0.1~1MW/km^2 的站间距为 20~10km。

⑥σ 小于 0.1MW/km^2 的站间距大于 20km。

(2)考虑到负荷密度越大，电缆占比越高且停电成本也越高，对于负荷密度为 1~30MW/km^2 的供电区域，相同容载比不同负荷密度应采用大致相同的变电站总容量。对于容载比为 2.0 的情况，负荷密度为 1~30MW/km^2 时单个 110kV 变电站容量推荐控制在 130~190MV·A；若负荷密度小于 1MW/km^2 时中压全为架空线，则负荷密度越小，单个 110kV 变电站的容量也越小(在 0.1MW/km^2 左右时大约为 60MV·A)；若负荷密度大于 30MW/km^2 时中压全为电缆，则负荷密度越大，单个 110kV 变电站容量也越大(在 40MW/km^2 左右时大约为 220MV·A)。

考虑到变电站容量与相应供电区域容载比成正比，单个变电站容量应在上述容量推荐值基础上根据不同的容载比取值按比例减小或增大。

(3) 涉及变电站布点和出线概率规划的典型案例计算分析表明:

①概率规划较传统方法通常可减少变电站布点、容量和中压出线条数,这是由于传统方法中线路需要满足相关的供电安全性,负载率通常较低,而采用概率规划方法时线路的最优负载率较高。由此可见,尽管在目前负荷高速增长期我国使用相关技术导则推荐的宏观指标(比如容载比)是恰当的,但在实际应用过程中有扩大化和简单化的情况,造成过度投资。

②分布式电源对配电网规划结果的影响与规划区域分布式电源的类型和负荷特性相关;分布式电源对变电站个数和馈线条数具有一定的替代作用,随着分布式电源渗透率增加,各种分布式电源置信变量都呈现增加的趋势。

③基于有无分布式电源概率规划结果的不同,在架空线情况下分布式电源对变电站个数和出线条数具有明显的替代作用,但在电缆线路情况下的替代作用不大。

(4) 坚强的中压网架或变电站多台(不超过 4 台)小容量主变配置均能减少变电站备用容量预留,从而减小变电站容量规划相关的年费用。

①对中压不够坚强还需要依靠变电站站内负荷转移的供电区域,在变电站总容量接近甚至更小的情况下,可考虑采用多台小容量主变的变电站容量配置方案,如 3~4 台主变容量为 31.5MV·A、40MV·A 或 50MV·A 的配置方案。这是因为多主变变电站安全供电能力强,较小容量主变停运受影响的负荷少;主变投运时序与负荷发展更为贴近,减少负荷发展不平稳等因素导致的局部容载比偏高的投资风险;多主变运行相对灵活,设备利用率高,更容易满足非最大运行方式情况下涉及主变停运的 "N–1"、"N–1–1" 甚至 "N–2" 安全校验;当 110kV 站布点多时容易使容载比保持在技术导则要求的范围内;小容量主变较容易满足系统短路容量和运输安装条件。

②对于中压配电网坚强的供电区域(如可靠率达到 5 个 9,即 99.999%),由于能在极短时间实现 10kV 负荷站间负荷的全部转移,单台主变停运情况下站内负荷转移作用不大。为简化变电站主接线和降低运行维护成本,110kV 变电站宜按台数少的大容量主变配置,如采用 2~3 台(甚至单台)主变容量为 50MV·A、63MV·A 或 80MV·A 的配置方案。

③变电站较少台数的大容量主变配置适用于可通过中压实现站间负荷转移的情况;而变电站多台小容量主变配置适用于任何情况下的中压配电网,无论站间负荷转移能力强或弱。目前,国内配电网站间负荷转移能力强的情况较少,因此推荐采用变电站多台小容量的主变配置方式。

(5) 除了负荷密度大于 30MW/km² 外,采用大容量 110kV 变电站的情况还包括:①当局部出现较大的点负荷、专线较多且电网建设总费用较小时,可依据实际需求选择更大变电站容量;②当变电站位于超高层建筑内部时,若能减少水平方向出线压力增加竖直方向出线压力,可根据需求选择大容量变电站;③当变电站个数或站址面积受限时(如建成区)，需加大主变容量，延长供电半径，通过牺牲经济性提升方案可行性。

(6)对于 D 类和 E 类供电区，由于负荷分布较为分散，应考虑保留 35kV 电压等级的必要性，110kV 宜按 2~3 台布置，单台容量宜选择 20~40MV·A。

4. 边界条件讨论

本章部分结论是基于典型基础数据计算所得，若这些基础数据与实际差别较大，可利用本章模型和方法进行相应计算分析后归纳总结出相应的结论；若本章简化条件与实际情况存在较大出入，还需要对模型算法做进一步的研究和完善。

5. 软件应用

单阶段和多阶段规划算例表明：CEES 软件不仅能极大减少规划人员烦琐的数据输入、修改、计算和输出(含图表)工作，而且其优化核心算法还能强化规划方案的合理性和科学性。

参 考 文 献

[1] 路志英, 葛少云, 王成山. 基于粒子群优化的加权伏罗诺伊图变电站规划[J]. 中国电机工程学报, 2009, 29(16): 35-41.

[2] 关洪浩, 唐巍. 基于 Voronoi 图的变电站选址方法[J]. 电力系统保护与控制, 2010, 38(20): 196-199.

[3] 王玉瑾, 王主丁, 张宗益. 基于初始站址冗余网格动态减少的变电站规划[J]. 电力系统自动化, 2010, 34(12): 39-43.

[4] 葛少云, 贾欧莎. 配电变电站多阶段规划优化模型[J]. 电网技术, 2012, 36(10): 113-118.

[5] 霍凯龙, 王主丁, 张代红, 等. 大规模变电站多阶段规划优化实用方法[J]. 电力系统及其自动化学报, 2017, 29(5): 122-128.

[6] 李文沅. 输电系统概率规划[M]. 吴青华, 王晓茹, 栾文鹏, 等译. 北京: 科学出版社, 2015.

[7] 陈章潮, 程浩忠. 城市电网规划与改造[M]. 3 版. 北京: 中国电力出版社, 2015.

[8] 梁双, 范明天, 苏剑. 基于停电损失费用的变电站经济容量研究[J]. 供用电, 2009, 26(2): 1-4.

[9] 胡玉生, 翟进乾, 张辉, 等. 变电站规划优化解析模型和简化算法[J]. 智慧电力, 2018, 46(1): 63-70.

[10] 程浩忠. 电力系统规划[M]. 2 版. 北京: 中国电力出版社, 2014.

[11] 葛少云, 王世举, 路志英, 等. 基于分布式电源置信容量评估的变电站规划方法[J]. 电力系统自动化, 2015, 39(19): 61-67.

[12] 刘浩军. 考虑负荷特性的有源配电网变电站优化规划方法[J]. 电力系统及其自动化学报, 2015, 27(S1): 126-131.

[13] 刘译聪, 刘文霞, 刘宗歧, 等. 广义电源高压配网替代容量的评估方法[J]. 现代电力, 2018, 35(5): 79-87.

[14] 谭笑, 王主丁, 李强, 等. 变电站容量和 DG 置信容量概率规划[J]. 电网技术, 2019, 43(7): 2267-2274.

[15] 中华人民共和国电力行业标准. 配电网规划设计技术导则(DL/T 5729–2016)[S]. 北京: 中国电力出版社, 2016.

[16] 乐欢, 王主丁, 吴建宾, 等. 中压馈线装接配变容量的探讨[J]. 华东电力, 2009, 37(4): 586-588.

[17] 向婷婷, 王主丁, 刘雪莲, 等. 中低压馈线电气计算方法的误差分析和估算公式改进[J]. 电力系统自动化, 2012, 36(19): 105-109.

[18] 王主丁. 高中压配电网可靠性评估——实用模型、方法、软件和应用[M]. 北京: 科学出版社, 2018.

[19] Wang Z D, Yu D C, Du P. A set of new formulations and hybrid algorithms for distribution system planning[C]//IEEE Power Engineering Society General Meeting. San Francisco, 2005, 2192-2199.

[20] 韦婷婷, 王主丁, 寿挺, 等. 基于 DG 并网运行的中压配网可靠性评估实用方法[J]. 电网技术, 2016, 40(10): 3006-3012.

第4章 网架结构中的接线模式和组网形态

高中压配电网的接线模式和组网形态反映了其网架的基本结构。基于规划区域的负荷密度及其发展趋势和技术装备水平等实际情况，在网架规划中选择技术经济合理的接线模式和组网形态具有重要的战略意义。本章针对国内外配电网典型高中压接线模式和组网形态进行介绍、分析和论证，归纳总结出不同接线模式和组网形态的特点和适用范围。

4.1 引　　言

目前高中压配电网由多种简单或复杂的结构组成，同时存在很多辐射型支路，这是造成我国平均供电可靠性较低的原因之一，截至 2017 年底，国家电网公司城乡供电可靠率分别为 99.948%和 99.784%[1]。为了实现要求的供电可靠性目标(如 "A+" 类区域的用户年均停电时间≤5min)[2]，在电网规划与建设工作中应对网架结构进行优化。其中，作为网架基本结构的接线模式和组网形态对此起到至关重要的作用：接线模式是线路或电气上相互联络的线路组的局部拓扑结构(同电压等级不同接线模式间电气上相对独立)，它注重线与线之间的联络关系，重点解决单条线路、分段和分支等停运时负荷的转移问题；组网形态是将接线模式抽象为线并以其供电变电站为点的全局拓扑结构，它强调网的概念，体现了不同地形地貌和负荷分布产生的差异性，重点解决上级电网出现问题时负荷大范围复供电问题。随着电网的发展，配电网除了解决涉及接线模式的局部问题外，还需要对具有宏观意义的高中压配电网组网形态及其协调进行分析论证，从而实现高中压配电网规划与建设的整体最优或次优。

本章将阐述高中压配电网比较典型的接线模式和组网形态，包括国内外配电网较为先进的网架结构(如负荷双接入、中压架空线小分段和中压闭环运行方式)。

4.2 电网接线模式和组网形态调研

本节将对高可靠性电网和国内电网的基本网架结构进行介绍。

4.2.1　先进电网结构

本节先进电网结构主要涉及巴黎、伦敦、新加坡和东京等电网。

1. 巴黎电网

法国巴黎中心城区约为 105km^2，220 万居民，160 万电力低压客户，2000 中压客户，负荷密度为 30.9MW/km^2，用户年均停电时间为 10min，供电可靠性为 99.99715%。巴黎电网采用 400kV/225kV/20kV/0.4kV，是 20 世纪 40 年代网架(特别是高中压配电网的组网形态及其相互协调)规划战略的具体体现[3,4]。

1)组网形态

(1)高压电网的组网形态。

巴黎高压电网的网架结构如图 4.1 所示，可以看出巴黎城区外围分别形成了 400kV 和 225kV 的环式组网形态，再通过城内 27 条 225kV 电缆为含 56 台主变的 36 个变电站供电，而且从外到内由辐射状线路供电的这 36 个 225kV 高压变电站形成了三层环式布局，如图 4.2 所示(图中，每条 225kV 高压辐射线路带 1 个或 2 个变电站，由于采用线变组节省了 1 组或 2 组高压断路器投资，减少了变电站土建或市内变电站造价)。

(2)中压电网的组网形态。

依托 36 个 225kV 供电变电站形成了鲜明的三层 20kV 铝缆环式组网形态，如图 4.3 所示的外环、中环和内环。其中，每个变电站有 48 条 20kV 出线，两侧各 24 条，分为 4 组，分别对 4 个中压集群供电；每一中压集群共有 6 条馈线，覆盖一条街道，通常在道路两侧人行道各敷设 3 条，分别向道路两边用户供电。该三环组网形态仅在环路方向发生联络，相对于联络方向不固定的网孔型组网形态更

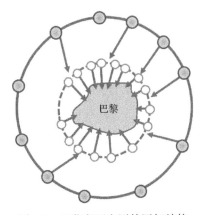

图 4.1　巴黎高压电网的网架结构

⬤400/225kV 变电站；━━━400kV 线路；◯ 225/20kV 变电站；- - - 225kV 线路

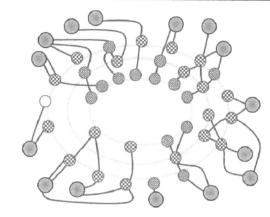

图 4.2　巴黎配电网 225kV 线路辐射状组网形态

◉ 上级电源；—— 225kV 线路；◉ 1×100MV·A 的 225kV 变电站；
▦ 2×70MV·A 的 225kV 变电站；○ 1×70MV·A 的 225kV 变电站

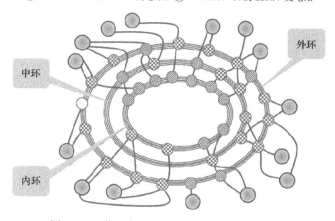

图 4.3　巴黎配电网 20kV 线路三环状组网形态

◉ 上级电源；—— 225kV 线路；▦ 20kV 线路(4 组共 24 条)；◉ 1×100MV·A 的 225kV 变电站；
▦ 2×70MV·A 的 225kV 变电站；○ 1×70MV·A 的 225kV 变电站

为标准化，从而可大大减少规划设计部门的工作量，并利于实现自动化和采用统一的控制策略；不同环路的变电站大多由同一条从外到内 225kV 线路供电，由于相对薄弱的高压辐射状结构不利于其中压线路间的相互转供，由同一单辐射高压线路(特别是 T 接)供电的变电站不应互相作为其中压负荷的备供变电站。除此之外，当负荷进一步增加时，可在环内增加变电站，与环内两侧变电站构建联络，显示了良好的扩展性。

为了满足负荷的持续增长，充分挖掘现有中压配电网的供电能力，巴黎电网在三个中压环之间增加纵向联络，从而形成了网孔型组网形态，每一网孔是相邻且相互联络两变电站间形成的纺锤形供电范围(如图 4.4 中所示的不同地块)，但应避免这些通过中压相互联络的两变电站由同一单辐射高压线路供电。

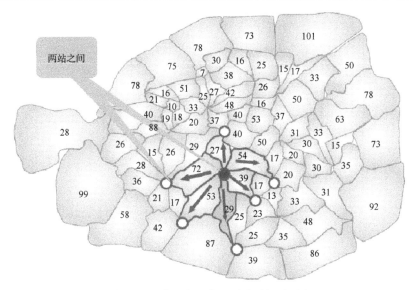

图 4.4　巴黎配电网中压网孔型组网形态

● 故障变电站；○ 正常变电站；➡ 20kV 负荷转移方向；——(——)站间供电范围边界

(3) 各级组网形态的协调。

巴黎远郊的 400kV 环网保证了骨干电网的运行安全和稳定，20kV 铝缆环网保证了对用户供电的可靠性和可扩展性，而中间电压等级 225kV 电网采用了相对薄弱的辐射状结构，减少了通道占用和不必要的资金投入。对于高压配电网呈相对薄弱的单辐射状组网形态，高中压组网形态的配合应以不影响电网整体供电能力为前提，从而形成了巴黎中压配电网典型的三环组网形态，即仅以不同单辐射高压线路供电的变电站互相作为其中压线路的备供变电站。

2) 接线模式

法国配电公司中压配电网接线结构不多，大致分为配变双接入结构、配变 π 接入的环网结构和放射结构三种接线模式。

(1) 配变双接入结构。

配变双接入结构是指配变高压侧通过自动投切的开关或配变低压侧实现备自投接线方式接入两条中压线路。如图 4.5 所示，巴黎中压集群双接入接线有如下特点：

① 中压配电网一组中压集群由相邻两个变电站间的若干条中压线路组成，变电站出口开关可一侧常闭，另一侧常开（见图 4.5(a)），简化了对继电保护的要求，在电网结构上避免了超额接入不能转供的问题。

② 线路采用 20kV 铝缆，由于主变出线较多，平均利用率为 20%，解决了铜缆价格贵和铝缆线损大的问题。

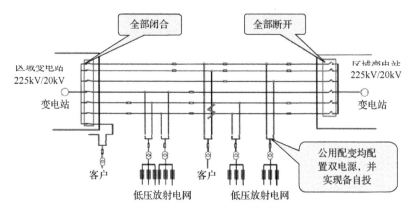

(a) 常开开关为变电站出口开关的运行方式

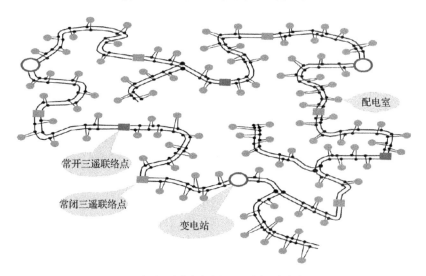

(b) 常开开关非变电站出口开关的运行方式

图 4.5　巴黎中压线路配变双接入

　　③用户均匀双接入于一组集群的不同中压线路使得用户可在线路退运后快速投切至正常线路,形成先复电后检修的事故处理方式,实现就地判断、迅速隔离、快速恢复和事后处理的高可靠性供电方式,降低运行维护难度和自动化系统复杂度。

　　电网正常运行时,一个变电站分别供四个集群,如图 4.6(a)所示(图中相同填充的区块由同一个变电站供电);若某一个变电站断电,其所供四个集群的负荷可分别转接至邻近两个变电站(见图 4.6(b)),使变电站满足"N–1"安全校验;若相邻两个变电站同时停运,考虑到线路正常运行利用率低,其所供八个集群的负荷可转接至附近的两个变电站(见图 4.6(c)),即变电站可通过跨母线方式向周边断电变电站供电,使变电站满足"N–2"安全校验[5]。

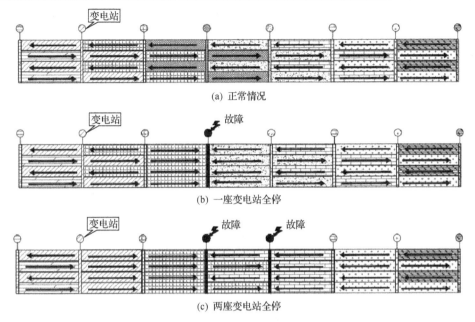

(a) 正常情况

(b) 一座变电站全停

(c) 两座变电站全停

图 4.6　变电站正常工作和断电时不同变电站的供电范围

正是由于巴黎电网具有上述特殊的中压环网结构，虽然其 225kV 电网的容载比仅为 1.3，但即使失去两个 225kV 变电站，系统仍可正常供电不失负荷。

(2) 配变 π 接入的环网结构。

配变 π 接入的环网结构主要分为单环和双环两种扁平化主干网结构，如图 4.7 所示，适用于中等负荷密度城市。在这种接线模式中，中压配变经三个开关采用 π 接入的方式接入环网(有时为 T 接专变做准备也采用四个开关)，各环的主干线都由两条源自不同变电站的中压线路组成，每条线路都配备一个或多个三遥联络开关，采用集中式自动化在故障情况下由对侧变电站转供受影响的线路负荷。

(3) 放射结构。

如图 4.8 所示，放射结构中压主干线采用单环结构，配变"单 T"接入树枝状支线，主干线一般采用电缆，支线采用架空线，适用于农村地区。

2. 伦敦电网

伦敦电网具有强大输电网、简化高压配电网和强大中低压配电网的"哑铃结构"特点[6]，体现了面对大系统安全性和面对最终用户可靠性的设计理念，如环绕城市的环型输电网结构、132kV 电网采用大量的线路"T"接和线变组接线方式(不设断路器)、中压配电网环网设计和环网运行。此外，伦敦拥有一个 400kV 通道穿越市中心，超高压直接深入负荷中心；伦敦高负荷密度区域采用了 20kV 电压等级；伦敦低压也是环网运行。

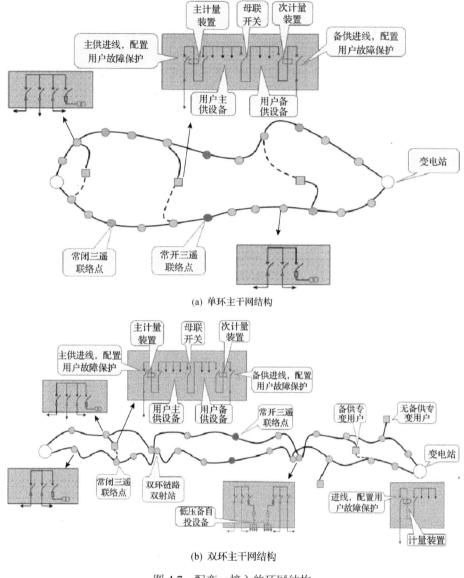

(a) 单环主干网结构

(b) 双环主干网结构

图 4.7 配变 π 接入的环网结构

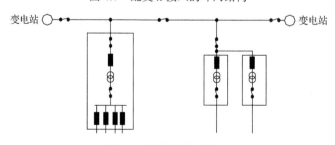

图 4.8 放射结构配电网

　　由此可见，伦敦电网的规划重视两端：一是输电网端，安全可靠性要求高，电网结构坚强，并具有灵活的适应性；二是客户端，以满足客户供电可靠性要求为基本出发点和落脚点，尽可能简化中间环节。只要整体网络输送能力满足客户要求，就不必层层满足"N–1"安全校验，即通过强化低一级电压的负荷转移能力来保证供电可靠性。

3. 新加坡电网

　　新加坡负荷密度平均为 30MW/km²，新加坡电网包括 400kV 和 230kV 输电网络、66kV 高压配电网、22kV 和 6.6kV 中压配电网及 400V/230V 低压配电网，其中最具特色的是花瓣状的 22kV 中压配电网，如图 4.9 所示[3]。在此花瓣状组网形态中，同一 66kV/22kV 变电站的两条 22kV 线路形成花瓣状合环供电，线路利用率为 50%，满足"N–1–1"安全校验；不同变电站的花瓣间再形成联络(开环运行)。新加坡供电可靠率高达 99.99994%，但合环运行短路电流水平较高，二次保护配置比较复杂(主干网采用差动保护，支路采用过流和接地保护)，投资高。

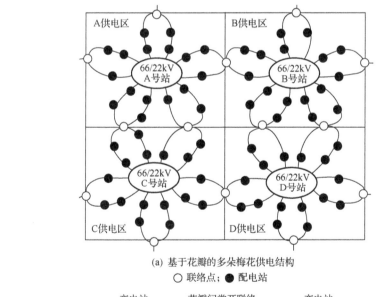

(a) 基于花瓣的多朵梅花供电结构

○ 联络点；● 配电站

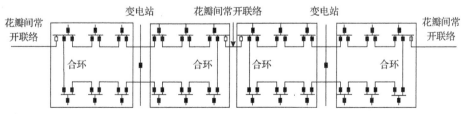

(b) 自环花瓣及其联络关系电气接线图

图 4.9　新加坡中压花瓣型接线

4. 东京电网

东京电网负荷密度为 8MW/km^2，中心区负荷密度为 22MW/km^2，低压用户年均停电时间为 5min，供电可靠性为 99.99963%。东京电网包括 500kV 和 275kV 输电网络、66kV 高压配电网、6kV 和 20kV 中压配电网(97%为不接地的 6kV、3%为小电阻接地的 20kV)，以及 100V 低压配电网。

1) 6kV 馈线

东京 6kV 馈线包含多分段多联络的架空接线和手拉手开环的电缆接线。其中，6kV 架空馈线采用小分段多联络，尽可能压缩故障隔离范围实现分段转供，如图 4.10 所示。可以看出，馈线由位于主干线上的断路器分为三个主分段，这些分段断路器可由馈线自动化系统操作，以便自动隔离故障，缩小停电范围；各主分段和大分支再由负荷开关分为若干小段，以便在施工检修中进一步缩小停电范围。其中，每个主分段至少有 1 个站内联络，全线至少有 1 个站间联络；站内联络提高合环倒电的可操作性并使电网运行更为灵活，站间联络提升了变电站之间的相互支援能力，规避了变电站全停时馈线负荷无法转供的风险。

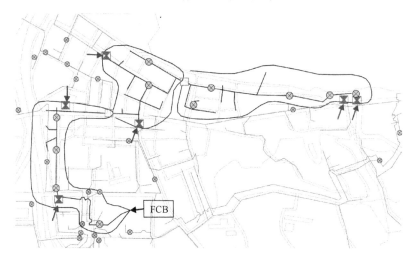

图 4.10　东京电网小分段多联络接线实例
FCB 变电站出线开关；▨ 联络开关；□ 断路器；⊗ 负荷开关

2) 20kV 电缆线路

20kV 电缆接线包含三射 NW 接线、三射双接入接线和合环接线。

(1) 三射 NW 接线。三射 NW 接线是指通过设置在多回 22kV 配电线(平均三回)的 NetWork 变压器，将其二次侧用 NetWork 母线相连的受电方式，主要用于用户密集地区的电缆供电方式或对供电可靠性要求较高的高科技企业，可分为

SNW（spot network）和 RNW（regular network）两种类型，如图 4.11 所示。

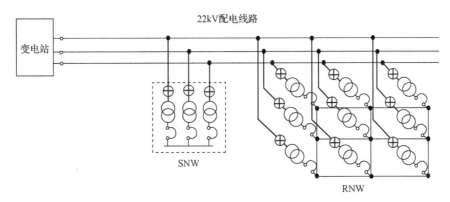

图 4.11 三射 NW 接线示意图

⊕22kV 级刀闸；⦰变压器；保护器

（2）三射双接入接线。三射双接入接线如图 4.12 所示，中压用户均匀地接在同一变电站的多回 22kV 线路上（平均三回），并采用类似法国的配变双接入加备自投方式，线路故障不用等待其修复，大大缩减故障停电时间。

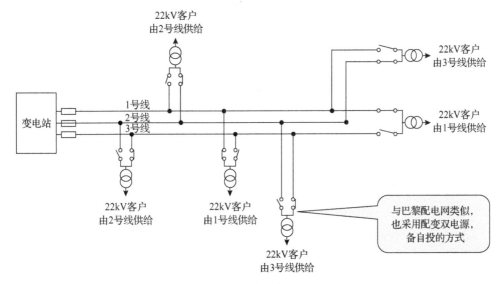

图 4.12 三射双接入接线示意图

（3）合环接线。合环接线由两电源供电，主干线路事故时由断路器隔离，不影响用户供电。

东京配电网 20kV 电缆线路接线方式及其特点如表 4.1 所示。

表 4.1　东京配电网 20kV 电缆线路接线方式及其特点

特点	三射 NW	三射双接入	合环
接线特征	中压三回线并行送电低压合环	中压三回线并行送电用户双接入	中压合环供电
线路最大利用率	67%	67%	50%
可靠性	单一事故可以不停电双重事故时限制负荷	单一事故时仅停备自投切换时间	单一事故不停电
扩展性	呈树状拓扑结构,切改容易,扩展性强	呈树状拓扑结构,切改容易,扩展性强	接入容量有裕度可增加节点扩展;超标需要网络重构,扩展性稍逊
继保操作	馈线计划停运投运时可以利用馈线自动化自动投切,检修配变断路器时需手动停运线路	馈线计划停运投运时需要用户事先进行切换	馈线计划停投运时需要用户进行线路解环和电器锁定

4.2.2　国内电网结构

国内电网具有倒金字塔形的特点,即从输电网到高压配电网,再到中压和低压配电网,逐级变弱。在《配电网规划设计技术导则》(DL/T 5729–2016)[2]明确指出:高压、中压和低压配电网三个层级应相互配合、强简有序、相互支援,以实现配电网技术经济的整体最优;A+、A、B 和 C 类供电区域高压配电网在上级电网较为坚强且中压配电网具有较强的站间转移能力时,也可采用双辐射结构(满足线路"N–1"安全校验)。

1. 高压配电网

1) 典型接线

为了使配电网建设标准化和差异化,《配电网规划设计技术导则》(DL/T 5729–2016)针对不同的供电区域类型有推荐的高压典型接线模式,但没有涉及具体明确的供电分区(或高压典型接线模式供电范围)划分方式,如表 4.2 所示[2]。可以看出,高压典型接线模式可分为链式、环网和辐射三大类,每一大类又可分为 T 形接线和 π 形接线。其中,T 形接线所需开关个数少,投资费用低,但出现线路故障时整条线路都将受影响;π 形接线所需开关个数多,投资费用高,但出现线路故障时可通过开关操作,将故障影响范围缩小到故障段。

A+、A、B 类供电区域供电安全水平要求高,110kV 电网宜采用链式结构,上级电源点不足时可采用双环网结构,在上级较为坚强且中压配电网具有较强的站间转移能力时,也可采用双辐射结构。

C 类供电区域供电安全水平要求较高,110～35kV 电网宜采用链式和环网结构,也可采用双辐射结构。

D 类供电区域 110～35kV 电网可采用单辐射结构,有条件的地区也可采用双辐射或环网结构。

E 类供电区域 110～35kV 电网可采用单辐射结构。

表 4.2　针对不同供电类型区域推荐的高压接线模式[2]

供电区域类型	链式			环网		辐射	
	三链	双链	单链	双环网	单环网	双辐射	单辐射
A+、A 类	√	√	√	√	——	√	——
B 类	√	√	√	√	——	√	——
C 类	√	√	√		√		——
D 类	——	——	——		√	√	√
E 类	——	——	——	——	——	——	√

注：表中"√"表示可选择。

2）非典型接线

（1）实例Ⅰ："一主一 T"。

目前，国家电网和南方电网范围内较为普遍地采用了各种非典型的"一主一 T"接线模式，其中性价比较高的两种接线模式如图 4.13(a)和图 4.14(a)所示，而且后者可由前者演变而来，如在各站原有 2 台主变的基础上，增加 1 台主变且这台主变用 2 个开关分别接到内桥开关两侧。

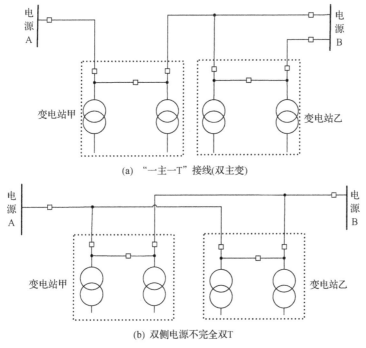

(a) "一主一T"接线(双主变)

(b) 双侧电源不完全双T

图 4.13　双主变"一主一 T"和双侧电源不完全双 T 的比较

⌾—变压器；—□—断路器

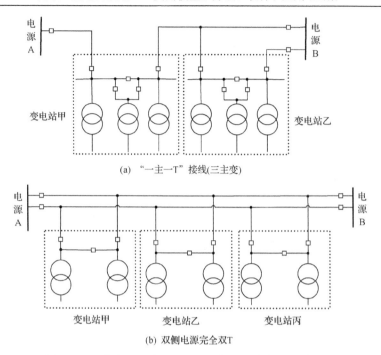

(a) "一主一T"接线(三主变)

(b) 双侧电源完全双T

图 4.14 三主变"一主一T"和双侧电源完全双T的比较

⨀⨀ 变压器；—□— 断路器

①双主变"一主一T"与双侧电源不完全双T比较。

如图 4.13 所示，双主变"一主一T"与双侧电源不完全双T两种接线均为2站共有4台主变，线路总长度相近(约为通道长度的 1.33 倍)，站内主接线可为单母分段或内桥，但线路出线数及占用的间隔数不相同。

双主变"一主一T"接线有4台主变，占用3个出线间隔；正常情况下和单条线路停运时每条运行线路分别带 1～2 台主变和 2 台主变，导线可选 LGJ-240 或 LGJ-185，线路利用率为67%。

双侧电源不完全双T为典型接线有4台主变，占用2个出线间隔；正常情况下和单条线路停运时每条运行线路分别带 2 台和 4 台主变，导线可选 LGJ-240，负荷较重时需加大到 LGJ-300 以上，利用率仅为 50%，且导线加大(如过渡到双侧电源完全双T模式)需更换塔形改造费用较大。

②三主变"一主一T"与双侧电源完全双T比较。

如图 4.14 所示，三主变"一主一T"与双侧电源完全双T两种接线均有6台主变，但变电站个数、线路总长度、线路出线数及占用的间隔数均不相同。

三主变"一主一T"接线为2站共有6台主变，占用3个出线间隔；线路总长度约为通道长度的 1.33 倍；站内主接线可为单母分段或扩大桥接线；正常情况下和单条线路停运时每条运行线路分别带 2 台和 3 台主变，导线应选 LGJ-240，线路利用率为67%，LGJ-185 升级为 LGJ-240 线路通常不需更换塔形，改造费用较少。

双侧电源完全双 T 典型接线为 3 站共有 6 台主变，占用 4 个出线间隔；线路总长度为通道长度的 2 倍；站内主接线可为单母分段或内桥；正常情况下和单条线路停运时每条运行线路分别带 3 台和 6 台主变，导线需加大到 LGJ-300、LGJ-400，甚至 LGJ-2×240，利用率仅为 50%，且导线加大需更换塔形，改造费用较大。

综上所述，双侧电源不完全双 T 和双侧电源完全双 T 的站内主接线简洁，但整体导线截面较大，且导线升级改造费用较高。其中，双侧电源不完全双 T 可视为双侧电源完全双 T 的过渡接线，后者宜用作负荷密度较低且相对分散地区以及高负荷密度供区的目标接线，同时也是双侧电源"三 T"的过渡接线；"一主一 T"接线在设备利用率和线路改造费用等方面综合经济性较好，可作为终期负荷密度较高区域的目标接线和双侧电源 3T 的过渡接线。对于上述两种类型的接线，相应的通道、塔型和导线截面应兼顾近期和远期规划，经技术经济论证后选取，避免投资浪费。

（2）实例Ⅱ：变形"三 T"。

鉴于"三 T"接线中间段多为负荷密度较大的市中区，为缓减市中区通道紧张情况，可考虑采用如图 4.15(a) 所示的变形"三 T"接线模式。作为比较，图 4.15(b) 给出了典型的双侧电源"三 T"接线。若采用双侧电源"三 T"接线，甲站和丙站间的中间段需按同塔(杆)四回选择塔形或选择两个通道，这一区段往往穿过城区，

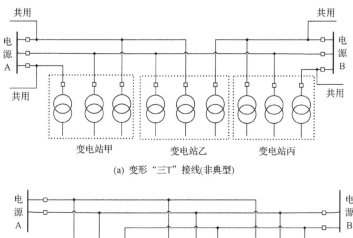

(a) 变形"三T"接线(非典型)

(b) 双侧电源"三T"接线

图 4.15　变形和典型"三 T"接线的比较

⊖⊖- 变压器；—▢— 断路器

相关的改造费用较大，且后期入地改造的难度和费用更大；每条线路正常情况下带 3 台主变的负荷，单条线路停运时每条运行线路所带负荷一般大于 4 台主变正常运行的负荷、小于 5 台主变正常运行时的负荷，导线截面积大，线路设备利用率为 67%；从 220kV 变电站间隔利用率角度来看 4 个间隔带 9 台主变，平均每个 110kV 主变占用 0.44 个 220kV 变电站间隔。由于变形"三 T"接线的中间段可采用同塔双回，减少了同塔双回改多回或新建通道的需求，节省通道费用；每条线路正常情况下带 3 台主变的负荷，单条线路停运时每条运行线路带 3 台主变或 4 台主变运行时的负荷，线路设备利用率为 75%甚至更高；尽管仅从该接线来看高压出线较双侧电源"三 T"多占用了两个间隔，但可通过与其他邻近接线相互 T 接来提高间隔利用率，平均每个 110kV 主变占用 0.4 个 220kV 变电站间隔，而且 220kV 站周边 110kV 线路较为集中，容易采用同塔多回进一步优化通道，减少通道占用，只是相关高压接线不再标准和相对独立，需要谨慎使用(如限制其使用范围)。

2. 中压配电网

1)规划技术导则

(1)供电分区。

考虑到各供电分区电气上相对独立，不同的供电分区也就呈现了不同的组网形态。《配电网网格化规划指导原则》[7]主要考虑供区相对独立性、网架完整性和管理便利性等需求，按照目标网架清晰、电网规模适度、管理责任明确的原则，以构建涉及"供电区域、供电网格、供电单元"的三级分区，如图 4.16 所示。

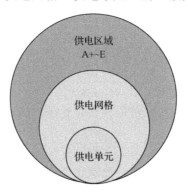

图 4.16　三级分区示意图

供电区域依据负荷分区(A+~E)划分[2]，主要用以确定不同的建设标准。

供电网格一般结合地形地貌、供电服务管理权限和用地规划中的功能分区进行划分，不宜跨越不同负荷分区(A+~E)和 220kV 供电分区，并遵循电网规模适中且供电范围相对独立的原则，远期一般应包含 2~4 个具有 10kV 出线的上级变电站。

供电单元划分遵循电网发展需求相对一致的原则,一般由若干个相邻的、开发程度相近、供电可靠性要求基本一致的地块组成,不宜跨越市政分区,且考虑了变电站的布点位置、容量大小、间隔资源等影响,远期一般应具备 2 个及以上主供电源,包含 1～3 组 10kV 典型接线。

(2)接线模式。

为了使配电网建设标准化和差异化,《配电网规划设计技术导则》(DL/T 5729-2016)针对不同的供电区域类型有推荐的中压典型接线模式,如表 4.3 所示[2]。可以看出,中压架空网的典型接线主要有辐射式和多分段适度联络两种类型;中压电缆网的典型接线主要有单环式、双环式和 n 供一备三种类型。

表 4.3 中压配电网目标网架接线模式推荐表[2]

供电区域类型	适用接线模式
A+、A 类	电缆网:双环式、单环式、n 供一备($2 \leqslant n \leqslant 4$) 架空网:多分段适度联络
B 类	电缆网:单环式、n 供一备($2 \leqslant n \leqslant 4$) 架空网:多分段适度联络
C 类	电缆网:单环式 架空网:多分段适度联络
D 类	架空网:辐射式、多分段适度联络
E 类	架空网:辐射式

由于架空线沿线有负荷接入,即使对于有联络的主干线,直接与故障段相连的负荷也会感受到故障修复时间;而对于有联络的电缆线路,配变通常经环网单元(即开关站或环网箱)接入,主干线停运配变负荷可进行转供,但分支线停运相关用户也会感受到故障修复时间。

根据相关的配电网规划设计技术导则,为满足涉及供电电源停运的"$N-1$"安全准则,不同接线模式的线路安全负载率(即满足"$N-1$"安全准则的最大负载率)有一定规定,一般情况下,单联络线路的安全负载率为 50%,两供一备和两分段两联络线路的平均安全负载率为 66.7%,三供一备、双环网(含母联)和三分段三联络线路的平均安全负载率为 75%等。

2)杭州配电网

(1)供电分区。

杭州配电网主要考虑满足供区相对独立性、网架完整性、管理便利性等方面需求,根据电网规模和管理范围,按照目标网架清晰、电网规模适度和管理责任明确的原则,将市区、县域 10(20)kV 配电网供电范围划分为多个配电分区,一个配电分区包含若干个用电网格,一个用电网格由若干组供电单元进行供电,如图 4.17 所示。

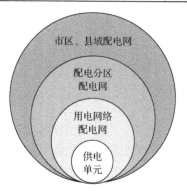

图 4.17 多级网络示意图

(2)接线模式。

电缆网接线包括单环式、双环式、扩展型双环三双式等;架空网接线包括辐射式、多分段单联络式、多分段适度联络式等,如表 4.4 所示。其中,A+、A 类供区推广使用"三双"接线模式(即"双电源、双线路、双接入"),相关的电缆网双环三双式、电缆网扩展型双环三双式和架空网多分段适度联络三双式分别如图 4.18(a)~(c)所示。

表 4.4 杭州 10kV 配电网目标电网结构推荐表

供电区域类型	适用接线模式
A+类	双环式、双环三双式、扩展型双环三双式、多分段适度联络三双式
A 类	单环式、双环式
B 类	多分段单联络式、多分段适度联络式、单环式、双环式
C 类	辐射式、多分段单联络式、多分段适度联络式、单环式
D 类	辐射式、多分段单联络式

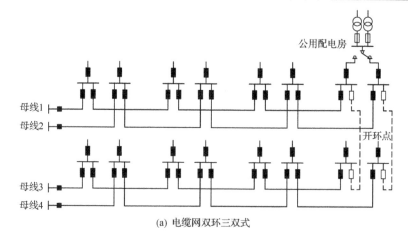

(a) 电缆网双环三双式

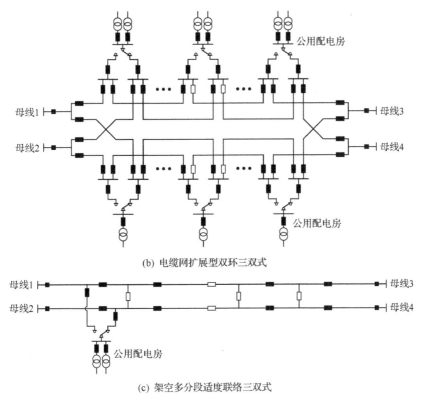

(b) 电缆网扩展型双环三双式

(c) 架空多分段适度联络三双式

图 4.18　杭州三双接线模式

■出口断路器(开关常闭)；■分段开关(开关常闭)；□联络开关(开关常开)

3) 苏州配电网

苏州配电网以乡镇、街道、开发区为单位分区，对面积过大的分区，结合区域定位、开发深度和电网情况再细划为若干个片区；基于负荷预测、城市路网(含规划路网)或自然边界将供电区域分为若干网格，网格负荷按一组标准接线供电能力确定；主要采用电缆双环网接线模式。

4) 深圳配电网

深圳配电网结合现状及终期高压变电站的布点、现状负荷统计与负荷预测以及市政规划，进行供电分区的划分(每个分区含 2～3 个变电站)；依据供电分区的城市用地规划情况给出初始网格，参照相应标准接线模式的负荷控制要求(如单环网 10000～15000kV·A)，对初始网格进行二次细化调整。

接线方式主要有单环网接线、两供一备模式、三供一备模式与双环网接线，主要按照"三供一备"模式进行组网。如图 4.19 所示，"三供一备"由三条电缆线路连成电缆环网结构，另外一条线路作为公共的备用线路。非备用线路可满载运行，若某条运行线路出现故障，则可通过切换将备用线路投入运行。

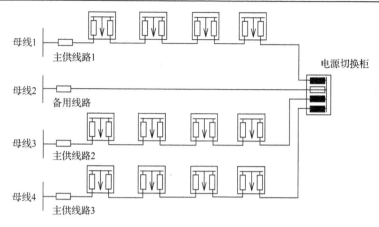

图 4.19 "三供一备"中压接线模式

"三供一备"接线方式线路的平均利用率为 75%,适用于负荷密度较高、较大容量用户集中和可靠性要求较高的区域,但受地理位置及负荷分布等因素的影响较大,负载率不均衡,线损率较高。

5)武汉配电网

(1)供区划分和组网形态。

武汉供电公司在全局统筹基础上遵循"技术可行、经济最优"的基本规划理念,将复杂的配电网络全局规划转化为各网格内部的局部规划,使不同规划人员可以得到基本一致的网格划分方案,强化了规划的科学性和确定性[8]。其中,网格划分基于就近选择负荷备供变电站和负荷聚类方法,实现供电网格在全局范围内的优化划分,结果一般为网孔型分区(或组网形态)。

(2)接线模式。

借鉴法国配变 π 接入的环网结构,在带分支线的单环网或双环网基础上,针对目标网架提出采用中压单环网且无分支线的接线模式(即 π 接单链接线):公用配变经 3 个开关直接 π 接入单环网中(有时为 T 接专变做准备也采用 4 个开关),不再采用开关站或环网箱。

(3)用户双接入。

在国网典型接线基础上针对 A+类和 A 类负荷分区扩展了用户双接入模式。

①电缆双环双射。图 4.20 所示的电缆双环双射双接入模式适用于双环网区域,但要注意同通道电缆防火隔离。

②架空打包双接入。架空打包双接入模式适用于架空分支接入配变区域,如图 4.21 所示。

6)四种双环网接线模式对比

本小节双环网接线模式的对比涉及典型双环网接线和变体双环网接线(即上海双环网接线、重庆双环网接线和本书推荐的双环网接线)。

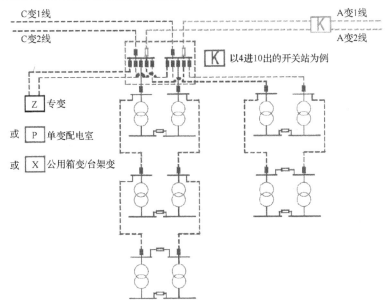

图 4.20　电缆双环双射双接入示意图

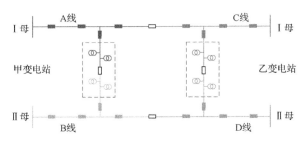

图 4.21　架空打包双接入示意图

(1)典型双环网接线。

目前，针对 A+类和 A 类区域中压配电网推荐了典型的双环网接线模式，如图 4.22 所示[2]。典型双环网接线各开闭所一般都有两个供电通道，各通道都有 2 条线路；满足涉及线路停运的"N–1–1"和"N–2"安全校验，但一般不满足涉及通道停运的"N–1–1"和"N–2"安全校验，理论可靠性较高。典型双环网控制节点较多，无论是集中式还是智能分布式都会很复杂，且由于现阶段城市发展较快，网架变动较大，自动化有效覆盖率难以达到理想水平，实际运行效果不够理想，尽管用户年均停电时间理论值为分钟级，但实际上用户年均停电时间一般只能达到小时级。

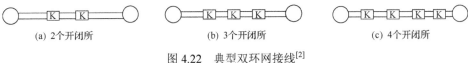

(a) 2个开闭所　　　　　　　(b) 3个开闭所　　　　　　　(c) 4个开闭所

图 4.22　典型双环网接线[2]

◯变电站；Ⓚ开闭所；——中压线路

(2)上海双环网接线。

上海双环网接线如图 4.23 所示,由 3 个变电站 6 个间隔向 3 个开闭所供电,各开闭所都有 4 个或 3 个供电通道(每一开闭所都与 2 个开闭所有联络通道),其中 2 个主供通道各有 1 条或 2 条线路,各开闭所的 2 个备供通道各有 1 条线路;除了满足涉及线路停运的"N–1–1"和"N–2"安全校验外,也满足涉及通道停运的"N–1–1"或"N–2"安全校验;与具有三个开闭所的典型双环接线模式相比,线路长度分别增加了 50%～83%和 100%～125%(其中上限对应变电站和开闭所如图 4.23 所示分别呈三角形的情况,下限对应所有变电站和开闭所位于一条直线的情况),主供变电站增加了一座,变电站出线间隔增加了两个,单位供电能力投资增加较多。仅需开闭所进线设置差动保护,便可实现保护动作选择性的大幅提升使快速复电成为可能,而且较全覆盖差动保护简单经济;开闭所母联设备自投,不受主站建设、通信建设和网架调整的影响,鲁棒性强;用户年均停电时间为秒级。

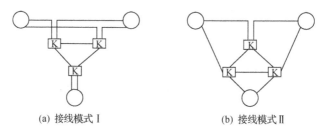

(a) 接线模式 I　　　　　　　　(b) 接线模式 II

图 4.23　上海双环网接线

◯ 变电站;Ⓚ 开闭所;—— 中压线路

(3)重庆双环网接线。

重庆双环网接线如图 4.24 所示,可由 2 个变电站共 4 个或 6 个间隔向 2 个和 3 个开闭所供电,各开闭所都有 3 个或 4 个供电通道,其中 2 个主供通道各有 1 条线路,开闭所间的备供线路采用了 2 条线路;除了满足涉及线路停运的"N–1–1"和"N–2"安全校验外,也满足涉及通道停运的"N–1–1"和"N–2"安全校验;与具有相同开闭所数量的典型双环相比,线路总长度分别增加了 33.2%和 100%,其中具有三个开闭所的双环网变电站出线间隔增加了两个,单位供电能力投资增加较多;馈线自动化采用备自投方式,简单经济,且不受主站建设、通信建设和网架调整的影响,鲁棒性强,用户年均停电时间为秒级,实际运行中单个 110kV 变电站全停可在 2h 内全部恢复供电。

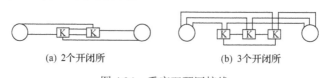

(a) 2 个开闭所　　　　　　　　(b) 3 个开闭所

图 4.24　重庆双环网接线

◯ 变电站;Ⓚ 开闭所;—— 中压线路

(4) 推荐双环网接线。

本章推荐的双环网接线如图 4.25 所示,可由 2 个变电站共 4 个间隔向 2 个、3 个或 4 个开闭所供电,各开闭所都有 2 个或 3 个供电通道,不同开闭所间仅有 1 条线路相连。对于如图 4.25(a) 所示具有 2 个开闭所的情况,除了满足涉及线路停运的 "N–1–1" 和 "N–2" 安全校验外,也满足涉及通道停运的 "N–1–1" 和 "N–2" 安全校验;对于如图 4.25(b) 和图 4.25(c) 所示具有 3 个和 4 个开闭所的情况,可以部分满足涉及线路和通道的 "N–1–1" 和/或 "N–2" 安全校验。与具有相同开闭所数量的典型双环相比,线路总长度分别增加了 16.7%、25% 和 60%,但开闭所间隔分别节省了 2 个、4 个和 4 个。由此可见,借鉴典型双环网和重庆双环网接线方式,本章推荐的双环网采用了两站间较为简单的双环网接线;与其他三种双环网接线方式不同,本章推荐的双环网中每个开闭所最多仅有 1 个备供通道和 1 条备供线路。

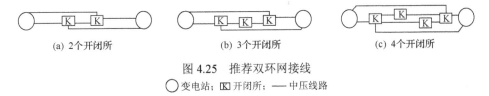

(a) 2个开闭所   (b) 3个开闭所   (c) 4个开闭所

图 4.25 推荐双环网接线

◯ 变电站;Ⓚ 开闭所; —— 中压线路

配电网自动化功能很宽泛而馈线自动化(即快速复电)只是其中一块,然而快速复电与其他功能的要求有着巨大的差别,其关键就是快速和有效:一般的自动化功能有点像短信,即使有点延迟甚至些许信息传达不准确也无所谓,通常信息量较大;而快速复电要求快速准确,一般信息量较小。为实现快速准确且经济的复电,借鉴上海双环网馈线自动化方案,推荐仅开闭所进线设置差动保护,使得保护动作的选择性得到大幅提升;借鉴上海和重庆双环网馈线自动化方案,推荐母联设备自投,不受主站建设、通信建设和网架调整的影响,鲁棒性强;用户年均停电时间可达到秒级。

(5) 各双环网技术经济对比。

不同双环网接线比较情况汇总如表 4.5 所示。

7) 超高层供电

(1) 超高层 10kV 专用线路供电。

以某 200m 左右的超高层项目为例,底部设有总高压房及变配电所,并分别在第 23 层、49 层及 69 层设有上部区域分变配电所,如图 4.26(a) 所示的变配电所分布。

10kV 电源进线分别来自 4 个不同的 110kV/10kV 变电站,采用 "三供一备" 的供电模式(当 1 路正常供电的线路(或电源)停运时,备用线路可承担停运线路 100% 的负荷),总配电房各主供母线再分别引出 2 条分支线供不同楼层分配电房的 1 台配变,如图 4.26(b) 所示。

表 4.5 不同双环网接线比较情况汇总

双环分类	开闭所数	通道 "N-1-1" 或 "N-2" 安全校验	典型长度+附加长度	变电站出线间隔数	开闭所间隔数	自动化	用户年均停电时间	供电变电站数量/个
典型双环	2	不满足	$2K_{z1}L_t$	4	8	集中式或智能分布式	分/小时级	2
	3		$2K_{z1}L_t$	4	12			
	4		$2K_{z1}L_t$	4	16			
上海双环(a)	3		$2K_{z1}L_t + [(0 \sim 0.67)K_{z1} + K_{z2}]L_t$	6	12	差动保护+备自投	秒级	3
上海双环(b)	3	满足	$2K_{z1}L_t + [K_{z1} + (1 \sim 1.5)K_{z2}]L_t$	6	12			
重庆双环	2		$2K_{z1}L_t + 0.67K_{z2}L_t$	4	8	备自投	秒级	2
	3	满足	$2K_{z1}L_t + 2K_{z2}L_t$	6	12			
推荐双环	2	满足	$2K_{z1}L_t + 0.33K_{z2}L_t$	4	6	差动保护+备自投	秒级	2
	3	部分满足	$2K_{z1}L_t + 0.5K_{z2}L_t$	4	8			
	4	部分满足	$2K_{z1}L_t + 1.2K_{z2}L_t$	4	12			

注：L_t 表示两供电变电站间的通道长度；K_{z1} 为考虑支线及其线路弯曲影响后线路长度的修正系数；K_{z2} 为考虑线路弯曲影响后线路长度的修正系数。

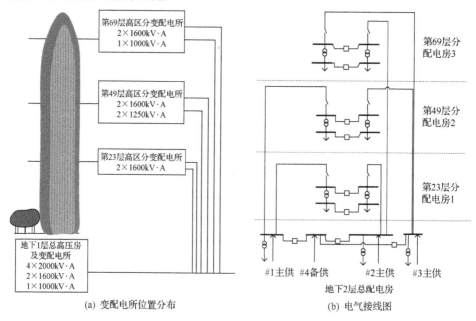

(a) 变配电所位置分布　　　　　　(b) 电气接线图

图 4.26 某超高层 10kV 专用线路"三供一备"供电模式

⌥—变压器；—□—开关；——母线

(2) 超高层 110kV 专用变电站供电。

对于超高（大）型地标建筑物（如楼层高度在 300m 以上或单体负荷超 4 万 kW），

由于其负荷集中且负荷密度大,推荐建设 110kV 专用变电站供电,即直接引 110kV
专用线路到建筑物底层,在建筑物内部再降压供电, 如图 4.27 所示。

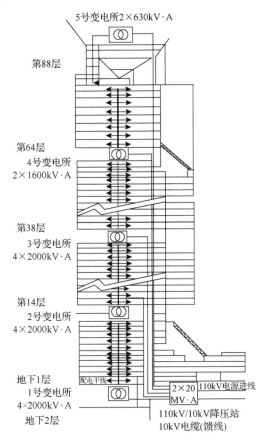

图 4.27　某超高层 110kV 专用变电站供电示意图

4.3　负荷双接入

本节负荷双接入是指配变、配电室、箱变或支线高压侧接入 2 条中压线路从
而获得双电源,通过中压侧装设自动投切开关或低压侧装设备自投装置实现电源
自动切换。负荷双接入是相关技术导则中重要用户的典型接入方式,在国外已广
泛采用,在国内正在逐步推广。

1. 双接入应用背景

巴黎和东京配电网的主要特点是“双电源”“多回路”和“双接入”,在一些
技术规范中也提出了采用配变双接入的接线方式来提高可靠性。如图 4.28 所示,

双变公用配电室可采用低压备自投开关,也可在高压侧设置备自投开关(但不宜重复设置),使得负荷在线路故障或计划停运时能很快(几秒)切换负荷至另一条线路,可靠性水平较高,停电时间可达到秒级。

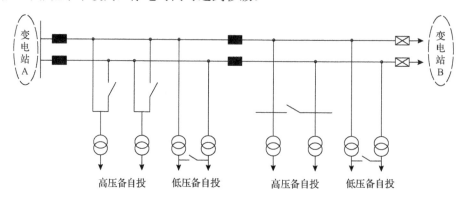

图 4.28　配变双接入接线示意图

■ 常闭开关; ⊠ 联络开关; —— 备自投开关; ⊙⊙—— 配变

浙江配电网采用"双电源、双线路、双接入"的中压配电网"三双"接线模式[9]。其中,"双电源"指两个上级变电站,"双线路"指连接"双电源"的两条中压线路,"双接入"指公用配变通过自动投切的开关接入"双线路"。由于双接入一般隐含了"双线路","三双"在"双接入"基础上主要增加了"双电源"内容。另外,双接入在上海和重庆的应用以双电源开闭所为主,在武汉的应用以支线双射为主。

2. 双接入接线研究

1)双接入接线的特点

提高供电可靠性的配电网自动化和双接入两种措施的比较分析如表4.6所示。可以看出,双接入具有简化、可靠、清晰、节约、灵活和智能的优点。

2)双接入接线实施难度

常规接线模式在某一供区特定条件下也能局部实现双接入,但一般情况下不具备双接入条件。因此,从电网现状接线方式全面过渡到双接入难度较大,主要原因如下:

(1)供区变电站可能存在布点不足的问题。

(2)线路走廊问题突出。电缆数量增加后,原有沟道可能没有裕度;架空线路需采用同杆多回或沿街道两边架线的方式来增加线路,可能得不到城建及相关部门的同意。

(3)目前可靠性和电价没有关系,而电力公司投入巨大,经济效益可能受到影响。

表 4.6　提高供电可靠性的配电网自动化和双接入两种措施的比较分析

提高供电可靠性措施				(措施一)自动化全覆盖	(措施二)双接入配合自动化
自动化				网络控制，复杂	就地控制，简单
对中压接线方式要求				架空线：多分段适度联络 电缆：单环网和双环网	来自不同变电站或母线的多条线路
馈线自动化复杂度				绝大多数主环网节点、主分支节点	每条馈线2~3个主环网节点
是否可作为"带电作业"替代措施				部分可以	可以
负荷增长电网建设	网络拓扑变化			影响大	影响小
	负荷变化			影响大	无影响
故障停电	架空	故障段用户		感受故障修复时间(数小时)	感受备自投切换时间(秒)
		非故障段用户	三遥覆盖	感受网络重构时间(分钟/秒)	
			二遥覆盖	感受网络重构时间(半小时/分钟)	
	电缆	非故障支线用户	三遥覆盖	感受网络重构时间(分钟/秒)	感受备自投切换时间(秒)
			二遥覆盖	感受网络重构时间(半小时/分钟)	
		故障支线用户		感受故障修复时间(数小时)	
计划停电	架空	停电段用户		感受计划停电时间(数小时)	0(无停电时间或很小)
		非停电段用户		0(无停电时间或很小)	
	电缆	主干线故障		0(无停电时间或很小)	0(无停电时间或很小)
		非停电段用户		感受计划停电时间(数小时)	
可靠性指标SAIDI				分钟级或小时级	秒级
单次故障用户停电时间				小时级	秒级

3) 双接入接线适用范围

国内不少配电网已形成站间联络，且多为双环网建设的实际特点，这与其"双电源"、"多回路"特点比较吻合，只要在现有电网基础上增加双接入即可接近甚至达到高可靠性电网水平，而双接入利用备自投实现了不依赖配电网自动化的故障迅速恢复，适应我国电网建设规模较大导致配电网自动化实施难度大的特点。与此同时，双接入也可避免故障段造成的用户停电，目标网架安全性高于现有电网 "N-1" 安全准则。

随着地区负荷密度的提高，城市各主干道均有 2 条以上主干线穿过，双接入的实现将越发便利。对城市饱和密度较高地区、新区和开发区，可考虑采用配变双接入作为在短期内实现高供电可靠性的最直接措施。

4) 双接入接线评估结果

双接入接线的优化模型、方法及其定量计算分析案例详见文献[10]和[11]。文献[10]和[11]采用用户年均停电时间作为可靠性评估的主要指标，并基于国内中压配电网典型接线方式和国内可靠性典型参数，分别在有、无配电网自动化情况下，对电缆网及架空网中配变双接入接线模式进行了可靠性和经济性计算分析。

由计算结果可知，与传统有联络电网相比，配变有双接入的电网接线为用户提供可即时切换的双电源供电，故障处理方式简单，用户年均停电时间大幅度下降，用户年均停电时间与配变双接入覆盖率几乎成正比减小；有无双接入配变的用户年均停电时间呈现不同数量级，分别为秒和分钟(或小时)。

采用配变双接入措施后，无配电网自动化接线方式可靠性和经济性指标改进比有配电网自动化情况下更为明显，可推广应用；100%采用快速切换双接入后有、无配电网自动化两种接线方式可靠性指标相当，因此采用配变双接入可简化配电网自动化方案，减少配电网自动化投资。

在经济效益方面，双接入的直接效益理论计算值不很明显(特别是对于可靠性相对较高的10kV电缆网)，近期可考虑由高可靠性需求方自主选择，逐步推广，以体现投入效益主体的统一。另外，考虑到双接入可简化主干线配电网自动化的配置方案，并带来其他提高可靠性措施的简化或问题的解决，以及电网各个层级之间的相互支撑(如巴黎电网的容载比为1.3，而我国110kV电网容载比的下限为1.8)，双接入接线方式可为电力系统带来附加的较大经济节约值。另外，与电缆网相比，由于架空网故障段负荷需要经历故障修复时间，安全性相对较低，采用配变双接入后直接经济效益比电缆网明显增加。

5) 双接入讨论和建议

(1) 从电网建设看，常规接线方式比双接入接线方式要求低，不严格要求双电源、双线和双接入。虽然它的供电可靠性比双接入接线方式低，但对电网建设要求也低一些，比较符合电网现状。在一定程度上辅以提升供电可靠性的一般措施，能比较有效地提升供电可靠性，理想情况下能达到分钟级停电时间。

(2) 目前，配变双接入是在短期内大幅度提高供电可靠性最直接有效的措施，其指标理论上可达到秒级停电时间。它可不依靠配电网自动化、带电作业甚至状态检修来缩短停电时间，具有现实意义。

(3) 从我国现阶段配电网建设和运行情况方面分析，双接入、配电网自动化、带电作业等提升可靠性措施均难以一步到位，因此在急需提升电网可靠性的前提下应充分发挥各措施优势，并结合地区终期网架，采用相应的组合方式，避免建设过程中反复投资与重复建设。

(4) 由于自动化自身的效益并非只限于可靠性方面，其对供电能力、管理、运行、调度、营销等方面的作用相当突出，因此可将自动化作为提升供电能力和管理水平的主要手段，而将双接入作为提升可靠性的关键措施。推荐架空主干网实现"两遥"，重要用户配变实施双接入；电缆网"主干节点"实施"三遥"，重要用户配变实施双接入。

4.4　架空线小分段

架空线小分段指由断路器界定的各主分段和大分支再由负荷开关进一步细分为若干小分段，或直接由负荷开关细分为若干小分段，以便在故障和施工检修中进一步缩小停电范围。

1. 国外小分段接线

东京 6kV 架空线路采用了小分段多联络接线，通常主干线由馈线自动化系统操作的断路器形成三主分段，各主分段再由负荷开关进一步细分为若干小分段，如图 4.29 所示。主分段可以自动隔离故障，缩小停电范围，而小分段则能在故障修复和计划检修中进一步缩小停电范围。这种接线模式由于较多的分段数和线路联络数可以将故障和施工停电范围减小到很小的程度，大幅提高了中压配电网的供电可靠率和中压线路的利用率，比较适合因大规模建设计划停电占比较高的国内现状。

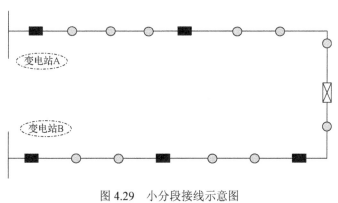

图 4.29　小分段接线示意图

■ 分段开关；⊠ 联络开关；◯ 负荷开关

2. 国内小分段接线

架空线小分段接线的优化模型、方法及其定量计算分析案例详见文献[11]和[12]。文献[11]和[12]在国内可靠性典型参数的基础上，通过对不同长度的三种典型架空线路(即辐射型、单联络和多联络线路)的计算分析表明，与国内习惯分段(3～5 段)相比，线路的分段数量大幅度增加，3～15km 的 10kV 线路最优分段数增加为 4～18 段；在保证社会经济效益的前提下显著提高了供电可靠性，辐射型接线模式和有联络线路接线模式的线路用户年均停电时间分别从无分段的 3.45～17.63h 和 3.53～17.63h 减小到分段后的 2.26～10.26h 和 0.67～2.19h；最优分段数受到负荷开关单价、线路平均计划停运率、单位停电损失费用及负荷沿馈线分布情况的影响较大。

4.5 中压闭环运行

本节针对具有高可靠性的中压闭环运行方式进行技术经济性分析,指出其实用情况。

1. 闭环运行方式应用背景

国内配电网一般是在"闭环设计,开环运行"的基础上实施配电自动化、设备管理、负载转供、停电管理和变压器负载管理等措施,以保证可接受的供电可靠性。虽然这些措施对配电网供电可靠性的提升助益良多,但是在线路检修或故障时,开环运行的供电模式仍然无法避免倒闸操作造成的短时停电,无法满足高科技产业、金融中心等重要用户对电力供应的严苛需求。另外,以太阳能发电和风力发电为代表的分布式电源越来越多地接入配电网,对现有系统的运行、控制带来诸多影响和冲击。辐射型及开环运行的模式难以适应新的运行和控制要求,无法充分发挥分布式电源的性能。因此,研究配电网闭环运行方式具有很大的现实意义。目前,配电网闭环运行的地区多为经济发达地区及科技园区。

2. 闭环运行方式研究

1)配电网闭环运行的馈线配置方式[13]

根据闭环运行馈线供电电源的不同,闭环运行馈线配置方式可以分为三种,如图 4.30 所示。

(1)类型 1:闭环运行的两条馈线由同一变压器母线供电。

(2)类型 2:闭环运行的两条馈线由同一变电站内不同变压器供电。此类型根据变电站母线联络断路器的开关状态又可细分为两种情况:类型 2.1,母线断路器常开;类型 2.2,母线断路器常闭。

(3)类型 3:闭环运行的两条馈线由不同变电站的两个变压器供电。

配电网闭环运行必须考虑众多影响因素。三种闭环馈线配置方式需要考虑的因素如下[14]:

(1)类型 1:互联馈线的线径、长度,负荷大小、分布和特性等。

(2)类型 2:除类型 1 所考虑因素外,还需考虑互联主变压器额定容量及阻抗,以及其负荷及特性。

(3)类型 3:除类型 2 所考虑因素外,还需考虑两变电站一次侧短路容量及电压。

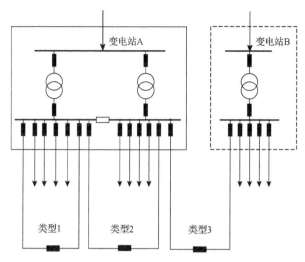

图 4.30 闭环运行馈线配置方式示意图

目前，实际电网只有类型 1 和类型 2.2 的闭环运行方式，尚未有地区采用类型 2.1 及类型 3 的闭环运行方式。主要原因是在类型 2.1 和类型 3 的闭环运行方式下，闭环运行线路要承担两台主变之间的负载平衡电流，如果两台主变负载相差较大，闭环线路流过的环流会非常大，而导致出现开关跳闸。因此，采用类型 1 所需考虑因素最少。同时，该方式下潮流只会在闭环馈线间变动，不会影响上级电网潮流流向和资源分配，且正常运行时受到各种不确定因素的影响最小，可行性高，改造成本最低。

2) 短路电流与继电保护

与辐射型或开环运行的配电网不同，闭环运行的配电网是多电源供电，线路上发生短路时短路阻抗减小，短路电流增大。文献[14]的研究表明，配电网闭环运行线路上发生短路时，类型 2 与类型 3 的短路容量比类型 1 大得多，且受系统条件影响较大，而类型 1 的短路容量只比开环模式略大。同时，类型 1 的两馈线来自同一变压器母线，在馈线无分布式电源接入的情况下，该闭环运行方式下的最大短路电流出现在变电站母线端短路的情况，短路阻抗与开环运行时的情况一致，馈线最大短路电流并未增大。

配电网闭环运行线路上的功率流向不再具有单一性，离主电源较远的线路，其潮流方向可能会经常发生变化，国内中压配电网中广泛采用的无方向三段式电流保护不能满足闭环运行的要求。目前闭环运行的配电网大多采用纵联差动保护方式。例如，新加坡配电网主干网采用纵联差动保护。基于纵联方式的保护系统通过比较线路两侧的电气量，可以有选择性地快速隔离环网内的故障线路，保证非故障线路的正常供电，提高供电可靠性。纵联差动保护需要将线路一端电气量信息传送到另一端(或馈线自动化系统)，两侧的电气量同时比较、联合工作，与三段式保护相比需要增加通信设备及通道,目前在配电网纵联差动保护中常采用光纤作为信息通道。同时,线路两侧的负荷开关必须更换为具有足够开断容量的断路器,才能保证快速隔离故障线路。

3)可靠性

配电网闭环运行并辅以高效的继电保护系统,其对线路故障的识别、定位、隔离与供电恢复比开环运行方式要快许多,并且能避免因主干线路发生故障而造成用户停电的现象。在计划检修时,即使对于满足"N–1"安全准则的电网,开环运行方式采取合环转供电,再隔离检修段线路,使非检修线路感受不到停电时间,但合环转电会产生冲击电流,存在造成更大面积停电的风险;若采取先断电隔离后再转供的方式,非检修段线路也会感受到停电时间,该停电时间的长短取决于配电自动化的实施情况。

理论上,闭环馈线配置方式类型 3 能够避免单一变电站故障造成的停电,可靠性最高;类型 2 避免单一主变故障造成的停电,可靠性比类型 1 要高。目前现有闭环运行方式主要采用类型 1 及类型 2.2,并且仍然配置不同电源的开环联络线,母线故障时会短时停电,但仍可通过开环联络线实现负荷转供,与开环运行处理方式一致。因此,相对于开环运行方式,配电网闭环运行的可靠性进一步提升。然而,三种闭环运行方式中,类型 1 对原有开环系统及用户影响(如闭环潮流和短路电流)最小,改造成本最低[14]。若仅针对消除主干馈线故障造成的停电现象,类型 1 是最简单、最容易实现的方式。

4)适用范围

中压配电网闭环运行方式的优化模型、方法及其定量计算分析案例详见文献[13],其中对适用范围与实施难度也进行了相应的阐述。

配电网闭环运行的投资成本较高,但是相比于辐射型和开环运行模式,其所具有的优越性使这种运行方式也有特定适用范围:

(1)高可靠性供电区域。即使经过配电网自动化改造的开环运行配电网,故障隔离和故障后复电时的倒闸操作也需要短时停电。例如,北京配电网在馈线自动化改造后,平均故障隔离时间和平均倒闸操作时间大幅缩减,但也只分别降到1.5min 和 5min,而同期北京核心区域配电网供电可靠性为 99.995%。在进入高级配电阶段后,供电可靠性将需要达到 99.9999%,显然继续采用开环运行的供电方式无法满足未来的需求。一些对供电质量要求极高,甚至不允许瞬间停电或电压骤降的科技园区及金融中心等,条件允许的情况下采用配电网闭环运行是一种较好的供电模式,能够保证高可靠性供电并带来巨大的社会经济效益。

(2)有分布式电源接入的配电网。分布式电源越来越多地接入配电网,原有开环网络变成了多电源供电的有源网络,改变了潮流的单向性。当系统发生故障时,分布式电源会向故障点提供故障电流,可能导致保护误动、拒动等问题。同时,

IEEE P1547 规定[15]，系统发生故障时分布式电源必须马上退出运行，无法充分发挥分布式电源的效能。而配电网闭环运行采用差动保护方式考虑了潮流的双向性，能够迅速隔离故障区域，恰好适合于有分布式电源接入的情况，在线路停运时能够减少分布式电源的频繁投切及孤岛运行。因此，有分布式电源接入的配电网也可以采用闭环运行方式。

与新加坡等地区不同，国内配电网网架结构比较薄弱，电网转供能力不强，配电自动化水平较低，配电网从现状运行模式过渡到闭环运行方式难度较大，主要体现在以下几个方面：

（1）配电网由开环运行变为闭环运行，需要考虑诸多影响因素，如馈线容量、负荷分布以及闭环潮流流向不确定性和短路电流增大等（特别是对于类型 2 和类型 3）。这些因素对现状电网电气设备及用户的影响与冲击，有可能使电网不具备闭环运行条件。

（2）国内长期以来"重发输，轻供配"导致配电网建设无序发展，缺乏标准化，接线模式众多，在现有基础上升级改造为闭环运行，需大量更换现有电气设备，涉及面广，成本大。

（3）配电网闭环运行需要配置高效继电保护系统及智能电子设备，建立一个先进高效的通信网络，投入的成本巨大。

（4）供电可靠性和电价没有关系，电力公司的投入巨大，其经济效益受到影响，建设积极性不高。

4.6　组　网　形　态

基于规划区域的实际情况，网架规划中选择技术经济合理的组网形态具有重要的战略意义。

1. 巴黎电网组网形态启示

巴黎共分为 20 个区，由里往外延展为成圈布置（见图 4.31），从而形成了巴黎中压三环结构。巴黎相对薄弱的高压配电网辐射状结构主要源于与外围的高压环网和城区的中压环网配合设计而成。由表 4.3 可以看出，国内相关配电网规划设计技术导则针对 A+类或 A 类供电类型区域并没有推荐高压单辐射接线，然而巴黎高压配电网却采用了许多相对薄弱的单辐射状结构。这是因为，巴黎三环中压组网形态基本上保证了对用户可靠供电，即使在单辐射高压线路停运时仍可依靠中压转供对用户供电，采用高压辐射状接线可以减少通道甚至站址占用（特别是对于高负荷密度地区）和降低不必要的投资；同时单辐射高压线路又不利于由同一条辐射线路供电的变电站低压侧负荷的相互转供，从而形成了中压三环结构。因此，高中压网架结构的整体配合是至关重要的。

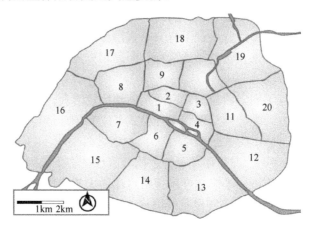

图 4.31　巴黎城市特征示意图

2. 组网形态分类

城市特征很大程度表现在地形地域特征上,而负荷分布特征与此又是紧密相连的。地势平坦地区(如平原地形)的负荷分布一般呈棋盘形或圆形;而受山体和河流阻隔的狭长地形,其负荷分布也呈现狭长形。因此,受规划区域地域特点、负荷密度和电力通道等影响,变电站布点和线路走向通常会呈现一定规律,高中压网架组网形态一般可分别抽象为辐射型、狭长型、环状型、外环内射型、网状型(或棋盘型)和不规则型等,如图 4.32 所示(图中黑点为变电站)。其中,比较典型的是辐射型、环状型和网状型组网形态,狭长型可视为环状型的特例或过渡,不规则型可视为其他组网形态的组合。辐射型组网形态不存在站间或通道间的联络,占用通道少,投资少,而且易于扩展,但其中的单辐射可靠性低(即通常所说的"网架薄弱");而环状型和网状型需要站间或通道间的联络,占用通道多,投资较大,但供电可靠性高(即"网架坚强")。

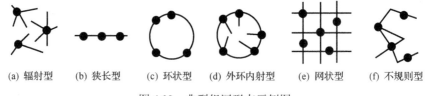

(a) 辐射型　　(b) 狭长型　　(c) 环状型　　(d) 外环内射型　　(e) 网状型　　(f) 不规则型

图 4.32　典型组网形态示例图

3. 组网形态展示形式

组网形态展示形式应便于成果的可视化管理。其中,高压配电网的组网形态可直接由其地理接线图表示，图中宜明确地理背景、变电站站址、各接线模式线路条数及其联络关系，如图 4.33 所示。

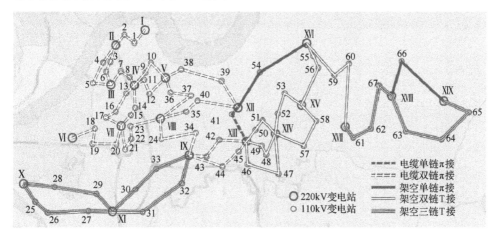

图 4.33　某区域基于供电分区的高压配电网规划结果

中压组网形态可由整个规划区域内以变电站为枢纽的网格链图表示，图中宜明确规划路网、变电站站址、各网格中压线路条数及其联络关系(即网格链)，以及网格的供电范围，如图 4.34 所示(图中圆圈内的数字表示网格链各侧供电变电站的中压出线条数，不同灰度区块表示不同的网格)。该网格链图可直观反映：各变电站出线规模、负荷水平和互联情况；各网格链的线路规模、负荷水平及其供电变电站；通过中压进行站间负荷转供的情况(如大小和方向)。

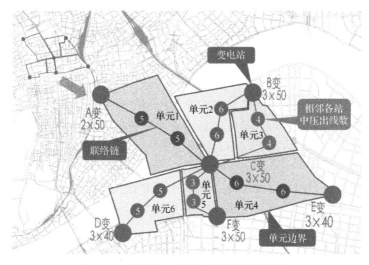

图 4.34　站间供电范围(或网格链)示意图

作为实例应用，图 4.35 和图 4.36 分别给出了同一规划区域基于网状型和环状型(双环)组网形态规划得到的网格链图。

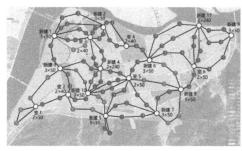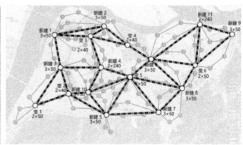

图 4.35　网状型组网形态的网格链图

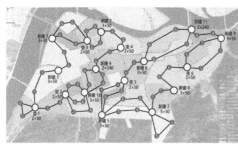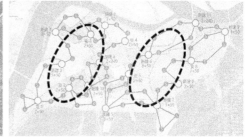

图 4.36　双环组网形态的网格链图

4. 高压组网形态比较

对辐射型与网状型高压组网形态进行定性比较,可从以下几个方面来分析。

1) 目标网架

网状型组网形态的线路总长和通道总长平均比辐射型组网高出 1/3～1/2,变电站高压间隔投入相对较大,总投资高出 20%～40%。

2) 过渡适应性

成熟的高压网状型组网受链式接线容量限制很难接入新的变电站,辐射型组网可就近接入,灵活性高;若目标网架约束性较强,两种组网方式投资浪费均较小,若目标网架变数较大,网状型组网更容易保证通道资源。

3) 灵活性

网状型组网可形成 220kV 变电站间的 110kV 联络通道,便于转移负荷,辐射型组网在一条线路检修情况下又出现一条线路故障时需依赖下级电网转移负荷。

4) 层级协调

在中压配电网较为薄弱区域必须强化高压组网以达到可靠性预期,中压配电网较强时则可适当简化(如采用双射)甚至弱化(如采用单辐射)高压组网,以降低通道和站址落地难度,降低电网建设费用。

5) 适用范围

网状型组网适用于可靠性要求较高但中压配电网相对薄弱的区域；辐射型组网适用于中压配电网相对坚强区域或可靠性要求较低区域。

5. 中压组网形态比较

对环状型和网状型中压组网形态进行定性比较，可从以下几个方面来分析。

1) 网架复杂性

考虑到环状型组网形态中一个变电站仅与相应环内邻近两个变电站存在联络关系，网架结构简洁；网状型组网形态中一个变电站可能与周边多个变电站存在联络关系，网架结构较为复杂。

2) 过渡适应性

新增负荷和新建变电站均能就近接入已有环状型和网状型网络，网状型组网由于变电站各方向出线情况各异线路重新配对较为困难；若目标网架约束性较强，则两种组网方式投资浪费均较小；若目标网架变数较大，则环状型组网具有更强的适应性。

3) 灵活性

与环状型组网相比，网状型组网标准化程度较低，较为灵活，但运行维护较为困难，且连接至同一母线的线路较少，难以形成跨母线保电和合环供电。

4) 层级协调

在上级电网单个设备停电或多重故障情况下，环状型和网状型中压组网形态设备利用率理论值大致相同；环状型组网由于联络方向较为集中，更容易处理同一高压线路或通道停运引发的邻近变电站停电。

5) 投资费用

本章采用图 3.6 中变电站中压主干线与分支线的理想模型，因此中压线路分支线仅与其供电面积相关。若规划区域面积固定，用于方案比较的线路投资费用可仅考虑主干线投资。网状型组网形态由于可在任意方向就近联络，其主干线长度 (含联络线) 一般小于联络方向受限的环状型组网形态的主干线长度。

由于未来环境的变化，电网过渡期间可能会导致新增变电站布点或预留变电站布点位置的变动，相应高压站点接入中压环状型组网形态只需重新考虑与相关环内邻近两个高压变电站的联络关系，中压主干线路建设改造量小；而接入中压网状型组网形态需要重新考虑与周边多个高压变电站的联络关系，中压主干线路建设改造较为复杂且费用较高。

从目标网架在网架过渡期间是否变动来看，若修编过程中未来环境有较大变化，网状型组网形态的目标网架可能变动较大并导致类似高压变电站布点变动引起的中压主干线路建设改造费用较大，而环状型组网形态的目标网架由于结构较为简洁可以基本不变,相应的主干线路建设改造费用很小。

从与网架复杂性相关的其他费用来说,网架简洁,设备选型、配电网自动化和调度较为统一和简单,对职能部门(运行、操作和设计)的培训也很有好处,调度人员误操作率更低,相关投资费用和停电损失费用更少。因此,考虑到环状型和网状型组网形态的相对复杂性,前者的相关费用应低于后者。

6) 适用范围

尽管中压环状型组网形态的主干线路投资费用通常比网状型组网形态高,但其网架的其他费用低,标准化较好和易于扩展,特别是可在不改变或少改变其目标网架基础上进行网架的过渡,对不确定性因素的适应性强,涉及网络改造的补偿费用低,可能使其对于过渡期较长和不确定性较大的电网规划经济性更优。因此,网状型组网较适用于新区建设的初期、建成区电网改造和配电网一次成型的新区,环状型组网适用于负荷增长较为平稳的发展区建设。对于已经有大量按照网状建设的电网过渡到环状或辐射电网的情况,可基于利旧的原则进行更新改造,或将部分主干改造为备用或支线,或让部分设备基于其寿命期自然消亡。

中压环状型和网状型组网形态比较的定量计算分析需要考虑网架规划期间的总费用,相应的网架柔性规划思路、模型和方法详见第 7 章。

4.7　本 章 小 结

配电网接线模式和组网形态反映了网架的基本结构,其合理选择是配电网规划与改造工作中具有战略意义的重要内容之一。

1. 先进配电网的启示

经过几十年的发展,发达国家或地区配电网已陆续完成了发展和更新过程,目前进入较为平稳的发展阶段,其中经济发达国家的高中压网架结构及其相互协调是其电网发展阶段规划战略的具体体现。

(1) 坚强的网架结构是实现配电网高可靠性的基础,但坚强的网架结构并不意味着必须层层强,即注重电网整体结构的优化发展,强调各电压层级电网的协调配合,不要求层层满足"N-1"安全校验,适当考虑层与层之间的负荷转移和相互支援(巴黎和伦敦)。

(2) 规范化的宏观组网形态。组网形态强调构建清晰明确和规范化的全局网架格局,如中压环状型(巴黎)、高压外环内射型(巴黎)和中压网状型(新加坡)。

(3) 简化的接线模式。高压线变组(巴黎)、中压单环网(新加坡和巴黎)、中压多个单环网(巴黎)和中压多射(东京三射)。

(4) 简单自动化配合方式。采用中压"合环供电"(新加坡和东京)和"双接入备自投"(巴黎和东京)实现就地判断、迅速隔离、快速恢复和事后处理,不受主站和通信拖累。

(5)高可靠性的设计。无故障修复时间和/或计划停电时间;东京 6kV 架空各主分段和大分支由负荷开关进一步细分为若干小分段,可在故障和施工检修中进一步缩小停电范围。

(6)20kV 电压等级。在高负荷密度区域中压配电网采用了 20kV 电压等级(新加坡、巴黎、东京和伦敦)。

(7)节省投资。①简化高压配电网结构,精简二次投资和简化运行维护,降低配电网整体成本(巴黎和伦敦);②采用中压公用配变双路直接 T 接或 π 接至主干线,省去了环网单元(巴黎);③20kV 铝缆及其低负载率同时解决了电缆价格贵和铝缆线损大的问题(巴黎);④有选择性的中低压双接入多路中压主干线使电网具备更多的负荷转移通道,可大幅提升线路利用率(巴黎和东京)。

2. 国内配电网的启示

相对于发达国家配电网目前进入较为平稳的发展阶段,国内配电网总体上处于大规模建设时期。在现有条件和环境下,对于可操作性强的接线模式及其组网形态进行技术经济论证尤为重要。目前,从接线方式来看,国网和南网范围内较为普遍地采用了各种非典型的高压"一主一 T"接线,杭州和武汉采用了中低压双接入,武汉正在尝试采用中压 π 接单链接线模式,上海和重庆采用异站开闭所中压双环网接线(开闭所母联设备自投,不受主站建设、通信建设和网架调整的影响);从供电分区或组网形态来看,武汉基于供电网格划分的中压网架组网形态值得借鉴。

3. 负荷双接入

负荷中低压双接入(备自投)结构清晰,运行可靠,复电快速,不受通信及主站建设制约,可高效地提升配电网供电可靠性,适用于大型开闭所、重要环网柜、重要用户和多路电源用户。

4. 架空线小分段

《配电网规划设计技术导则》(DL/T 5729–2016)[2]规定:10kV 架空线路分段不宜超过 5 段,这在一定程度上限制了配电网可靠性水平的进一步提高。从电网实际出发,可考虑将中压架空线小分段接线模式作为进一步提升供电可靠性的关键措施之一。

5. 闭环运行

国内中压配电网一般采用"环网设计，开环运行"，而闭环运行才能够真正满足运行"N-1"安全校验，对于解决短时停电问题、提升供电可靠性和减小分布式电源接入对配电网影响的效果明显；为规避电磁环网等问题，可采用同一母线的两馈线闭环运行方式；闭环运行对于网架结构稳定、光纤建设到位且易于实现差动保护的开闭所进线尤为适用。

6. π 接单链接线

π 接单链接线为中压单环网且无分支线的接线模式：配变经 3 个开关直接 π 接入单环网中(有时为 T 接专变做准备也采用 4 个开关)，不再采用开关站或环网箱，结构简单，借助集中式馈线自动化可达到较为理想的可靠性水平。由于集中式馈线自动化对通信和主站及网络结构稳定性的要求较高，π 接单链接线适用于在负荷密度较大且接近饱和的地区。

7. 组网形态

现有国内配电网建设改造技术导则通常只简单介绍了基本的接线模式，少有涉及规范化的宏观组网形态。中压环状型组网形态较网状型组网形态更为标准化和易于扩展，对不确定性因素的适应性强。

参 考 文 献

[1] 国家电网公司. 强化规划引领，加快建设一流现代配电网[N]. 国家电网报, 2018-07-03 (2).

[2] 中华人民共和国电力行业标准. 配电网规划设计技术导则(DL/T 5729–2016)[S]. 北京: 中国电力出版社, 2016.

[3] 吴涵, 林韩, 温步瀛, 等. 巴黎、新加坡中压配电网供电模型启示[J]. 电力与电工, 2010, 30 (2) : 4-7.

[4] 林韩, 陈彬, 吴涵, 等. 面向远景目标网架的中压配电网供电模型[J]. 电力系统及其自动化学报, 2011, 23 (6) : 116-120.

[5] 范明天, 张祖平. 中国配电网发展战略相关问题研究[M]. 北京: 中国电力出版社, 2008.

[6] 姜宁, 王之伟, 倪炜, 等. 借鉴国际先进规划理念建设南京坚强城市电网[J]. 供用电, 2007, 24 (5) : 1-4, 8.

[7] 国家电网公司. 配电网网格化规划指导原则[Z]. 北京: 国家电网公司, 2018.

[8] 明煦, 王主丁, 王敬宇, 等. 基于供电网格优化划分的中压配电网规划[J]. 电力系统自动化, 2018, 42 (22) : 159-164.

[9] 于金镒, 刘健, 徐立, 等. 大型城市核心区配电网高可靠性接线模式及故障处理策略[J]. 电力系统自动化, 2014, 38(20): 74-80.

[10] 畅刚, 张巧霞, 冯霜, 等. 基于配电变压器"双接入"的高可靠性接线模式研究[J]. 供用电, 2012, 29(6): 26-32.

[11] 周建其, 王主丁, 张代红, 等. 基于提升可靠性关键措施的配电网规划实用方法[J]. 供用电, 2012, 29(2): 34-43.

[12] 冯霜, 王主丁, 周建其, 等. 基于小分段的中压架空线接线模式分析[J]. 电力系统自动化, 2013, 37(4): 62-68.

[13] 甘国晓, 王主丁, 周昱甬, 等. 基于可靠性及经济性的中压配电网闭环运行方式[J]. 电力系统自动化, 2015, 39(16): 144-150.

[14] Chen T H, Huang W T, Gu J C, et al. Feasibility study of upgrading primary feeders from radial and open-loop to normally closed-loop arrangement[J]. IEEE Transactions on Power Systems, 2004, 19(3): 1308-1316.

[15] Standards Coordinating Committee 21 on Fuel Cells, Photovoltaics, Dispersed Generation, and Energy Storage. Application guide for IEEE standard for interconnecting distributed resources with electric power systems. IEEE Std 1547.2. The Institute of Electrical and Electronics Engineers, Inc., 2008.

第5章 高中压网架结构协调规划

配电网高中压网架结构协调规划是具有战略意义的研究课题。基于规划区域的负荷密度及其发展趋势和技术装备水平，选择相互协调的配电网高中压网架结构有利于从全局上实现规划方案的"技术可行、经济最优"，具有重要的理论研究和实际应用价值。本章分别给出高压和中压配电网"强、简、弱"较为明确的定义，通过对网架结构典型协调方案的技术经济分析，归纳总结出不同网架结构典型协调方案的特点和适用范围。

5.1 引 言

传统配电网规划多是将高压和中压配电网分开进行规划，不利于配电网上下级之间的协调和相互支撑；目前的高可靠性配电网规划也多倾向采用"强-强"的高中压配电网配合模式，难于兼顾供电可靠性和经济性。《配电网规划设计技术导则》（DL/T 5729–2016）[1]明确指出高压、中压和低压配电网三个层级应相互配合、强简有序、相互支援，以实现配电网技术经济的整体最优，但对"强"和"简"没有明确的定义。截至 2017 年底，国家电网公司城乡供电可靠率分别为 99.948%和 99.784%[2]，为了实现要求的供电可靠性目标(如 A 类区域的用户年均停电时间≤52min)，在电网规划与改造工作中应对高中压网架结构进行协调优化，尽量在提高供电质量的同时减少资金的投入，从而实现高中压配电网规划与改造的整体最优或次优。目前已有不少涉及高中压配电网的整体协调规划研究的文献[3~9]，但少有文献基于安全性、可靠性和经济性进行定性定量论证后就典型协调方式得到一般性的结论或建议。

本章将对高压和中压配电网"强、简、弱"进行比较明确的定义和分类，对高中压网架结构典型协调方式进行安全性、可靠性和经济性的计算分析，并归纳总结出不同网架协调方式的特点和适用范围。

5.2 高压和中压配电网"强、简、弱"定义

高压和中压配电网网架结构的"强、简、弱"可分别通过其组网形态、接线模式、供电安全性和涉及可靠性的技术装备水平(如馈线自动化)来体现。

对于高压配电网，基于第 4 章接线模式和组网形态的分类，根据是否满足上级变电站、通道和线路"$N–1$"安全校验，将环状型或网状型组网形态加上站间链式接线定义为"强"（满足上级变电站和通道"$N–1$"安全校验）；将辐射型组网形态加环网（单环或双环）或双辐射接线定义为"简"（满足线路和主变"$N–1$"安全准则）；将辐射型组网形态加单辐射接线定义为"弱"（不满足线路或主变"$N–1$"安全准则）。其中，"强"较"简"的供电安全性更强（如只有"强"能满足上级变电站"$N–1$"安全校验）；"强/简"与"弱"的停电时间不在一个数量级，如"强/简"和"弱"（单线或单变）高压配电网的用户年均停电时间一般情况下分别为分钟级和小时级。

对于中压配电网，基于第 4 章接线模式和组网形态的分类，根据供电安全性和馈线自动化（feeder automation，FA）的差异，将环状型或网状型组网形态加上具有站间联络的接线定义为"强"或"简"（其中，"强"和"简"的区别在于影响停电时间的技术装备水平，而"强"的技术装备水平一般包含大范围快速复电的馈线自动化，如双电源备自投、集中式三遥或智能分布式），将辐射型组网形态加环网（自环）或多辐射接线定义为"简"，将辐射型组网形态加单辐射接线定义为"弱"。

基于不同的供电安全性、可靠性和经济性要求，高压和中压配电网"强、简、弱"的定义和分类情况汇总如表 5.1 所示。其中，供电安全性为涉及单个元件停运的供电安全标准[10]，即在最大负荷时不同电压等级配电网单一元件停运后在规定时间内必须恢复一定大小的最低负荷。不同于可靠性，安全性仅涉及停电后果但不考虑停电概率。可见，"强"的配电网满足变电站和通道"$N–1$"安全校验，但通道占用较多，投资大；"简"的配电网满足线路和主变"$N–1$"安全准则（含满足中压通道"$N–1$"安全校验），通道占用和投资居中；"弱"的配电网不满足线路和（或）主变"$N–1$"安全准则，通道占用少，投资相对较小。

表 5.1　高压和中压配电网"强、简、弱"的定义

分类	强				简				弱			
	组网	接线	安全性	FA	组网	接线	安全性	FA	组网	接线	安全性	FA
高压	环状或网状	链式	满足变电站和通道"$N–1$"安全校验	—	辐射	环网或双辐射	满足线路和主变"$N–1$"安全准则	—	辐射	单辐射	不满足线路或主变"$N–1$"安全准则	—
中压	环状或网状	站间联络	满足变电站和通道"$N–1$"安全校验	备自投集中式（三遥）或分布式	环状、网状或辐射	站间联络、自环或多辐射	满足线路和主变"$N–1$"安全校验	集中式（两遥）或重合器式	辐射	单辐射	不满足线路或主变"$N–1$"安全准则	一遥及更低配置

5.3　高中压网架结构协调方案优选模型

本节以含停电损失费用的总费用最小为目标，建立高中压网架结构典型协调方案的优选模型，用于不同方案各种费用的计算和基于总费用最小的优选。

5.3.1 协调规划思路

随着电网规模的不断扩大和快速发展，针对整个区域的高中压网架结构协调规划难度越来越大。现有数学规划方法和智能启发式方法由于建模复杂、算法不成熟及难于人工干预等少有实际应用。为获得高中压网架结构协调方案的一般性结论或建议，本节采用了简约方法解决复杂问题的思路，建立的典型协调方案优选模型直观、简单和便于人工干预，可融入相关技术原则，特别适合于工程应用。

5.3.2 典型协调方案

基于上述高压和中压配电网"强、简、弱"的分类，可对高压和中压配电网"强、简、弱"进行组合，得到9种典型高中压网架结构"强、简、弱"的协调模式或方案，分别为"强-强"、"强-简"、"强-弱"、"简-强"、"简-简"、"简-弱"、"弱-强"、"弱-简"和"弱-弱"，如图5.1所示(注："X-Y"中"X"和"Y"分别代表配电网高压和中压网架结构的"强"、"简"或"弱")。

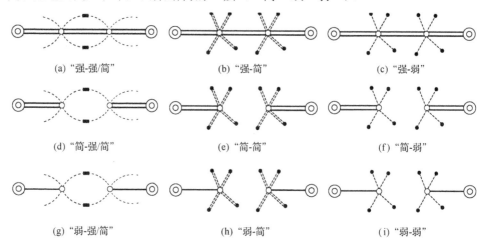

|（a）"强-强/简" | （b）"强-简" | （c）"强-弱" |

|（d）"简-强/简" | （e）"简-简" | （f）"简-弱" |

|（g）"弱-强/简" | （h）"弱-简" | （i）"弱-弱" |

图 5.1 高中压网架结构"强、简、弱"典型协调模式示意图

◎220kV 变电站；○110kV 变电站；——110kV 线路；-----10kV 线路；●负荷点；■联络开关(常开)

5.3.3 方案优选模型

各高中压协调方案具有不同的技术经济性，需要综合考虑其技术经济性后进行优选。本章将可靠性转换为停电损失费用后与其他费用直接相加，从而以总费用最小为目标的高中压网架结构协调方案优选模型可表示为

$$\min f_{\mathrm{hmw}} = \min_{k \in \Omega_{\mathrm{hmw}}} \left\{ C_{\mathrm{hmw},k} \right\}$$

$$= \min_{k \in \Omega_{\mathrm{hmw}}} \left\{ C_{\mathrm{hv},k} + C_{\mathrm{mv},k} + C_{\mathrm{hmk},k} \right\}$$

$$\mathrm{s.t.} \begin{cases} \phi_{\mathrm{mv}}(L_{\mathrm{mzg},k,i}, L_{\mathrm{mbg},k,i}) = N_{\mathrm{m},k} \\ \phi_{\mathrm{hv}}(L_{\mathrm{hzg},k,j}, L_{\mathrm{hll},k,j}) = N_{\mathrm{h},k} \\ \varphi(L_{\mathrm{mzg},k,i}, L_{\mathrm{mbg},k,i}, L_{\mathrm{hzg},k,j}, L_{\mathrm{hll},k,j}) = 1 \\ g(L_{\mathrm{mzg},k,i}, L_{\mathrm{mbg},k,i}, L_{\mathrm{hzg},k,j}, L_{\mathrm{hll},k,j}) = 0 \\ h(L_{\mathrm{mzg},k,i}, L_{\mathrm{mbg},k,i}, L_{\mathrm{hzg},k,j}, L_{\mathrm{hll},k,j}) \leqslant 0 \\ P_{\mathrm{td},q} \leqslant \overline{P}_{\mathrm{td},q}, \quad q \in \Omega_{\mathrm{td}} \\ k \in \Omega_{\mathrm{hmw}}, \quad i \in \Omega_{\mathrm{mfh}}, \quad j \in \Omega_{\mathrm{hfh}} \end{cases}$$

$$(5.1)$$

式中，f_{hmw} 为配电网高中压网架结构"强、简、弱"典型协调方案(下面简称协调方案)的总费用；Ω_{hmw} 为候选协调方案编号的集合，可根据规划区域负荷性质、负荷密度及其发展趋势、技术装备水平等实际情况，选择技术经济较为合理的候选协调方案；

$C_{\mathrm{hmw},k}$ 为第 k 种协调方案的网架总费用；$C_{\mathrm{hv},k}$、$C_{\mathrm{mv},k}$ 和 $C_{\mathrm{hmk},k}$ 分别为第 k 种协调方案的高压配电网年费用、中压配电网年费用和高中压年停电损失费用；

$L_{\mathrm{mzg},k,i}$ 和 $L_{\mathrm{mbg},k,i}$ 分别为第 k 种协调方案第 i 个中压负荷点(如配变和区块负荷)距离其主供变电站和备供变电站的最小线路长度；$L_{\mathrm{hzg},k,j}$ 和 $L_{\mathrm{hll},k,j}$ 分别为第 k 种协调方案第 j 个高压变电站距离其供电变电站的线路长度和为获得备供电源的联络线路长度；

$\phi_{\mathrm{mv}}(L_{\mathrm{mzg},k,i}, L_{\mathrm{mbg},k,i})$ 为对应 $L_{\mathrm{mzg},k,i}$ 和 $L_{\mathrm{mbg},k,i}$ 的中压网架组网形态约束；$\phi_{\mathrm{hv}}(L_{\mathrm{hzg},k,j}, L_{\mathrm{hll},k,j})$ 为对应 $L_{\mathrm{hzg},k,j}$ 和 $L_{\mathrm{hll},k,j}$ 的高压网架组网形态约束；$N_{\mathrm{h},k}$ 和 $N_{\mathrm{m},k}$ 分别为第 k 种协调方案中高压和中压组网形态的类型(如用 0、1 和 2 分别表示辐射型、网状型和环状型)；

$\varphi(L_{\mathrm{mzg},k,i}, L_{\mathrm{mbg},k,i}, L_{\mathrm{hzg},k,j}, L_{\mathrm{hll},k,j})$ 为通道连通性判断函数(等于 1 表示连通，等于 0 表示不连通)；$g(L_{\mathrm{mzg},k,i}, L_{\mathrm{mbg},k,i}, L_{\mathrm{hzg},k,j}, L_{\mathrm{hll},k,j}) = 0$ 为涉及潮流的等式约束方程；$h(L_{\mathrm{mzg},k,i}, L_{\mathrm{mbg},k,i}, L_{\mathrm{hzg},k,j}, L_{\mathrm{hll},k,j}) \leqslant 0$ 为涉及潮流、短路、安全性和可靠性的不等式约束方程；

$P_{\mathrm{td},q}$ 和 $\overline{P}_{\mathrm{td},q}$ 分别为第 q 个通道流过的负荷及其最大允许值；Ω_{td} 为所有候选通道编号集合；Ω_{mfh} 和 Ω_{hfh} 分别为中压负荷点(如配变和区块负荷)编号集合和高压变电站编号集合。

5.3.4　费用估算

根据式(5.1)，协调方案总费用包括高压配电网年费用(含高压变电站年费用、高压线路投资年费用、高压开关投资年费用和高压线路电能损耗年费用)、中压配电网年费用(含中压线路投资年费用、中压线路电能损耗年费用和馈线自动化费用)和高中压停电损失年费用。

1. 高压配电网年费用

高压配电网年费用 C_{hv} 包括高压变电站年费用 C_{hvbn}、高压开关投资年费用 C_{hvkt}、高压线路投资年费用 C_{hvxt} 和高压线路电能损耗年费用 C_{hvxs}，即 $C_{hv} = C_{hvbn} + C_{hvkt} + C_{hvxt} + C_{hvxs}$。

1) 高压变电站年费用

高压变电站年费用 C_{hvbn} 的计算可参照式(3.47)求得。由于各协调方案主要是比较不同接线模式的年费用，若各方案高压变电站相同，高压配电网年费用可以不计变电站的年费用，但若各方案变电站年费用不同(如单变和双变的差别)，则应在高压配电网年费用中计入高压变电站年费用。

2) 高压线路投资年费用

高压线路投资年费用 C_{hvxt} 可表示为

$$C_{hvxt} = \varepsilon L_{hv} C_{hv} \tag{5.2}$$

式中，L_{hv} 为高压线路的长度；C_{hv} 为高压线路单位长度的综合造价，其取值可参见表 5.2[11]；$\varepsilon = k_z + k_y + k_h$ (其中，k_z、k_y 和 k_h 分别为折旧系数、运行维护费用系数和投资回报系数)。

表 5.2　110kV 架空线路和电缆线路综合造价(电缆不含土建)[11]

电缆线路型号	综合造价/(万元/km)	架空线路型号	综合造价/(万元/km)	
			单回	同塔双回
YJV-400	370	LGJ-185	44	67
YJV-500	405	LGJ-240	51	74
YJV-630	444	LGJ-300	55	82
YJV-800	511	LGJ-400	74	95
YJV-1200	709	LGJ-500	83	109
—	—	LGJ-630	98	126

3) 高压开关投资年费用

高压开关投资年费用 C_{hvkt} 可表示为

$$C_{hvkt} = \varepsilon N_{hvk} C_{hvk} \tag{5.3}$$

式中，N_{hvk} 为高压开关总个数；C_{hvk} 为单个高压开关价格。

4) 高压线路电能损耗年费用

高压线路电能损耗年费用 C_{hvxs} 可表示为

$$C_{hvxs} = C_e \Delta P_{max} \tau_{max} \tag{5.4}$$

式中，ΔP_{max} 为线路的最大功率损耗；τ_{max} 为最大负荷损耗小时数；C_e 为 110kV 购电电价。

2. 中压配电网年费用

中压配电网年费用 C_{mv} 主要包括中压线路投资年费用 C_{mvxt}、中压线路电能损耗年费用 C_{mvxs} 和馈线自动化费用 C_{mvfa}，即 $C_{mv} = C_{mvxt} + C_{mvxs} + C_{mvfa}$。

1) 中压线路投资年费用

中压线路投资年费用 C_{mvxt} 可表示为

$$C_{mvxt} = \varepsilon K_z R_x N_b n_z n_{zx} C_{dj} \tag{5.5}$$

式中，K_z 为考虑了支线和线路曲折的线路长度修正系数(如 2.0)；R_x 为中压线路的供电半径；N_b 为 110kV 变电站的个数；n_z 为一座 110kV 变电站的主变平均台数；n_{zx} 为单台主变的平均出线数(如 12)；C_{dj} 为中压线路单位长度的综合造价。

2) 中压线路电能损耗年费用

中压线路电能损耗年费用 C_{mvxs} 的计算公式与高压线路电能损耗年费用计算公式类似，但需要考虑涉及沿线负荷分布形式的功率损耗系数 G_p(见表 3.5)。

3) 馈线自动化费用

由于城区中压配电网"强"或"简"的网架结构区别在于影响停电时间的馈线自动化程度，因此还需考虑馈线自动化费用的差异。馈线自动化费用 C_{mvfa} 可根据表 5.3 和表 5.4 估算。

表 5.3　中压"简"(两遥)的馈线自动化费用

线路长度 /km	两遥终端 /台	费用分类/万元			
		架空光纤	直埋光纤	设备费+年租金(公网公开价)	设备费+年租金(公网合同价)
10	2.5	9.9	10.1	2.7+1.8	2.7+0.108
5	2.5	7	7.13	2.2+1.2	2.2+0.072
3	2.5	4.1	4.17	1.7+0.6	1.7+0.036

注：设备费包含通信设备费用和开关费用，其中开关单价为 0.48 万元。

表 5.4　中压"强"(三遥)的馈线自动化费用

线路长度/km	智能开关数/个	架空光纤费用/万元	直埋光纤费用/万元
10	2.5	15.45	15.65
5	2.5	12.55	12.68
3	2.5	9.65	9.72

注：更换原有开关为智能型开关；智能型开关单价为 2.7 万元；必须采用光纤通信实现三遥。

3. 高中压停电损失年费用

将系统停电造成的影响表示为高中压停电损失年费用，即

$$C_{hmk} = C_{fs} P_{max} \xi \, \text{SAIDI} \tag{5.6}$$

式中，C_{fs} 为平均停电损失费用单价，一般根据产电比法估算，计算简单且资料易得；P_{max} 和 ξ 分别为最大负荷值和负荷率(即平均负荷与最大负荷之比)；SAIDI 为用户年均停电时间，可采用高中压配电网可靠性协调评估方法计算得到[12]。

5.4　基于安全可靠和经济的典型方案优选

5.4.1　方案优选思路

对于式(5.1)所示的有限个典型协调方案优选模型，假设潮流短路约束满足相关要求，下面针对城区和农村的典型案例，综合考虑供电安全性(仅考虑停电后果大小)、可靠性(计及停电概率和后果大小)和经济性进行优选，以获得高中压网架结构典型协调方案较为具体的一般性结论或建议。

5.4.2　典型案例

城区配电网以一个含有两个 110kV 变电站的供电单元为例，变电站容量均为 $2\times50\text{MV}\cdot\text{A}$ 且在空间上均匀分布于上级变电站之间；农村电网以一个含有三个 110kV 变电站的供电单元为例，变电站容量均为 $2\times31.5\text{MV}\cdot\text{A}$ 且在空间上均匀分布于上级变电站之间。城区电网和农村电网中的高压和中压网架结构采用表 5.5 的常见接线模式。

表 5.5　典型案例高压和中压"强、简、弱"接线模式

电压等级	结构类型	强	简	弱
	城网	双链 π 接 2 站	2×(双辐射 π 接 1 站)	2×(单辐射 π 接 1 站)
高压	农网 π 接	双链 π 接 3 站	双辐射 π 接 3 站	单辐射 π 接 3 站
	农网 T 接	双链 T 接 3 站	双辐射 T 接 3 站	单辐射 T 接 3 站
中压	城网	站间联络	站间联络	单辐射
	农网	—	双辐射或自环	单辐射

假设中压线路供电半径为两个 110kV 变电站间通道长度的 1/2，对于本节城区和农村配电网算例，两个 110kV 变电站间通道长度分别为上级变电站间通道长度的 1/3 和 1/4，则中压配电网线路供电半径分别为上级变电站间通道长度的 1/6 和 1/8，考虑了分支和线路曲折后的中压线路平均长度 $K_z R_x$ 分别为上级变电站间通道长度的 1/3 和 1/4（K_z =2）。

5.4.3　基础数据

1. 系统参数

城区和农村负荷率分别取 0.7 和 0.5；城区和农村主变负载率分别取 0.65 和 0.6；城区和农村最大负荷损耗小时数分别取 2000h 和 1250h；单台主变的平均出线数为 9；中压线路功率损耗系数取值为 0.75；线路长度修正系数 K_z 取 2。

2. 经济参数

(1) 折旧系数、运行维护费用系数和投资回报系数分别为 0.045、0.025 和 0.1；110kV 购电电价为 0.45 元/(kW·h)。

(2) 城区和农村中压架空线路(JKLYJ-185)单位长度价格分别取 30 万元/km 和 20 万元/km，城区中压电缆线路(YJV22-3×300)取 130 万元/km；中压联络开关单价为 5 万元/台。

(3) 高压进出线开关单价为 65 万元/台，110kV 变电站高压侧母线联络开关为 35 万元/台；高压单回架空线路(LGJ-240)综合造价为 51 万元/km，高压双回架空线路综合造价为 74 万元/km；高压电缆线路(YLV-500)综合造价为 450 万元/km(含土建费用)。

3. 可靠性参数

高压配电网负荷转供时间为 5s(备自投时间)，城区中压"强"电网转供时间为 1min；城区和农村中压"简"电网的故障转供时间分别为 1.5h 和 2h，预安排转供时间分别为 0.5h 和 2h；城区和农村的平均停电损失费用单价 C_{fs} 分别考虑了 0.5 元/(kW·h)、10 元/(kW·h)、20 元/(kW·h) 和 0.5 元/(kW·h)、5 元/(kW·h)、10 元/(kW·h) 的情况；对于城区和农村，变电站低压母线的负荷在高压侧配电网停运时可通过中压线路转供的比例分别为 1 和 0；馈线采用负荷开关分为 3 段；高压和中压元件典型可靠性参数分别如表 5.6 和表 5.7 所示[12]。

4. 安全性可靠性要求

根据相关技术导则[1]，A+、A、B、C、D 和 E 类供电区域的用户年均停电时间应分别不高于 5min、52min、3h、12h、24h 和相应承诺指标；根据相关供电安

表 5.6 高压元件典型可靠性参数

设备	故障率	修复时间/(h/次)	检修率	检修时间/(h/次)
线路	0.002 次/(km·年)	23	0.013 次/(km·年)	34
变压器	0.01 次/年	90	0.57 次/年	57
断路器	0.01 次/年	43	0.58 次/年	25
母线	0.0016 次/年	37	0.5 次/年	11

表 5.7 中压元件典型可靠性参数[12]

线路类型	故障率/[次/(km·年)]	预安排停运率/[次/(km·年)]	故障平均修复时间/(h/次)	预安排平均检修时间/(h/次)	环网柜开关个数
电缆	0.0278	0.0221	4.488	4.782	6
架空线	0.0409	0.0949	3.828	5.191	—

全标准[10]，若单个变电站或主变停运，其所带的大部分负荷(不小于 2/3)应在 15min 内恢复供电，其余负荷应在 3h 内恢复供电，若单个线路分段停运，线路所带负荷中除去 2MW 外的部分负荷应在 3h 内恢复供电。

5.4.4 供电安全性分析

基于供电安全性要求，上述 9 种典型高中压网架结构"强、简、弱"协调方案的"N–1"安全校验结果如表 5.8 所示。可以看出，"强-强"、"简-强"和"弱-强"的安全性最高，满足各种"N–1"安全校验，且从安全性来看中压"强"时高压不必"强"；"弱-弱"对于所有"N–1"安全校验都不能满足要求；"强-简"和"简-简"除部分高压"N–1"安全校验不满足外基本满足"N–1"安全校验；"强-弱"和"简-弱"仅能满足部分高压"N–1"安全校验；"弱-简"仅能满足中压线路"N–1"和部分中压通道"N–1"安全校验。

表 5.8 高中压网架结构典型协调方案不同单个元件停运情况下的安全性分析

协调方案		高压				中压	
高压	中压	通道	变电站	线路	主变	通道	线路
	强	√	√	√	√	√	√
强	简	√	—	√	√	*	√
	弱	√	—	√	√	—	—
	强	√	√	√	√	√	√
简	简	—	—	√	√	*	√
	弱	—	—	√	√	—	—
	强	√	√	√	√	√	√
弱	简	—	—	—	—	*	√
	弱	—	—	—	—	—	—

注：表中"√"表示满足"N–1"安全校验；"*"表示部分满足"N–1"安全校验(如站间联络或自环满足通道"N–1"安全校验，而相同通道的多辐射不满足通道"N–1"安全校验)。

5.4.5　可靠性计算分析

1. 高中压配电网可靠性协调评估方法

基于高中压配电网可靠性协调评估基础[12]，利用高压可靠性评估方法计算各高压变电站低压母线的可靠性指标，并将其作为中压馈线上级电网等值电源的可靠性参数；然后，结合上级电网等值电源的可靠性参数，采用中压配电网可靠性评估方法，计算考虑了高压电网影响的中压配电网可靠性指标。

2. 高压可靠性指标计算结果

基于文献[13]中的"$4N+2M$"参数等值电源协调计算方法，本节高压可靠性计算涉及以下三种情况：①切负荷率为 0 的 II 类一阶故障；②切负荷率为 1 的 I 类一阶故障；③切负荷率为 1 的 I 类二阶故障（即 $N=0$ 和 $M=3$）。据此针对典型协调方案，分别计算出城区和农村高压可靠性指标，结果如表 5.9 和表 5.10 所示。其中，配电网故障可根据负荷能否转供分为 I 类故障和 II 类故障：对于 I 类故障，发生某故障后，受影响的负荷会感受到故障修复时间；对于 II 类故障，发生某故障后，受影响的负荷只会感受到故障切换时间[14]。

表 5.9　典型案例城区高压配电网可靠性参数和合计 SAIDI

| 接线模式 | 通道长度/km | II 类一阶故障 | | | I 类一阶故障 | | | I 类二阶故障 | | | 合计 SAIDI/[h/(户·年)] |
		故障率/(次/年)	切换时间/(min/年)	每次切换时间/(min/次)	故障率/(次/年)	修复时间/(h/年)	每次修复时间/(h/次)	故障率/(次/年)	修复时间/(h/年)	每次修复时间/(h/次)	
双链 π 接 2 站	4	0.053	0.0042	0.084	0.0016	0.0592	37	0.00113	0.01	8.85	0.0693
	8	0.055	0.0048	0.084	0.0016	0.0592	37	0.00113	0.01	8.85	0.0693
	15	0.060	0.0048	0.084	0.0016	0.0592	37	0.00113	0.01	8.85	0.0693
	30	0.070	0.006	0.084	0.0016	0.0592	37	0.00113	0.01	8.85	0.0693
2×(双辐射 T 接 1 站)	4×2/3	0.053	0.0042	0.084	0.0016	0.0592	37	0.00153	0.012	8.10	0.0717
	8×2/3	0.055	0.0048	0.084	0.0016	0.0592	37	0.00158	0.013	8.07	0.072
	15×2/3	0.060	0.0048	0.084	0.0016	0.0592	37	0.00165	0.013	8.01	0.073
	30×2/3	0.070	0.006	0.084	0.0016	0.0592	37	0.00183	0.015	7.91	0.074
2×(单辐射 T 接 1 站)	4×2/3	0.040	0.0033	0.083	0.6043	15.4805	25.6187	0.00113	0.01	8.85	15.491
	8×2/3	0.040	0.0033	0.083	0.6069	15.5419	25.6072	0.00113	0.01	8.85	15.552
	15×2/3	0.040	0.0033	0.083	0.6116	15.6492	25.5873	0.00113	0.01	8.85	15.659
	30×2/3	0.040	0.0033	0.083	0.6216	15.8792	25.5457	0.00113	0.01	8.85	15.889

表 5.10　典型案例农村高压配电网可靠性参数和合计 SAIDI

接线模式	通道长度/km	Ⅱ类一阶故障			Ⅰ类一阶故障			Ⅰ类二阶故障			合计 SAIDI /[h/(户·年)]
		故障率/(次/年)	切换时间/(min/年)	每次切换时间/(min/次)	故障率/(次/年)	修复时间/(h/年)	每次修复时间/(h/次)	故障率/(次/年)	修复时间/(h/年)	每次修复时间/(h/次)	
双链 π 接 3 站	40	0.090	0.0078	0.084	0.0016	0.0592	37	0.00113	0.0100	8.83	0.069
	80	0.117	0.0096	0.084	0.0016	0.0592	37	0.00113	0.0100	8.83	0.069
	120	0.143	0.012	0.084	0.0016	0.0592	37	0.00113	0.0100	8.83	0.069
双辐射 π 接 3 站	40×3/4	0.127	0.0108	0.084	0.0016	0.0592	37	0.00254	0.0155	6.09	0.075
	80×3/4	0.167	0.0138	0.084	0.0016	0.0592	37	0.00337	0.0165	4.91	0.076
	120×3/4	0.207	0.0174	0.084	0.0016	0.0592	37	0.00434	0.0190	4.39	0.079
单辐射 π 接 3 站	40×3/4	0.068	0.0054	0.084	0.6716	17.6292	26.2496	0.00113	0.0100	8.83	17.639
	80×3/4	0.068	0.0054	0.084	0.7116	18.5492	26.0669	0.00113	0.0100	8.83	18.559
	120×3/4	0.068	0.0054	0.084	0.7516	19.4692	25.9037	0.00113	0.0100	8.83	19.479
双链 T 接 3 站	40	0.140	0.0114	0.084	0.0016	0.0592	37	0.00329	0.0252	7.66	0.085
	80	0.220	0.0186	0.084	0.0016	0.0592	37	0.00624	0.0479	7.67	0.107
	120	0.300	0.0252	0.084	0.0016	0.0592	37	0.01034	0.0802	7.76	0.1398
双辐射 T 接 3 站	40×3/4	0.120	0.0102	0.084	0.0016	0.0592	37	0.00273	0.0210	7.69	0.0804
	80×3/4	0.180	0.015	0.084	0.0016	0.0592	37	0.00462	0.0353	7.65	0.0948
	120×3/4	0.240	0.0198	0.084	0.0016	0.0592	37	0.00716	0.0551	7.69	0.1146
单辐射 T 接 3 站	40×3/4	0.040	0.0036	0.084	0.6616	16.7992	25.3918	0.00113	0.0100	8.83	16.8092
	80×3/4	0.040	0.0036	0.084	0.7216	18.1792	25.1929	0.00113	0.0100	8.83	18.1892
	120×3/4	0.040	0.0036	0.084	0.7816	19.5592	25.0246	0.00113	0.0100	8.83	19.5692

3. 中压可靠性指标计算结果

采用中压配电网可靠性评估方法[15]，可计算出分段数为 3 的中压配电网供电可靠性估算指标 SAIDI，结果如表 5.11 和表 5.12 所示。

表 5.11　典型案例城区中压配电网可靠性指标 SAIDI

线路平均长度/km	SAIDI/[h/(户·年)]					
	架空			电缆		
	强	简	弱	强	简	弱
4/3	0.2898	0.3642	0.6043	0.0133	0.0455	0.1245
8/3	0.5797	0.7283	1.2087	0.0266	0.0910	0.2490
15/3	1.0869	1.3656	2.2662	0.0498	0.1707	0.4668
30/3	2.1738	2.7311	4.5324	0.0996	0.3414	0.9337

表 5.12　典型案例农村中压(架空)配电网可靠性指标 SAIDI

线路平均长度/km	SAIDI/[h/(户·年)]	
	简	弱
40/4	3.342	4.601
80/4	6.684	9.201
120/4	10.026	13.802

注：农村中压线路采用架空线路。

4. 基于高中压协调计算的可靠性指标

依据文献[13]高中压停电时间计算公式，计算城网和农网高中压网架协调典型方案的可靠性指标 SAIDI，结果如表 5.13 和表 5.14 所示，相应的供电可靠率 RS-1 如表 5.15 和表 5.16 所示。

表 5.13　城区高中压网架协调典型方案的 SAIDI

高压	高压通道长度/km	SAIDI/[h/(户·年)]					
		中压架空			中压电缆		
		强	简	弱	强	简	弱
强 (双链 π 接 2 站)	4	0.2900	0.3683	0.6736	0.0134	0.0497	0.1938
	8	0.5798	0.7325	1.2780	0.0267	0.0952	0.3183
	15	1.0870	1.3697	2.3355	0.0499	0.1749	0.5361
	30	2.1739	2.7353	4.6017	0.0997	0.3455	1.0030
简 2×(双辐射 T 接 1 站)	4×2/3	0.2900	0.3689	0.6760	0.0134	0.0503	0.1962
	8×2/3	0.5798	0.7332	1.2807	0.0267	0.0959	0.3210
	15×2/3	1.0870	1.3705	2.3392	0.0499	0.1756	0.5398
	30×2/3	2.1739	2.7364	4.6064	0.0997	0.3466	1.0077
弱 2×(单辐射 T 接 1 站)	4×2/3	0.3000	1.2724	16.0953	0.0234	0.9537	15.6155
	8×2/3	0.5899	1.6404	16.7607	0.0367	1.0031	15.8010
	15×2/3	1.0972	2.2847	17.9252	0.0600	1.0898	16.1258
	30×2/3	2.1842	3.6653	20.4214	0.1100	1.2755	16.8227

注：城区高压线路采用电缆线路；中压架空或中压电缆的"简"为站间联络。

表 5.14　农村高中压网架协调典型方案的 SAIDI

高压通道长度/km	高压 π 接	SAIDI/[h/(户·年)]		高压 T 接	SAIDI/[h/(户·年)]	
		中压-简(双辐射)	中压-弱(单辐射)		中压-简(双辐射)	中压-弱(单辐射)
40	强 (双链 3 站)	3.411	4.670	强 (双链 3 站)	3.427	4.686
80		6.753	9.270		6.791	9.308
120		10.095	13.871		10.166	13.942

续表

高压通道 长度/km	高压 π 接	SAIDI/[h/(户·年)]		高压 T 接	SAIDI/[h/(户·年)]	
		中压-简(双辐射)	中压-弱(单辐射)		中压-简(双辐射)	中压-弱(单辐射)
40×3/4	简 (双辐射 3 站)	3.417	4.676	简 (双辐射 3 站)	3.422	4.681
80×3/4		6.760	9.277		6.779	9.296
120×3/4		10.105	13.881		10.141	13.916
40×3/4	弱 (单辐射 3 站)	20.981	22.240	弱 (单辐射 3 站)	20.151	21.410
80×3/4		25.243	27.760		24.873	27.390
120×3/4		29.505	33.281		29.595	33.371

注:农村高中压线路均为架空线路。

表 5.15　城区高中压网架协调典型方案的供电可靠率 RS-1

高压	高压 通道 长度/km	RS-1/%					
		中压架空			中压电缆		
		强	简	弱	强	简	弱
强 (双链 π 接 2 站)	4	99.99669	99.99580	99.99231	99.99985	99.99943	99.99779
	8	99.99338	99.99164	99.98541	99.99970	99.99891	99.99637
	15	99.98759	99.98436	99.97334	99.99943	99.99800	99.99388
	30	99.97518	99.96877	99.94747	99.99886	99.99606	99.98855
简 2×(双辐射 T 接 1 站)	4×2/3	99.99669	99.99579	99.99228	99.99985	99.99943	99.99776
	8×2/3	99.99338	99.99163	99.98538	99.99970	99.99891	99.99634
	15×2/3	99.98759	99.98435	99.97330	99.99943	99.99800	99.99384
	30×2/3	99.97518	99.96876	99.94742	99.99886	99.99604	99.98850
弱 2×(单辐射 T 接 1 站)	4×2/3	99.99658	99.98548	99.81626	99.99973	99.98911	99.82174
	8×2/3	99.99327	99.98127	99.80867	99.99958	99.98855	99.81962
	15×2/3	99.98748	99.97392	99.79537	99.99931	99.98756	99.81592
	30×2/3	99.97507	99.95816	99.76688	99.99874	99.98544	99.80796

注:城区高压线路采用电缆线路;中压架空和中压电缆的"简"为站间联络。

表 5.16　农村高中压网架协调典型方案的供电可靠率 RS-1

高压通道 长度/km	高压 π 接	RS-1/%		高压 T 接	RS-1/%	
		中压-简(双辐射)	中压-弱(单辐射)		中压-简(双辐射)	中压-弱(单辐射)
40	强 (双链 3 站)	99.96106	99.94669	强 (双链 3 站)	99.96088	99.94651
80		99.92291	99.89418		99.92248	99.89374
120		99.88476	99.84166		99.88395	99.84085
40×3/4	简 (双辐射 3 站)	99.96099	99.94663	简 (双辐射 3 站)	99.96093	99.94656
80×3/4		99.92283	99.89410		99.92262	99.89388
120×3/4		99.88465	99.84154		99.88424	99.84114

高压通道长度/km	高压π接	RS-1/%		高压T接	RS-1/%	
		中压-简(双辐射)	中压-弱(单辐射)		中压-简(双辐射)	中压-弱(单辐射)
40×3/4	弱(单辐射3站)	99.76049	99.74612	弱(单辐射3站)	99.76996	99.75560
80×3/4		99.71184	99.68310		99.71606	99.68732
120×3/4		99.66319	99.62008		99.66216	99.61905

注：农村高中压线路均为架空线路。

由表 5.13～表 5.16 可以看出：

(1)当中压配电网为"强"时，无论高压配电网"强"、"简"或"弱"，停电时间都较少，可靠性水平均较高，即中压做强时高压"强"、"简"或"弱"对配电网整体可靠性影响较小。

(2)"弱-弱"模式停电时间最长，可靠性极差，停电时间大于 15h，其中高压 T 接方式的停电时间相对最大。这主要是因为高压配电网停运对停电时间的影响较大：当弱的高压配电网(如单辐射线路)停运且无法通过中压进行负荷转供时，负荷将感受到高压停电时间。因此，对于中压较弱的电网(如农村)，高压配电网应适当加强。

(3)当高压配电网为"弱"时，城区中压"简"较"弱"可靠性大幅提升(SAIDI从十几小时减少到 1～3h)，而农村中压"简"较"弱"可靠性提升幅度不大(SAIDI还是约 20h 或 30h)。这是因为本案例中城区中压"简"为站间联络，当弱的高压配电网停运时能实现站间负荷转供，受影响的负荷仅感受到转供时间，不像中压配电网为"弱"时会感受到上级电网的全部停电时间；而农村中压配电网"简"为非站间联络(如双辐射或自环)，当弱的高压配电网停运时，无论中压配电网为"简"或"弱"都不能通过中压实现站间负荷转供，受影响的负荷都将感受到上级电网的全部停电时间。因此，在有条件的情况下，应通过有效的中压站间联络实现对上级电网的有力支撑。

(4)中压架空配网系统可靠性低于中压电缆配电系统；停电时间随着通道长度(或供电半径)的增加而增加；供电可靠率达到 5 个 9(即 99.999%)的条件一般为：①中压尽量做强(如实现站间快速转供)；②供电半径较短；③采用电缆。

5.4.6　经济性计算分析

在上面高中压可靠性协调计算结果的基础上，计算各典型协调方案的投资年费用、运行费用、高中压停电损失年费用以及相应的总费用。

1. 高中压配电网投资年费用估算

根据 5.3.4 节的费用估算方法，可计算出各典型协调方案下城网和农网高中压配电网投资年费用(含高压线路投资年费用、高压开关投资年费用和中压线路投资年费用),结果如表 5.17 和表 5.18 所示。

表 5.17　典型协调方案下城区高中压配电网投资年费用

高压	高压通道长度/km	投资年费用/万元					
		中压架空			中压电缆		
		强	简	弱	强	简	弱
强 (双链 π 接 2 站)	4	1141.36	1140.42	1127.10	2250.96	2250.02	2215.10
	8	2079.94	2079.00	2065.50	4286.38	4285.44	4241.50
	15	3722.45	3721.51	3707.70	7848.37	7847.43	7787.70
	30	7242.11	7241.17	7226.70	15481.20	15386.70	15386.70
简 2×(双辐射 T 接 1 站)	4×2/3	893.16	892.22	878.90	2002.76	2001.82	1966.90
	8×2/3	1627.74	1626.80	1613.30	3834.18	3833.24	3789.30
	15×2/3	2913.25	2912.31	2898.50	7039.17	7038.23	6978.50
	30×2/3	5667.91	5666.97	5652.50	13907.00	13906.06	13812.50
弱 2×(单辐射 T 接 1 站)	4×2/3	644.96	644.02	630.70	1754.56	1753.62	1718.70
	8×2/3	1175.54	1174.60	1161.10	3381.98	3381.04	3337.10
	15×2/3	2104.05	2103.11	2089.30	6229.97	6229.03	6169.30
	30×2/3	4093.71	4092.77	4078.30	12332.80	12331.86	12238.30

注：城区高压线路采用电缆线路；投资年费用中不含变电站投资年费用。

表 5.18　典型协调方案下农村高中压网配电网投资年费用

高压通道长度/km	高压 π 接	投资年费用/万元		高压 T 接	投资年费用/万元	
		中压-简(双辐射)	中压-弱(单辐射)		中压-简(双辐射)	中压-弱(单辐射)
40	强 (双链 3 站)	2414.02	2396.15	强 (双链 3 站)	2263.57	2245.70
80		4550.55	4531.35		4400.10	4380.90
120		6687.08	6666.55		6536.63	6516.10
40×3/4	简 (双辐射 3 站)	2244.02	2226.15	简 (双辐射 3 站)	2115.67	2097.80
80×3/4		4254.75	4235.55		4126.40	4107.20
120×3/4		6265.48	6244.95		6137.13	6116.60
40×3/4	弱 (单辐射 3 站)	2060.42	2042.55	弱 (单辐射 3 站)	1954.17	1936.30
80×3/4		3953.85	3934.65		3847.60	3828.40
120×3/4		5847.28	5826.75		5741.03	5720.50

注：农村高中压线路均为架空线路；投资年费用中不含变电站投资年费用。

2. 线路电能损耗年费用估算

根据式(5.4)可计算出典型案例城区和农村高压线路电能损耗年费用,结果如表 5.19 和表 5.20 所示。

表 5.19　典型案例城区高压线路电能损耗年费用

强(双链 π 接 2 站)		简(2×双辐射 T 接 1 站)		弱(2×单辐射 T 接 1 站)	
通道长度/km	年费用/万元	通道长度/km	年费用/万元	通道长度/km	年费用/万元
4	1.6760	4×2/3	1.6760	4×2/3	3.3521
8	3.3521	8×2/3	3.3521	8×2/3	6.7041
15	6.2851	15×2/3	6.2851	15×2/3	12.5702
30	12.5702	30×2/3	12.5702	30×2/3	25.1405

表 5.20　典型案例农村高压线路电能损耗年费用

强(双链 π 接 3 站)		简(双辐射 π 接 3 站)		弱(单辐射 π 接 3 站)	
通道长度/km	年费用/万元	通道长度/km	年费用/万元	通道长度/km	年费用/万元
40	23.8726	40×3/4	55.7026	40×3/4	111.4052
80	47.7451	80×3/4	111.4052	80×3/4	222.8105
120	71.6177	120×3/4	167.1079	120×3/4	334.2157
强(双链 T 接 3 站)		简(双辐射 T 接 3 站)		弱(单辐射 T 接 3 站)	
通道长度/km	年费用/万元	通道长度/km	年费用/万元	通道长度/km	年费用/万元
40	55.7026	40×3/4	55.7026	40×3/4	111.4052
80	111.4052	80×3/4	111.4052	80×3/4	222.8105
120	167.1079	120×3/4	167.1079	120×3/4	334.2157

对于城区中压线路，由于中压线路电能损耗年费用在总费用中的占比小，且呈辐射状运行的中压线路电能损耗年费用相近，对各协调方案的费用比选结果影响很小，故本节忽略不计；农村中压电网双辐射和单辐射情况下的电能损耗不同，相应的线路电能损耗年费用计算结果如表 5.21 所示。

表 5.21　典型案例农村中压线路电能损耗年费用

单条线路总长度(K_z=2) /km	损耗年费用/万元	
	简(双辐射)	弱(单辐射)
40/4	92.76	185.53
80/4	185.53	371.05
120/4	278.29	556.58

3. 高中压停电损失年费用估算

对于城区单位停电成本分别为 0.5 元/(kW·h)、10 元/(kW·h)和 20 元/(kW·h)以及农村单位停电成本分别为 0.5 元/(kW·h)、5 元/(kW·h)和 10 元/(kW·h)的情况，基于式(5.6)计算各典型协调方案下城网和农网的高中压停电损失年费用，结果如表 5.22 和表 5.23 所示。

表 5.22　各典型协调方案下城区高中压停电损失年费用

停电成本 /[元/(kW·h)]	高压	高压通道 长度/km	停电损失费用/万元					
			中压架空			中压电缆		
			强	简	弱	强	简	弱
0.5	强 (双链π接2站)	4	1.319	1.676	3.065	0.061	0.226	0.882
		8	2.638	3.333	5.815	0.121	0.433	1.448
		15	4.946	6.232	10.627	0.227	0.796	2.439
		30	9.891	12.446	20.938	0.454	1.572	4.564
	简 2×(双辐射T接1站)	4×2/3	1.319	1.679	3.076	0.061	0.229	0.893
		8×2/3	2.638	3.336	5.827	0.121	0.436	1.460
		15×2/3	4.946	6.236	10.643	0.227	0.799	2.456
		30×2/3	9.891	12.451	20.959	0.454	1.577	4.585
	弱 2×(单辐射T接1站)	4×2/3	1.365	5.789	73.234	0.107	4.339	71.050
		8×2/3	2.684	7.464	76.261	0.167	4.564	71.894
		15×2/3	4.992	10.395	81.560	0.273	4.959	73.373
		30×2/3	9.938	16.677	92.918	0.500	5.804	76.543
10	强 (双链π接2站)	4	26.386	33.517	61.300	1.219	4.521	17.635
		8	52.762	66.656	116.294	2.428	8.663	28.964
		15	98.919	124.647	212.532	4.542	15.912	48.789
		30	197.828	248.915	418.758	9.074	31.445	91.271
	简 2×(双辐射T接1站)	4×2/3	26.386	33.571	61.518	1.219	4.575	17.853
		8×2/3	52.763	66.717	116.539	2.428	8.725	29.209
		15×2/3	98.920	124.718	212.869	4.542	15.982	49.126
		30×2/3	197.829	249.011	419.186	9.075	31.540	91.699
	弱 2×(单辐射T接1站)	4×2/3	27.299	115.784	1464.675	2.131	86.788	1421.010
		8×2/3	53.678	149.277	1525.219	3.343	91.285	1437.889
		15×2/3	99.842	207.909	1631.195	5.465	99.174	1467.452
		30×2/3	198.764	333.541	1858.351	10.010	116.071	1530.864
20	强 (双链π接2站)	4	52.772	67.034	122.600	2.437	9.042	35.270
		8	105.524	133.311	232.587	4.855	17.327	57.927
		15	197.837	249.293	425.065	9.083	31.823	97.578
		30	395.656	497.830	837.517	18.147	62.890	182.543
	简 2×(双辐射T接1站)	4×2/3	52.773	67.143	123.037	2.438	9.151	35.707
		8×2/3	105.525	133.434	233.078	4.856	17.450	58.419
		15×2/3	197.839	249.435	425.738	9.085	31.965	98.251
		30×2/3	395.658	498.022	838.372	18.149	63.081	183.398
	弱 2×(单辐射T接1站)	4×2/3	54.597	231.568	2929.349	4.263	173.576	2842.019
		8×2/3	107.355	298.553	3050.438	6.687	182.569	2875.779
		15×2/3	199.683	415.819	3262.390	10.929	198.348	2934.903
		30×2/3	397.528	667.082	3716.702	20.020	232.142	3061.728

注：城区高压线路为电缆线路。

表 5.23 各典型协调方案下农村高中压停电损失年费用

停电成本/[元/(kW·h)]	高压通道长度/km	高压 π 接	停电损失年费用/万元		高压 T 接	停电损失年费用/万元	
			中压-简(双辐射)	中压-弱(单辐射)		中压-简(双辐射)	中压-弱(单辐射)
0.5	40	强(双链 3 站)	9.670	13.238	强(双链 3 站)	9.715	13.284
	80		19.145	26.281		19.252	26.389
	120		28.619	39.324		28.820	39.524
	40×3/4	简(双辐射 3 站)	9.687	13.255	简(双辐射 3 站)	9.702	13.271
	80×3/4		19.164	26.301		19.218	26.354
	120×3/4		28.647	39.352		28.748	39.453
	40×3/4	弱(单辐射 3 站)	59.481	63.049	弱(单辐射 3 站)	57.129	60.697
	80×3/4		71.564	78.700		70.515	77.652
	120×3/4		83.646	94.351		83.902	94.607
5	40	强(双链 3 站)	96.701	132.383	强(双链 3 站)	97.155	132.837
	80		191.446	262.811		192.523	263.888
	120		286.191	393.238		288.198	395.245
	40×3/4	简(双辐射 3 站)	96.871	132.553	简(双辐射 3 站)	97.024	132.707
	80×3/4		191.644	263.009		192.177	263.542
	120×3/4		286.474	393.521		287.483	394.531
	40×3/4	弱(单辐射 3 站)	594.811	630.493	弱(单辐射 3 站)	571.286	606.968
	80×3/4		715.637	787.002		705.154	776.518
	120×3/4		836.464	943.511		839.021	946.068
10	40	强双链 3 站	193.402	264.767	强(双链 3 站)	194.309	265.674
	80		382.892	525.621		385.046	527.776
	120		572.381	786.476		576.396	790.490
	40×3/4	简(双辐射 3 站)	193.742	265.107	简(双辐射 3 站)	194.048	265.413
	80×3/4		383.289	526.018		384.355	527.084
	120×3/4		572.948	787.043		574.967	789.061
	40×3/4	弱(单辐射 3 站)	1189.621	1260.986	弱(单辐射 3 站)	1142.571	1213.936
	80×3/4		1431.275	1574.004		1410.307	1553.037
	120×3/4		1672.928	1887.023		1678.043	1892.137

注：农村高中压线路为架空线路。

4. 年总费用估算

由高中压配电网投资年费用、高中压线路电能损耗年费用和高中压停电损失年费用，可得到各典型协调方案的年总费用，结果如表 5.24 和表 5.25 所示。

表 5.24　各典型协调方案下城区高中压年总费用

停电成本/[元/(kW·h)]	高压	高压通道长度/km	年总费用/万元					
			中压架空			中压电缆		
			强	简	弱	强	简	弱
0.5	强 (双链 π 接 2 站)	4	1144.36	1143.77	1131.84	2252.70	2251.93	2217.66
		8	2085.93	2085.69	2074.66	4289.86	4289.22	4246.30
		15	3733.68	3734.02	3724.61	7854.88	7854.51	7796.42
		30	7264.57	7266.18	7260.21	15494.22	15494.40	15403.83
	简 2×(双辐射 T 接 1 站)	4×2/3	896.16	895.58	883.65	2004.50	2003.72	1969.47
		8×2/3	1633.73	1633.49	1622.48	3837.66	3837.03	3794.11
		15×2/3	2924.48	2924.82	2915.43	7045.68	7045.31	6987.24
		30×2/3	5690.37	5691.99	5686.03	13920.02	13920.21	13829.65
	弱 2×(单辐射 T 接 1 站)	4×2/3	649.68	653.16	707.29	1758.02	1761.31	1793.10
		8×2/3	1184.93	1188.77	1244.07	3388.86	3392.31	3415.70
		15×2/3	2121.61	2126.08	2183.43	6242.81	6246.55	6255.24
		30×2/3	4128.79	4134.59	4196.36	12358.44	12362.80	12339.98
10	强 双链 π 接 2 站	4	1169.43	1175.61	1190.07	2253.86	2256.22	2234.41
		8	2136.05	2149.00	2185.15	4292.16	4297.45	4273.81
		15	3827.65	3852.44	3926.51	7859.20	7869.63	7842.78
		30	7452.51	7502.66	7658.02	15502.84	15524.27	15490.54
	简 2×(双辐射 T 接 1 站)	4×2/3	921.23	927.47	942.09	2005.66	2008.08	1986.42
		8×2/3	1683.86	1696.87	1733.19	3839.96	3845.31	3821.86
		15×2/3	3018.45	3043.31	3117.65	7050.00	7060.50	7033.91
		30×2/3	5878.31	5928.55	6084.25	13928.64	13950.17	13916.77
	弱 2×(单辐射 T 接 1 站)	4×2/3	675.61	763.16	2098.73	1760.05	1843.76	3143.06
		8×2/3	1235.93	1330.58	2693.03	3392.04	3479.03	4781.70
		15×2/3	2216.47	2323.58	3733.07	6248.01	6340.77	7649.32
		30×2/3	4317.62	4451.45	5961.79	12367.94	12473.07	13794.31
20	强 双链 π 接 2 站	4	1195.81	1209.13	1251.37	2255.08	2260.74	2252.04
		8	2188.82	2215.66	2301.44	4294.59	4306.11	4302.78
		15	3926.57	3977.09	4139.05	7863.74	7885.54	7891.56
		30	7650.34	7751.57	8076.79	15511.92	15555.71	15581.81
	简 2×(双辐射 T 接 1 站)	4×2/3	947.61	961.04	1003.61	2006.88	2012.65	2004.28
		8×2/3	1736.62	1763.58	1849.73	3842.39	3854.05	3851.07
		15×2/3	3117.37	3168.03	3330.52	7054.54	7076.47	7083.04
		30×2/3	6076.14	6177.56	6503.44	13937.72	13981.70	14008.47
	弱 2×(单辐射 T 接 1 站)	4×2/3	702.91	878.94	3563.40	1762.18	1930.54	4564.08
		8×2/3	1289.60	1479.85	4218.24	3395.37	3570.32	6219.58
		15×2/3	2316.30	2531.50	5364.26	6253.47	6439.95	9116.78
		30×2/3	4516.38	4784.99	7820.14	12377.96	12589.13	15325.16

注：城区高压线路为电缆线路；年总费用中不含变电站年费用。

表 5.25　各典型协调方案下农村高中压年总费用

停电成本/[元/(kW·h)]	高压通道长度/km	高压π接	年总费用/万元		高压 T 接	年总费用/万元	
			中压-简(双辐射)	中压-弱(单辐射)		中压-简(双辐射)	中压-弱(单辐射)
0.5	40	强(双链 3 站)	2540.320	2618.788	强(双链 3 站)	2421.755	2500.214
	80		4802.965	4976.431		4716.282	4889.749
	120		7065.599	7334.064		7010.840	7279.304
	40×3/4	简(双辐射 3 站)	2402.177	2480.625	简(双辐射 3 站)	2273.842	2352.301
	80×3/4		4570.844	4744.311		4442.548	4616.014
	120×3/4		6739.517	7007.992		6611.268	6879.743
	40×3/4	弱(单辐射 3 站)	2324.071	2402.529	弱(单辐射 3 站)	2215.469	2293.927
	80×3/4		4433.744	4607.210		4326.445	4499.922
	120×3/4		6543.426	6811.901		6437.432	6705.897
5	40	强(双链 3 站)	2627.361	2737.933	强(双链 3 站)	2509.195	2619.757
	80		4975.266	5212.961		4889.553	5127.248
	120		7323.171	7687.978		7270.218	7635.025
	40×3/4	简(双辐射 3 站)	2489.351	2599.933	简(双辐射 3 站)	2361.164	2471.737
	80×3/4		4743.324	4981.019		4615.507	4853.202
	120×3/4		6997.344	7362.151		6870.003	7234.821
	40×3/4	弱(单辐射 3 站)	2859.401	2969.973	弱(单辐射 3 站)	2729.626	2840.198
	80×3/4		5077.817	5315.512		4961.094	5198.788
	120×3/4		7296.244	7661.051		7192.551	7557.358
10	40	强(双链 3 站)	2724.052	2870.317	强(双链 3 站)	2606.339	2752.604
	80		5166.712	5475.771		5082.076	5391.136
	120		7609.361	8081.216		7558.426	8030.280
	40×3/4	简(双辐射 3 站)	2586.232	2732.487	简(双辐射 3 站)	2458.178	2604.443
	80×3/4		4934.969	5244.018		4807.685	5116.744
	120×3/4		7283.818	7755.673		7157.487	7629.351
	40×3/4	弱(单辐射 3 站)	3454.201	3600.466	弱(单辐射 3 站)	3300.911	3447.166
	80×3/4		5793.455	6102.514		5666.247	5975.297
	120×3/4		8132.708	8604.563		8031.573	8503.427

注：农村高中压线路均为架空线路；年总费用中不含变电站年费用。

由表 5.24 和表 5.25 可以看出：

(1) 高中压均弱且停电损失费用远大于通常电价(如 0.5 元/(kW·h))时，经济效益特别差，仅做强/简高压或中压均能大幅提升经济效益；城区高压"强"或"简"时，中压"强"、"简"和"弱"的经济效益差别不大；城区做强中压相对做强高压效果更好，"弱-强"模式费用最低；农村做强高压相对做简中压效果更好，"简-简"

模式费用最低,但在中压只可能为弱的情况下"简-弱"模式费用最低;农村电网高压为强/简时,T 接方式更为经济,高压为弱时,π 接方式更为经济。

(2)在高中压停电损失年费用为通常电价时,城区电网"弱-强"模式费用最低;农村电网"弱-简"模式费用最低,但在中压只可能为弱的情况下"弱-弱"模式费用最低;农村电网高压 T 接方式较 π 接方式更为经济,这是因为 π 接方式的开关数量多,投资费用较高,尽管 T 接可靠性低于 π 接,但由于停电成本较低,其总费用低于 π 接。

5.4.7　基于综合分析的方案优选

基于高中压配电网典型协调方案技术经济的定量计算分析,可得到以下几点有关配电网高中压网架结构协调的优化思路。

(1)"强-强"模式安全可靠性最高,但需投入大量建设资金;"弱-弱"模式投资费用最少,但安全可靠性最低。综合比较安全可靠性和经济性,这两种极端模式在高中压网架结构协调模式中均不是最优。

(2)对于城市电网的高中压网架协调而言,做强中压是供电安全可靠的充分条件,同时它也是配电网整体安全可靠且经济的必要条件;"弱-强"模式具有较大的优势,其投资费用低,且安全可靠性较高(可靠性仅略低于"强-强"模式)。综合比较安全可靠性和经济性,推荐城区选择"弱-强"模式作为高中压网架结构协调最终方案,但应考虑如下的过渡:

①在电网的建设初期,由于建设项目众多,建设时间和周期一般不一致,中压配电网难于在较短时间内做强。因此,为保证建设初期的供电安全可靠性,宜加强高压配电网,即构建成高中压"强/简-简/弱"的配合模式。

②随着中压配电网由简/弱变强,可适当减少对高压配电网的扩建或改建工程,形成"简/弱-强"的配合模式,在满足供电安全可靠的条件下有效降低投资。

③在有条件的情况下,应首选具有站间联络的中压"简"(如"手拉手"接线),而不是非站间联络的中压"简"(如自环或双辐射接线)。

(3)对于农村电网,中压一般为单辐射线路(即"弱"),这是因为农村地区负荷密度低,中压线路供电半径较长,难以实现双辐射供电(即"简")或有效的站间联络(即"强")。为避免形成安全可靠性和经济性均较差的"弱-弱"配合模式,应尽量加强高压配电网,故推荐采用"简-弱"的配合模式;且当农村为"简-弱"的配合模式时,高压 T 接方式优于 π 接,可有效降低成本。

5.5　本 章 小 结

高中压网架结构的相互配合有利于从全局上实现配电网系统的"技术可行、

经济最优"。本章分别给出了高压和中压配电网"强、简、弱"较为明确的定义；通过高中压典型协调方案安全可靠性和经济性的计算分析，针对我国配电网网架结构的协调发展战略提出以下的建议：

(1) 长期以来，国内配电网规划建设通常要求电网层层"强"、层层满足"*N*–1"安全校验，造成重复投资，难以获得高中压协调的网架结构。因此，应因地制宜地构建相互配合的高中压配电网宏观网架结构，进一步规范高中压配电网的协调发展。

(2) 计算分析表明，中压配电网"强"相对于"简"经济性相当，但安全可靠性更好；高压配电网"简"相对于"强"安全可靠性相当，但经济性更好；高中压"弱-强"配合模式最为经济，且安全可靠性均可满足相关要求；供电可靠率达到 5 个 9 (即 99.999%) 的条件有站间快速转供、中压供电半径短和中压线路采用电缆。

(3) 计算分析表明，当且仅当在中压配电网"强"的情况下，高压配电网"简"甚至"弱"通常也可满足供电安全性和可靠性，且"简"或"弱"的高压配电网可以减轻城区通道压力，用以合理预留通道资源。因此，中压"弱"甚至"简"是解决配电网诸多问题的瓶颈，做强中压是配电网整体安全可靠且经济的必要条件，仅就高中压配电网协调而言也是供电安全可靠的充分条件，应作为实际工作中努力的重点方向。在有条件的情况下，应首选具有站间联络的中压"简"(如"手拉手"接线)，而不是非站间联络的中压"简"(如自环或双辐射接线)。

(4) 现阶段我国配电网高速发展，配电网结构调整频繁，基于主站的集中式自动化实施难度大，难以通过中压配电网实现短时间大规模负荷转移；与此同时，大量辐射型用户专线也削弱了配电网网架。对于中压难以做到"强"的情况，为了避免安全可靠性和经济性都较差，高压不应为"弱"，推荐高中压采用"强/简-简/弱"的配合模式，待中压变"强"后再过渡到"简/弱-强"，以减轻通道压力。

(5) 中压配电网应尽量做"强"，高压配电网过渡年宜做"强"而远景年不必做"强"。对于以辐射型接线为主的农村电网，推荐采用高中压"简-弱"配合模式以及高压采用 T 接方式。

(6) 本章部分结论是基于主网坚强和典型基础数据计算所得，若这些基础数据与实际差别较大，可利用本章模型和方法进行相应计算分析后归纳总结出相应的结论；若本章简化条件与实际情况存在较大出入，还需要对模型算法做进一步的研究和完善。

参 考 文 献

[1] 中华人民共和国电力行业标准. 配电网规划设计技术导则(DL/T 5729–2016)[S]. 北京: 中国电力出版社, 2016.

[2] 国家电网公司. 强化规划引领, 加快建设一流现代配电网[N]. 国家电网报, 2018-07-03(2).

[3] 熊威, 戴爱英, 杨卫红, 等. 天津电网发展与经济发展协调性分析[J]. 电力建设, 2010, 31(7): 41-45.

[4] 徐敏, 沈靖蕾, 闫震山. 电网规划的多层面协调性的综合评估方法研究[J]. 郑州大学学报(工学版), 2016, 37(1): 24-28.

[5] 吴涵, 林韩, 温步瀛, 等. 巴黎、新加坡中压配电网供电模型启示[J]. 电力与电工, 2010, 2(30): 4-7.

[6] 林韩, 陈彬, 吴涵, 等. 面向远景目标网架的中压配电网供电模型[J]. 电力系统及其自动化学报, 2011, 23(6): 116-120.

[7] 许可, 鲜杏, 程杰, 等. 城市高压配电网典型接线的可靠性经济分析[J]. 电力科学与工程, 2015, 31(7): 12-18.

[8] 谢莹华, 王成山, 葛少云, 等. 城市配电网接线模式经济性和可靠性分析[J]. 电力自动化设备, 2005, 25(7): 12-17.

[9] 韩丰, 李敬如, 李红军, 等. 输配电网协调发展评估理论与方法研究[M]. 北京: 中国电力出版社, 2016.

[10] 中华人民共和国电力行业标准. 城市电网供电安全标准(DL/T 256–2012)[S]. 北京: 中国电力出版社, 2012.

[11] 刘振亚. 国家电网公司输变电工程典型造价: 110kV 输电线路分册[M]. 北京: 中国电力出版社, 2006.

[12] 王主丁. 高中压配电网可靠性评估——实用模型、方法、软件[M]. 北京: 科学出版社, 2018.

[13] 张漫, 王主丁, 张寓涵, 等. 高中压配电网可靠性协调评估中 2 参数和 $4N+2M$ 参数等值电源研究[J]. 电网技术, 2018, 42(5): 1534-1540.

[14] 昝贵龙, 王主丁, 李秋燕, 等. 基于状态空间截断和隔离范围推导的高压配电网可靠性评估[J]. 电力系统自动化, 2017, 41(13): 79-85.

[15] 昝贵龙, 赵华, 吴延琳. 考虑容量及电压约束的配电网可靠性评估前推故障扩散法[J]. 电力系统自动化, 2017, 41(7): 61-67.

第6章 中压配电网网格化规划

鉴于中压配电网规划长期缺乏操作简单且自成优化体系的方法，本章基于供电网格的优化划分阐述一套新的中压网架优化规划实用模型和方法。这些模型和方法可经编程由计算机辅助实现或仅靠人工实施完成具体工作，并已成功应用于国家电网公司和南方电网公司众多省市实际配电网的网格化规划，在明显节约投资的同时有效改善了线损率、电压合格率和供电可靠率三大指标，较好解决了实际工作中难于兼顾"落地"和"优化"的问题。

6.1 引　言

在实际配电网规划中，通常仅强调"问题为导向"和"线路接线模式"为引导的思路，由于缺乏"技术可行、经济最优"的目标意识或实操流程，规划方案理论上存在无穷解，无法确保方案的全局合理性和相对唯一性，特别是对于那些经验不足的规划人员。为此许多学者提出了基于全局统筹的规划优化方法[1~3]，但实际中压网架规划是一个大规模混合整数非线性规划问题，具有多目标、非线性、离散性和规模大等特性，其求解方法因计算时间长、对不同配电网适应性不强、难以理解和不易融入相关技术导则要求等致使规划方案"落地难"，少有实际应用。

随着配电网规模的不断扩大和快速发展，针对整个区域的中压网架规划难度越来越大，实际工作中主要依靠笼统技术原则和主观经验难以从全局上获得技术可行、经济最优或次优的方案。为了有效解决规划方案"优化"和"落地"的问题，比较简洁有效的方法是将整个规划区域划分为地理和电气上相对独立(仅在供电变电站存在电气联系)的供电分区，再分别针对各小规模供电分区进行较为直观简单的网架规划。其中网格或供电分区的合理划分是关键，需要满足各分区独自规划优化方案自动实现全局范围的"技术可行、经济最优"。近年来，许多地区开展了配电网网格化规划工作[4~8]，其中部分网格划分方法主要源于较为笼统的技术原则和规划人员经验，而且缺乏明确的"网格"定义，结果随意性大且难以达到技术经济的合理性；文献[7]和[8]通过较为简单直观的供电分区优化划分方法，找到了"技术可行、经济最优"这一基本规划理念在中压网架规划中的具体落地方案，即基于网格化的"宏观优化、微观落地"中压配电网规划方法，全面提升了规划方案的科学性和实用性。

鉴于目前网格化规划研究和实践中存在的问题，本章在遵循现有相关技术导则的前提下，阐述了基于宏观候选通道组网和供电网格组网的中压配电网规划优化实用方法，包括基于"就近"备供和负荷聚类的供电分区优化划分、基于宏观组网约束的目标网架规划、过渡网架规划、电缆通道规划、馈线配变装接容量估算、网格化管理和算例应用情况。

6.2　总　体　思　路

本章规划流程与现有中压配电网规划流程类似，主要包括现状电网分析、负荷预测、变电站规划、网架规划、通道规划和规划成效分析等，但重点为基于供电分区优化划分的主干线路规划，即将中压网架规划从大规模复杂的全局优化问题转化为各相对独立供电分区的小规模简单优化问题。

本章主要内容为空间上基于宏观组网的目标年主干网架规划、时间上基于远近结合的网架过渡以及管理上基于"纵向贯通"的权责明确和基于"横向协同"的工作体系，同时包含了网架规划前后的候选通道组网和通道规划，如图 6.1 所示。其中，目标年网架规划重点是主干网架规划，而过渡网架可能涉及支线的改造。

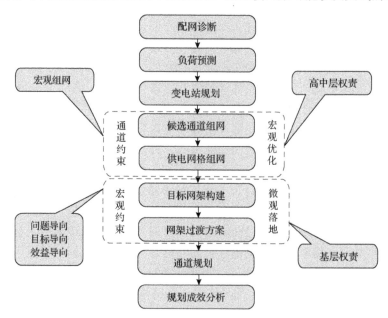

图 6.1　基于"宏观优化、微观落地"的网格化规划流程

作为网格化规划的关键，空间上的宏观组网分为候选通道组网和供电网格组网，用以强化规划方案的落地性和经济性：为协调通道资源和规避建设风险，候选通道组网优化和描绘整个规划区域内现有和候选的主干通道布局，特别是变电

站站间的主干通道联络结构；为实现高中压配电网整体的"技术可行、经济最优"或"次优"，中压供电网格组网应为尽量做强中压配电网创造条件，并在全局范围内对中压供电分区进行优化划分，使得分区划分方案具有相对唯一性。

基于宏观组网约束，将在各小规模供电分区内分别独自进行目标年主干网架规划，涉及差异化的分类建设标准、接线模式选择和沿街道优化布线。

时间上的远近结合涉及主干线路的过渡和支线的改造，需要遵循"近"的问题导向、"远"的目标导向和"过渡期"的效率效益导向（或利旧原则）：在解决现有配电网存在问题的同时（即问题导向），电网建设改造应以远景年的优化网架为目标（即目标导向），并充分利用现有设备，尽量延长设备生命周期（即效率效益导向），以减少规划的盲目性、重复性和投资浪费。

对于模型方法难以处理的相关技术导则和管理约束（如涉及自然地理、用地性质、供电区域、开发深度、专业协同和分布式电源等的分区划分约束），可采取前置和后置两种处理方法。其中，前置处理是在网格组网之前将相关原则和管理要求转换为通道费用后（其中大数表示通道非连通）在候选通道组网中考虑其影响；后置处理是在网格组网之后再对分区结果依据相关技术导则和管理要求做局部优化调整。

规划管理主要涉及"纵向贯通"的权责明确、"横向协同"的工作体系和"三上三下"的工作机制。其中，高中层领导主导通道组网和网格组网的宏观优化，基层部门基于宏观组网主导各供电网格目标网架和过渡网架的微观落地。

6.3　候选通道组网

本章候选通道组网仅涉及候选主干通道的优化布局。作为解决规划项目和建设项目不一致这一现实问题的有效技术手段之一，候选通道组网是在供电网格组网和主干线路规划之前，通过清理现有及近期可用通道资源，事先确定主干线路可选路径分布、可选类型和极限容量（或最大敷设条数）。候选通道组网的主要目的为：规避建设阻力，强化规划方案落地性；寻求规划路径贴近负荷中心，使建设改造费用最小，保证经济性；尽量形成站间联络，提升供电安全可靠性。

1. 通道类型的选择

通道是用以敷设电力线路通道的总称，包括架空走廊和电缆通道（含直埋通道、电缆排管、电缆沟和隧道等）；主干通道特指主干线的通道，而本书主干线是那些指向各子供区负荷中心的主供线路，以及为实现负荷站间转供或中压自环结构相应子供区负荷中心间的联络线路。主干通道类型的选择原则如下：

(1) C 类及以上供电区域变电站应设 2～4 个长度不小于 1km 的电缆进出通道。

(2) A+、A 类供电区域及安全性可靠性有特殊要求的区域宜采用电缆。

(3)下列情况可采用电缆：

①依据市政规划，明确要求采用电缆线路且具备相应条件的地区。

②铁路、高速公路以及大型交叉路口等架空线难以跨越的区域。

③重要风景名胜区的核心区和对架空导线有严重腐蚀性的地区。

④沿海地区易受热带风暴侵袭的重要供电区域。

⑤走廊狭窄架空线难以通过的区域。

⑥近期内敷设中压线路较多的通道。

对于导则末明确采用电缆的区域，考虑到当地的运行经验、杆塔承载力和相关改造费用，经全寿命周期经济技术比较后，建议某一规划年限内单侧通道敷设中压线路较多时宜采用电缆。例如，6年内单一通道敷设中压线路达到4回及以上时宜采用电缆。

⑦架空方案投资超过电缆方案的区域。

2. 候选通道组网构建

候选通道组网应依据规划变电站站址、现状通道、路网规划的新增通道、负荷分布、供电半径、相关技术导则和管理因素等构建，如图6.2所示。其中，变电站布点即主干通道的起止点；现状通道分析目的在于充分利用已有通道，明确现有通道的裕度，对于现状通道建设情况较为成熟的区域，通道组网时应以利用已有通道为主；新增通道主要考虑新投运变电站的出线，尽量沿主干道分布，新增通道应根据规划区通道具体情况(如通道类型和常用的电缆敷设方式等)确定通道的规模，例如，按照不同道路宽度对应的电缆通道有效孔数确定通道规模，并充分考虑可行性(尽量避开河流和铁路等障碍)；负荷分布分析应基于就近供电的原则，使主干通道分布于不同街区且接近负荷中心；供电半径则作为主干通道(特别是站间主干通道)的长度约束；其他是指将其余约束(如相关技术导则和管理因素等)转换为通道费用或通道是否可以连通的约束。目前这些工作主要依靠人工完成。

图6.2　候选通道组网构建思路

针对《配电网规划设计技术导则》(DL/T 5729–2016)定义的不同供电区域类型[9]，候选主干通道组网方式的特点为：①A+、A类供电区域构建中压站间联络通道；②B、C类供电区域优先构建中压站间联络通道，布点不足情况下优先构建中压自环联络通道,如图 6.3 所示(不同线型表示不同变电站之间的主干联络通道);③D 类供电区域具有控规或者总规的区域类似 B、C 类供电区域构建通道;④考虑农村电网的复杂程度较低,不具备控规或者总规的区域主要按道路构建通道。

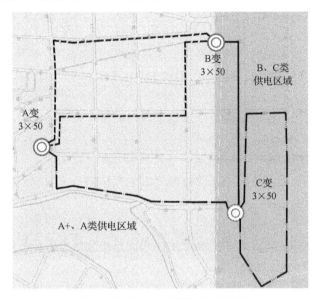

图 6.3　候选主干通道构建示意图

3. 通道组网典型结构

受区域地域特点、负荷密度和电力通道等影响,变电站布点和中压线路走向通常会呈现一定规律特征,主干通道组网的基本结构可抽象为狭长型、环状型、棋盘型和不规则型等若干种,如图 6.4 所示(图中黑点为变电站)。根据实际规划区情况,主干通道组网可能会由多个简化结构组合而成。

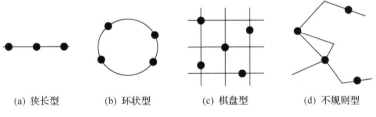

(a) 狭长型　　　　(b) 环状型　　　　(c) 棋盘型　　　　(d) 不规则型

图 6.4　主干通道组网典型结构

6.4　供电网格组网

本节基于候选通道组网获得的候选主干通道及其极限容量,介绍用于目标年主干网架规划的供电分区全局优化模型和相应的启发式方法。

6.4.1 供电分区划分目的和原则

对于规模庞大的中压配电网规划,供电分区优化划分的主要目的如下:

(1)将整个区域复杂网架规划转化为相对独立的各供电分区内部简单网架规划,同时满足"技术可行、经济最优"的基本规划原则。

(2)规避不同规划人员得到不同的供电分区划分方案,同时强化网架的经济、可靠和简洁。

为了达到上述目的,在满足候选通道组网和供电半径约束的条件下,供电分区划分应遵循以下原则:

(1)"全局统筹"。

"全局统筹"涉及不同电压等级的"纵向"和同一电压等级的"横向"两个方面。

①纵向:高中压网架结构协调。基于做强中压是配电网整体安全可靠且经济的必要条件(见 5.5 节),对于中压配电网每一供电分区内各负荷应尽量满足变电站和线路通道"N–1"安全校验。

②横向:各中压供电分区间协调,以实现各分区独自规划优化落地方案能够自动实现全局范围的"技术可行、经济最优"或"次优"。对于可在两座供电变电站间转供的负荷,按转供通道总费用最小原则确定各负荷的备供变电站,实现变电站的就近备用以及整体网架规模最小。

(2)"简洁可靠"。

同一供电分区各负荷的主供变电站(即主供站)和备供变电站(即备供站)的相似度最大化(不分主备),每一供电分区的供电变电站不宜超过两个且负荷大小适中(宜包含 1~3 组 10kV 典型接线),不同供电分区的线路联络程度最小。

(3)"远近结合"。

随着变电站布点的变化,站间联络关系会发生变化,需要对供电网格/单元的边界进行相应的调整。为了减少由此带来的网架结构的改造,应遵循时间上远近结合的原则,涉及"近"的问题导向、"远"的目标导向和"过渡期"的效率效益导向。

6.4.2 供电分区的分类

本节供电分区的分类不同于《配电网规划设计技术导则》(DL/T 5729–2016)中 A+~E 的供电区域的分类[9],而是指供电网格/单元及其子供区。基于配电网规划技术原则,中压配电网架典型接线模式主要分为多电源接线方式(即供电负荷可在不同变电站站间转供的接线模式,如"手拉手")和单电源接线方式(即负荷仅由一个变电站供电的接线模式,包括自环网和辐射型线路)。这些典型接线间相对独立，可将其供电范围视作一种基本的供电分区，如分别对应多电源接线和单电源接线的站间供电网格和非站间供电网格。

1. 供电单元及其子供区

1) 供电单元

基于供电分区划分的目的和原则，本章定义供电单元为尽量以两个变电站供电的站间主供和就近备供的大小适中的负荷区域(通常为 1~3 组 10kV 典型接线的供电区域)，且不同供电单元电气上相对独立(仅通过上级供电变电站相连接)。如图 6.5 所示，根据供电单元内部负荷有无备供变电站(即备供站)和中压备供线路通道，供电单元可分为站间供电单元、自环供电单元和辐射供电单元。站间供电单元是指尽量以两个变电站作为供电变电站，其负荷可在不同供电站间转供的

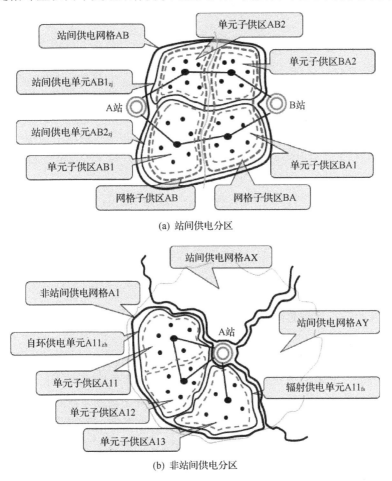

(a) 站间供电分区

(b) 非站间供电分区

图 6.5　基于负荷转供方式的分区示意图

◎ 高压变电站；● 负荷中心；• 负荷；—— 中压馈线或馈线组；·⌇· 变电站供电范围边界

区域,如图 6.5(a)中的站间供电单元 $AB1_{zj}$ 和站间供电单元 $AB2_{zj}$;自环供电单元是指仅以一个变电站作为供电变电站,其内部负荷可通过该变电站不同中压线路通道转供的区域,如图 6.5(b)中的自环供电单元 $A11_{zh}$;辐射供电单元是指其内部负荷仅有一个供电变电站且没有中压转供线路通道的区域,即辐射线路供电的区域,如图 6.5(b)中的辐射供电单元 $A11_{fs}$。

2) 单元子供区

本章定义单元子供区为各单元内主供变电站(即主供站)相同或中压主供线路通道相同的供电区域,如图 6.5(a)中站间供电单元 $AB1_{zj}$ 的单元子供区 AB1 和单元子供区 BA1,图 6.5(b)中自环供电单元 $A11_{zh}$ 的单元子供区 A11 和单元子供区 A12,以及图 6.5(b)中辐射供电单元 $A11_{fs}$ 的单元子供区 A13(辐射供电单元本身为一个单元子供区)。可见,除辐射供电单元外,一个站间供电单元或自环供电单元包含多个单元子供区。

2. 供电网格及其子供区

1) 供电网格

本章定义供电网格为供电变电站相同的所有相邻供电单元涉及的负荷区域,可分为站间供电网格和非站间供电网格。站间供电网格由一个或多个站间供电单元组成,如图 6.5(a)中的站间供电网格 AB 所示;非站间供电网格由一个或多个自环供电单元和/或辐射供电单元组成,如图 6.5(b)中的非站间供电网格 A1 所示。

2) 网格子供区

本章定义网格子供区为各网格内主供站相同的供电区域,因此非站间供电网格本身即一个网格子供区,如图 6.5(a)中站间供电网格 AB 的网格子供区 AB 与网格子供区 BA 和图 6.5(b)中的非站间供电网格 A1(或称为网格子供区 A1)。因此,一个网格子供区依据供电网格负荷大小又包含一个或多个单元子供区,如网格子供区 AB 可视为由单元子供区 AB1 和单元子供区 AB2 组成。

6.4.3　优化模型和求解思路

1. 供电分区优化模型

统计表明,配电网中 90%左右的停电时间源于中压配电网[10],中压配电网是否可靠自然成为高可靠性配电网必须首先解决的关键问题,同时基于网架结构技术经济整体最优的导向,配电网应首选对上级电网有较强支撑作用的中压站间联络接线(参见 5.5 节),因此基于供电分区的目标网架应尽可能多地优先形成站间供电网格/单元和自环供电单元。

若已知变电站布点及其供电范围,以及候选通道组网、负荷位置,在满足各分区通道独自连通性和负荷最大允许转供距离条件下,遵循 6.4.1 节供电分区"纵向"和"横向"全局统筹的划分原则(即以可实现负荷转供的供电分区数最大为目标,同时尽量减小各网格/单元内主干通道的总费用),相应的多目标混合整数非线性规划优化模型可表示为

$$\max f_1 = N_{zj}$$

$$\max f_{2,i} = N_{zh,i}$$

$$\min f_3 = \sum_{j=1}^{N_{zj}} \left(\varepsilon C_{zj,j} + C_{zj,j}^{xk} \right) + \sum_{i=1}^{N_{fzj}} \left[\varepsilon (C_{zh,i} + C_{fs,i}) + C_{fzj,i}^{xk} \right]$$

$$= \sum_{j=1}^{N_{zj}} \left[\varepsilon \sum_{j1=1}^{N_{zj,j}} C_{zj,j,j1} + \sum_{j2=1}^{N_{zj,gq,j}} \left(C_{zj,j,j2}^{xs} + C_{zj,j,j2}^{ks} \right) \right]$$

$$+ \sum_{i=1}^{N_{fzj}} \left[\varepsilon \left(\sum_{i1=1}^{N_{zh,i}} C_{zh,i,i1} + \sum_{i2=1}^{N_{fs,i}} C_{fs,i,i2} \right) + \sum_{i3=1}^{N_{fzj,gq,i}} \left(C_{fzj,i,i3}^{xs} + C_{fzj,i,i3}^{ks} \right) \right]$$

$$\text{s.t.} \begin{cases} L_{zj,j,s} \leqslant k_{zg} R_{max} \\ L_{fzj,i,o} \leqslant k_{zg} R_{max} \\ \varphi_{mv}(C_{zj,j,j1}, C_{zh,i,i1}, C_{fs,i,i2}) = 1 \\ \phi_{mv}(C_{zj,j,j1}, C_{zh,i,i1}, C_{fs,i,i2}) = N_{mv} \\ \vartheta_{mv}(C_{zj,j,j1}, C_{zh,i,i1}, C_{fs,i,i2}) = 0 \\ P_{td,q} \leqslant \overline{P}_{td,q}, \quad q \in \Omega_{td} \\ i = 1, 2, \cdots, N_{fzj}, \quad j = 1, 2, \cdots, N_{zj}, \quad s \in \Omega_{zj,j}, \quad o \in \Omega_{fzj,i} \end{cases}$$

$$(6.1)$$

式中, N_{zj} 和 N_{fzj} 分别为站间和非站间供电网格的总数(其中 N_{zj} 为优化变量);

$N_{zh,i}$ 和 $N_{fs,i}$ 分别为第 i 个非站间供电网格中自环和辐射供电单元的个数(其中 $N_{zh,i}$ 为优化变量); $N_{zj,j}$ 为第 j 个站间供电网格中站间供电单元的个数(状态变量);

$N_{zj,gq,j}$ 和 $N_{fzj,gq,i}$ 分别为第 j 个站间和第 i 个非站间供电网格细分后的单元子供区总数(优化变量);

$\varepsilon = k_z + k_y + k_h$, k_z、k_y 和 k_h 分别为折旧系数、运行维护费用系数和投资回报系数;

$C_{zj,j}$ 为第 j 个站间供电网格主干线路的总费用,本章采用含所有主干线路全长的投资、土建、施工和管理等费用的线路综合造价,主要用于供电分区优化划分中近似评估不同类型线路费用的相对大小(如电缆和架空线路的单价可分别取值为 130 万元/km 和 35 万元/km); $C_{zh,i}$ 和 $C_{fs,i}$ 分别为第 i 个非站间供电网格中自环和辐射供电单元主干线路的综合造价;

$C_{zj,j,j1}$ 为第 j 个站间供电网格中第 $j1$ 个站间供电单元内主干线路的综合造价;

$C_{\mathrm{zh},i,i1}$ 和 $C_{\mathrm{fs},i,i2}$ 分别为第 i 个非站间供电网格中第 $i1$ 个自环和第 $i2$ 个辐射供电单元主干线路的综合造价；

$C_{\mathrm{zj},j}^{\mathrm{xk}}$ 和 $C_{\mathrm{fzj},i}^{\mathrm{xk}}$ 分别为第 j 个站间和第 i 个非站间供电网格的主干线路电能损耗年费用和停电损失年费用；

$C_{\mathrm{zj},i,j2}^{\mathrm{xs}}$ 和 $C_{\mathrm{zj},i,j2}^{\mathrm{ks}}$ 分别为第 j 个站间供电网格中第 $j2$ 个单元子供区主干线路电能损耗年费用和停电损失年费用；$C_{\mathrm{fzj},i,i3}^{\mathrm{xs}}$ 和 $C_{\mathrm{fzj},i,i3}^{\mathrm{ks}}$ 分别为第 i 个非站间供电网格中第 $i3$ 个单元子供区主干线路电能损耗年费用和停电损失年费用；

$L_{\mathrm{zj},j,s}$ 和 $L_{\mathrm{fzj},i,o}$ 分别为第 j 个站间供电网格内第 s 个负荷点和第 i 个非站间供电网格内第 o 个负荷点线路转供通道主干路径的长度；$R_{\max}$ 为正常运行情况下变电站的最大允许供电半径；k_{zg} 为转供通道主干路径的最大允许长度与 $R_{\max}$ 比值(如取 1.5)；$\Omega_{\mathrm{zj},j}$ 和 $\Omega_{\mathrm{fzj},i}$ 分别为第 j 个站间和第 i 个非站间供电网格内的负荷点集合；$\varphi_{\mathrm{mv}}(C_{\mathrm{zj},j,j1},C_{\mathrm{zh},i,i1},C_{\mathrm{fs},i,i2})$、$\phi_{\mathrm{mv}}(C_{\mathrm{zj},j,j1},C_{\mathrm{zh},i,i1},C_{\mathrm{fs},i,i2})$ 和 $\vartheta_{\mathrm{mv}}(C_{\mathrm{zj},j,j1},C_{\mathrm{zh},i,i1},C_{\mathrm{fs},i,i2})$ 分别为对应 $C_{\mathrm{zj},j,j1}$、$C_{\mathrm{zh},i,i1}$ 和 $C_{\mathrm{fs},i,i2}$ 的各供电单元主干通道连通性判断函数(状态变量，等于 1 表示连通，等于 0 表示不连通)、网架组网形态约束和其他约束(如相关技术导则和管理要求等)；N_{mv} 为站间供电网格组网形态的类型(如用 1 和 2 分别表示网状型和环状型)；

Ω_{td} 为所有主干通道编号集合；$P_{\mathrm{td},q}$ 和 $\overline{P}_{\mathrm{td},q}$ 分别为第 q 个通道流过的负荷及其最大允许值。

2. 模型求解思路

遵循 6.4.1 节中供电分区划分的原则，阐述了基于"全局统筹"和"简洁可靠"的供电分区启发式求解思路：针对式 (6.1) 的优化模型，基于候选通道组网和负荷最大允许转供距离，先形成优化变量 N_{zj} 和 $N_{\mathrm{zh},i}$ 最大的各供电分区划分方案，再从这些方案中选择线路总费用最小的方案。

为提高分区划分及其线路规划方案的可行性和经济性，首先应明确规划区域候选通道组网，用以保证各优化分区主干通道的连通性并尽量让主干通道途径负荷中心。

其次，以可实现站间和中压线路通道间负荷转供的供电分区数最大为目标，在全局范围内将整个规划区域依次划分为站间供电网格(及其站间供电单元)和非站间供电网格(及其自环供电单元和辐射供电单元)：优先构建式 (6.1) 中可实现不同变电站站间负荷转供的站间供电网格/单元；接着构建式 (6.1) 可实现同一变电站内不同路通道线负荷转供的自环供电单元，然后形成辐射供电单元。

再次，考虑到式 (6.1) 中线路电能损耗年费用和停电损失年费用主要取决于电网正常运行方式,与主干转供通道的选择几乎无关;而且,由于已知各站供电范围,正常运行时的主干供电通道基本确定,式(6.1)中主干线路综合造价的大小主要取决于站间和站内转供主干线路的选择。因此,本章仅近似依据主干转供线路综合造价最小原则进行站间供电网格/单元和自环供电单元的识别。

最后,对于模型和自动求解方法难于处理的相关技术导则和管理要求约束,如对要求供电分区自然地理和管理界面清晰、同一分区开发深度和负荷供电可靠性要求基本一致以及专业协同等问题,可以在供电网格组网之前将其作为通道费用或是否可以连通的约束融入候选通道组网中,或对上述求解思路获得的分区方案依据技术导则和管理要求进行局部优化调整。

上述模型求解思路可归纳总结为:首先,构建规划区域候选通道组网;其次,基于主干转供线路综合造价最小原则确定各负荷可能存在的备供站,并在全局范围内将整个规划区域划分为站间供电网格(主备站相同,不分主备)及其子供区和非站间供电网格(无备供站);接着,基于负荷沿线均匀分布和线路负荷平均分配原则对负荷过大的网格子供区进一步划分为负荷大小适中的多个单元子供区;再次,分别在各网格内采用穷举法按主干转供线路综合造价最小对各供电单元子供区进行匹配,依次构建式(6.1)中的站间供电单元、自环供电单元和辐射供电单元;最后,依据相关技术导则和专家经验对分区优化划分方案进行人工干预。供电分区优化划分的总体流程如图 6.6 所示。

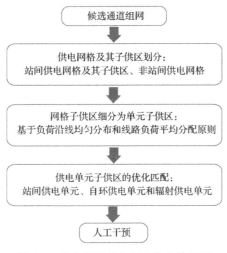

图 6.6　供电分区优化划分的总体流程

6.4.4　网格划分模型和方法

1. 网格划分模型

在满足网格主干通道独自连通和负荷最大允许转供距离约束的条件下,供电网格的划分应优先考虑其内部负荷可在不同变电站站间实现转供，即尽可能多地优先形成站间供电网格，同时基于 6.4.1 节中供电分区优化划分思路(即尽量减小各网格内主干转供线路综合造价)，式(6.1)的优化模型可简化为

$$\max f_1 = N_{zj}$$

$$\min f_{3,\,zjzg} = \sum_{j=1}^{N_{zj}} C_{zjzg,j}$$

$$\text{s.t.}\ \begin{cases} L_{zj,j,s} \leqslant k_{zg} R_{\max} \\ \varphi_{mv}(C_{zj,j}) = 1 \\ \phi_{mv}(C_{zj,j}) = N_{mv} \\ P_{td,q} \leqslant \overline{P}_{td,q}, \quad q \in \Omega_{zjtd,j} \\ j = 1, 2, \cdots, N_{zj}, \quad s \in \Omega_{zj,j} \end{cases}$$

(6.2)

式中，$C_{zjzg,j}$ 为第 j 个站间供电网格主干转供线路综合造价；$\varphi_{mv}(C_{zj,j})$ 和 $\phi_{mv}(C_{zj,j})$ 分别为对应 $C_{zj,j}$ 的各站间供电网格主干通道连通性判断函数(等于 1 表示连通，等于 0 表示不连通)和网架组网形态约束；$\Omega_{zjtd,j}$ 为第 j 个站间供电网格内主干通道编号集合。

2. 网格划分方法

1) 方法基本思路

对于式(6.2)的模型，本章阐述了站间供电网格网状型和环状型组网形态网架规划的启发式方法，基本思路如图 6.7 所示。可以看出，若电网规划中采用网状型组网形态约束，可直接进行网状型组网形态网格划分；若电网规划采用环状型组网形

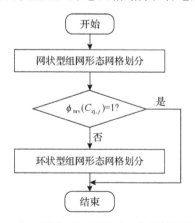

图 6.7 网状型和环状型组网形态网架规划思路

态约束，需先进行网状型组网形态网格划分，再基于获得的网状型组网形态网格逐步简化为环状型组网形态网格。其中，站间供电网格网状型或环状型组网形态的选择与未来环境的不确定性关系密切，网状型组网适用于新区建设的初期、建成区电网改造和配电网一次成型的新区，环状型组网适用于负荷增长较为平稳的发展区。

2）网状型组网形态网格初步划分

具有网状型组网形态的站间供电网格划分可细化为三个步骤：确定各负荷主供站、确定各负荷备供站和站间供电网格的初步划分。

（1）确定各负荷主供站。

由正常运行情况下各变电站的供电范围确定每个负荷的主供站。如图 6.8 中负荷 AB1～负荷 AB6、负荷 AC1 和负荷 AC2 的主供站为 A 站，负荷 BA1～负荷 BA5、负荷 BC1～负荷 BC3 的主供站为 B 站，负荷 CA1、负荷 CB1、负荷 CB2、负荷 C1～负荷 C5 的主供站为 C 站。

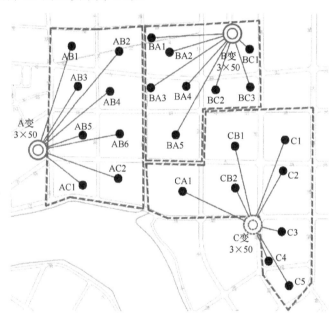

图 6.8　确定各负荷主备供站示例

（2）确定各负荷备供站。

在负荷最大允许转供距离约束下，将主干转供线路综合造价最小（单回）近似等同于各负荷主干转供线路综合造价最小，即各负荷可能存在的备供站在全局范围内按其主干转供线路综合造价最小选择。如图 6.8 中负荷 AB1～负荷 AB6 的备供站为 B 站，负荷 AC1 和负荷 AC2 的备供站为 C 站，负荷 C1～负荷 C5 的备供站为 C 站。

（3）站间供电网格的初步划分。

将主供站和备供站都相同的负荷划分为一个网格子供区，再将主供站和备供站相反的两个网格子供区合并为一个站间供电网格。如图 6.9 中负荷 AB1～负荷 AB6 和负荷 BA1～负荷 BA5 组成一个站间供电网格,负荷 AC1、负荷 AC2 和负荷 CA1 组成一个站间供电网格,负荷 BC1～负荷 BC3、负荷 CB1 和负荷 CB2 组成一个站间供电网格。

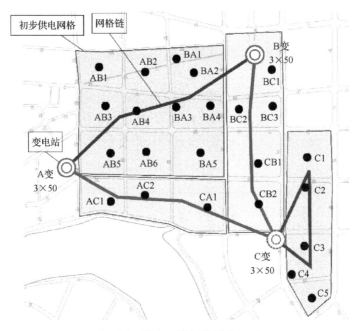

图 6.9　供电网格初步划分示例

3)环状型组网形态网格初步划分

采用上述方法首先获得网状型组网形态网格,然后逐一删减网状型组网形态中站间距离较长的冗余路径,尽量得到总费用最小的环状型组网形态网格,具体步骤如下:

(1)确定每个变电站与周边变电站的关联路径数;对于关联路径数小于等于某一个值 n_{zjgl}(该值可根据经验由人工事先设置,本章推荐为 2)的变电站,将相应的关联路径标记为不能删除;若各变电站的关联路径数全都小于等于 n_{zjgl},转向步骤(5)。

(2)考虑到已标记为不能删除的关联路径,确定每个变电站与周边变电站的可删除关联路径数,若各变电站都无,可删除关联路径,转向步骤(4)。

(3)针对可删除关联路径数最大的变电站,删除涉及该变电站的站间线路投资费用最大的可删除路径,并将该变电站的关联路径数和可删除关联路径数均减小 1,返回步骤(2)。

(4)对关联路径数大于 n_{zjgl} 的变电站,结合路径投资费用及其长度的最大允许值、地形地貌和整体网架组网形态等因素,对部分路径进行局部调整(如恢复部分已删路径并重新选择删除路径)，以尽量满足一个变电站仅与同一环路中两个变电站联络的组网形态约束。

(5)综合考虑站间联络线路总长度、供电可靠性和组网形态简洁性，根据实际情况和专家经验调整网架组网形态，最终得到比较理想的环状型组网形态网格。

(6)站间供电范围优化。环状型与网状型组网形态站间供电范围的优化步骤类似，区别在于环状型组网形态站间供电范围仅限于环中相邻站间供电范围，而网状型组网形态站间供电范围涉及任意方向的站间供电范围。

4)非站间供电网格

对于因负荷最大允许转供距离约束不能归入站间供电网格的负荷区域，根据各网格内部负荷位置直接相邻且仅有一个主供站的原则，将其划分为不同的网格子供区，即非站间供电网格。如图 6.9 中负荷 C1~C5 组成一个非站间供电网格。

5)供电网格链图

统计各网格负荷，考虑"N-1"安全校验，按照单条 10kV 线路的供电能力计算各网格的理论出线条数，形成供电网格链图，如图 6.10 所示。

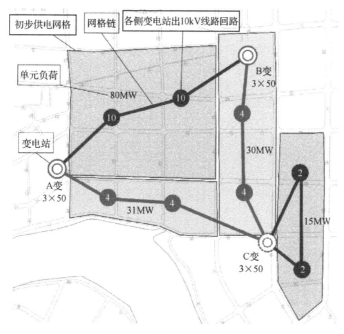

图 6.10　供电网格链示例

综上所述，由此获得的网格划分结果相对唯一，是实现全局范围内"技术可行、经济最优"或"次优"的必要条件。考虑到各供电网格电气上相对独立，如果各负荷可能存在的备供站在全局范围内不按其主干转供线路综合造价最小选择，所得到的站间供电网格内某些负荷点就无法在其所属的网格内找到综合造价最小的主干转供线路,必然造成迂回联络,从而不能实现全局范围内的"经济最优"或"次优"。

6.4.5　网格子供区细分模型和方法

基于网架简洁的目的,各网格子供区负荷大小一般不宜超过 6 条 10kV 线路的供电负荷。对于经上述步骤获得的各站间和非站间供电网格,若其负荷过大,则需要将各网格子供区进一步细分为多个单元子供区。

1. 子供区细分模型

由于网格子供区的细分涉及其供电线路的负荷分布(即各线路所带负荷大小及其沿线分布情况),从而影响线路的电能损耗和停电损失,子供区细分的目标函数可简化为主干线路的电能损耗年费用和停电损失年费用之和最小,即

$$
\begin{cases}
\min f_{3,\,zj,\,j}^{xk} = \displaystyle\sum_{j2=1}^{N_{zj,gq,j}} \left(C_{zj,j,j2}^{xs} + C_{zj,j,j2}^{ks} \right), & j=1,2,\cdots,N_{zj} \\[3mm]
\min f_{3,\,fzj,\,i}^{xk} = \displaystyle\sum_{i3=1}^{N_{fzj,gq,i}} \left(C_{fzj,i,i3}^{xs} + C_{fzj,i,i3}^{ks} \right), & i=1,2,\cdots,N_{fzj}
\end{cases}
\tag{6.3}
$$

2. 子供区细分典型方式

网格子供区细分为单元子供区的个数一般较少(通常为 2 个或 3 个),相应的,存在单元子供区串行和并行典型排列方式,如图 6.11 所示。图中串行和并行排列方式的选择可通过比较其电能损耗年费用和停电损失年费用来确定。

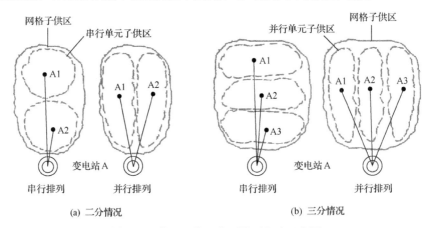

(a) 二分情况　　　　　　　　　　　　　　(b) 三分情况

图 6.11　单元子供区典型排列方式示意图

图 6.12 和图 6.13 分别为网格子供区二分情况下对应站间供电单元、自环供电单元和辐射供电单元的单元子供区串行和并行排列方式示意图。

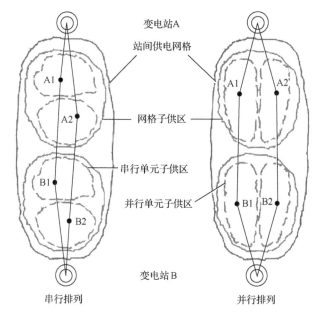

图 6.12　站间供电单元子供区典型排列方式示意图

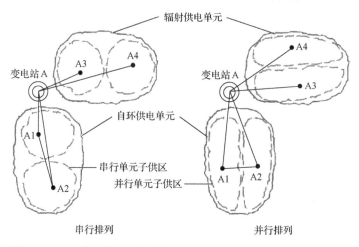

图 6.13　自环供电单元和辐射供电单元子供区典型排列方式示意图

3. 子供区细分方式选择

网格子供区进一步细分方式的选择主要以式(6.3)中电能损耗年费用和停电损失年费用之和最小为目标。

1) 单元子供区并行排列方式

若以式(6.3)中电能损耗年费用最小为目标，应选择单元子供区并行排列方式。该方式应遵循的两个基本原则为：一是负荷尽量沿主干线路均匀分布；二是负荷尽量平均分配至各单元子供区。

(1) 负荷沿线均匀分布原则。

负荷沿供电线路均匀分布可有效降低线路电能损耗费用和电压损失。图 6.11 中单元子供区串行和并行排列方式下计算所得的功率损耗系数 G_p 和电压损耗系数 G_u 均值不同,如表 6.1 所示[11]。

表 6.1　典型细分方式的功率损耗系数和电压损耗系数[11]

细分方式	单元子供区	串行排列			并行排列		
		负荷分布	G_p	G_u	负荷分布	G_p	G_u
二分	A1	末端	1	1	均匀	0.333	0.5
	A2	递减	0.2	0.333		0.333	0.5
	均值	—	0.6	0.667	—	0.333	0.5
三分	A1	末端	1	1	均匀	0.333	0.5
	A2	中间	0.38	0.25		0.333	0.5
	A3	递减	0.2	0.333		0.333	0.5
	均值	—	0.527	0.528	—	0.333	0.5

由表 6.1 可以看出,单元子供区并行排列的功率损耗系数和电压损耗系数的均值都小于串行排列,即当负荷沿线趋于均匀分布时,系统的功率损耗和电压损耗更小;而且,串行排列方式下单条线路的电压损耗系数可能达到其极限值,有可能违反电压约束。因此,在子供区细分时,为降低线路电能损耗费用和电压损失应尽量采用负荷沿线路均匀分布。

(2) 线路负荷平均分配原则。

假设某一区域由 n 条中压线路供电,总负荷为 P。当 $n=2$ 时,设其中一条线路负荷分配比例为 α,则另一条为 $1-\alpha$,可推导出总功率损耗 $\Delta P \propto \alpha^2 P^2 + (1-\alpha)^2 P^2$,证明当 $\alpha = 1/2$ (即两线路分配的负荷相同)时,ΔP 最小。

归纳 n 为 2 和 3 时使 ΔP 最小的 α,并通过第一数学归纳法证明,可得到结论:当 n 条线路供电时,$\alpha = 1/n$ (即每条线路分配的负荷相同)时得到的 ΔP 最小。因此,在子供区细化过程中,负荷应尽量平均分配至各单元子供区,使各条线路分配的负荷大致相同,同时避免单条线路电压损失较大的情况。

2) 单元子供区串行排列方式

对于单元子供区串行排列方式(即负荷沿线非均匀分布),采用可靠性评估方法可以证明,通过适当选择开关的安装位置(如对于有联络线路宜为集中负荷的两侧;对于辐射型线路宜为邻近集中负荷的下游侧),可有效提高供电可靠性,减小可靠性停电损失年费用[12]。因此,若以式(6.3)中停电损失年费用最小为目标,应选择单元子供区串行排列方式。该方式应遵循的两个基本原则为:一是负荷尽量按相互间距离就近集中分布;二是负荷应尽量平均分配至各单元子供区或线路以提高联络线路的有效转供率。

3) 并行排列方式的推荐

典型线路的计算分析表明，对于单元子供区并行和串行两种典型排列方式，式 (6.3) 中电能损耗年费用和停电损失年费用之和几乎一样。再考虑到目前对可靠性停电损失没有明确的计费标准，以及串行排列中负荷分布末端集中情况下电压损失大 (如表 6.1 中的电压损耗系数 G_u 最大为 1.0)，本章推荐采用单元子供区的并行排列方式进行网格子供区的进一步细化。

4. 基于单元子供区并行排列的负荷聚类方法

对于负荷较大的网格子供区，本章在现有负荷聚类方法[13]的基础上经改进后应用于其单元子供区的优化划分：首先基于负荷沿线均匀分布原则对网格子供区进行聚类细分；若由此获得的单元子供区负荷分配不平衡，再基于线路负荷平均分配原则对方案进行优化调整。

1) 聚类分析基础

聚类就是按照事物的某些属性，把事物聚集成类，使类间的相似性尽可能小，类内相似性尽可能大。

(1) 基本原理。

K-means 聚类算法是以数据点到类别中心的某种距离作为目标函数，基本原理如下：

①随机选取 K 个点作为各簇的初始聚类中心。

②计算每个数据对象到各聚类中心的某种距离，将数据对象分配给离它最近的聚类中心所在的簇。

③对数据对象分配后得到的簇重新计算其聚类中心。

④如果存在任何聚类中心发生变化，跳转至步骤②。

⑤数据对象分配完成。

(2) 初始聚类中心的选取。

鉴于初始聚类中心的选取对最终聚类结果的影响较大，文献[13]提出了一种自动寻找优良初始聚类中心的方法，即初始聚类中心冗余网格动态减少法，其基本步骤如下：

①把包含所有数据对象的特征空间均匀分成 m 个区域 (m 与 K 和数据对象的维数有关，$m \gg K$)，再把各区域中心作为其初始聚类中心。

②根据各数据对象到各聚类中心的某种距离，就近把所有数据对象分配给 m 类，将各类的对象数作为该类的密度。

③去掉密度最小的类，得到 $m-1$ 个聚类中心。

④若 $m-1 > K$，使 $m = m-1$，转步骤②。

⑤得到 K 个初始聚类中心。

当 m 足够大时，可以认为整个特征空间均有相同机会成为初始聚类中心，可较大程度上提高初始聚类中心的质量。

2)基于负荷沿线均匀分布的负荷聚类

(1)方法特点。

在初始聚类中心的选取和负荷聚类过程中，通常依据簇(单元子供区)聚类中心间的距离就近合并邻近的簇，但容易造成分区负荷沿线非均匀分布。为了尽量实现负荷沿线路均匀分布，需依据各聚类中心与簇虚拟主干线(即簇聚类中心到其主供站的直线)的距离就近进行邻近簇的合并。对此，以图 6.14 所示的单元子供区 k 应并入单元子供区 i 或 j 做进一步说明。图中，X_i 和 X_j 分别表示单元子供区 i 和 j 的虚拟主干线；$D_{k,i}^{(0)}$ 和 $D_{k,j}^{(0)}$ 分别为单元子供区 k 负荷中心与单元子供区 i 和 j 负荷中心间的距离(负荷中心可采用式(3.34)估算)；$D_{k,i}^{(1)}$ 和 $D_{k,j}^{(1)}$ 分别表示单元子供区 k 负荷中心与单元子供区 i 和 j 虚拟主干线间的距离。若按聚类中心间的距离就近合并邻近的簇，由于 $D_{k,i}^{(0)} > D_{k,j}^{(0)}$，单元子供区 k 应就近并入单元子供区 j；若按聚类中心与虚拟主干线的距离就近合并邻近簇，由于 $D_{k,i}^{(1)} < D_{k,j}^{(1)}$，单元子供区 k 应就近并入单元子供区 i。

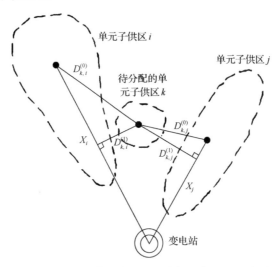

图6.14　基于负荷沿线均匀分布的负荷聚类示意图

(2)方法步骤。

①确定各网格子供区细分个数。

由 6.4.4 节网格划分方法可得到各站间供电网格的两个网格子供区和各非站间供电网格的供区(即网格子供区)，它们的单元子供区总数可分别表示为

$$\begin{cases} N_{\text{zjgq1},j} = \text{int}\left(\dfrac{P_{\text{zj},1,j}}{P_{\text{cr}}}\right)+1, & j=1,2,\cdots,N_{\text{zj}} \\[3mm] N_{\text{zjgq2},j} = \text{int}\left(\dfrac{P_{\text{zj},2,j}}{P_{\text{cr}}}\right)+1, & j=1,2,\cdots,N_{\text{zj}} \\[3mm] N_{\text{fzjgq},i} = \text{int}\left(\dfrac{P_{\text{fzj},i}}{P_{\text{cr}}}\right)+1, & i=1,2,\cdots,N_{\text{fzj}} \end{cases} \tag{6.4}$$

式中，$N_{\text{zjgq1},j}$ 和 $N_{\text{zjgq2},j}$ 分别为第 j 个站间供电网格中两网格子供区的单元子供区总数（$N_{\text{zjgq},j} = N_{\text{zjgq1},j} + N_{\text{zjgq2},j}$）；$P_{\text{zj},1,j}$ 和 $P_{\text{zj},2,j}$ 分别为第 j 个站间供电网格中两网格子供区的总负荷；$P_{\text{fzj},i}$ 为第 i 个非站间供电网格供区的总负荷；P_{cr} 为设置的一个单元子供区最大允许负荷，可根据一个单元子供区的最大出线数 n_{af} 与单条线路最大允许负荷 P_{af} 相乘得到，即 $P_{\text{cr}}=n_{\text{af}}P_{\text{af}}$。对于农村配电网，$P_{\text{af}}$ 为 2～3MW，n_{af} 可取 1～3；对于城市配电网，P_{af} 约为 4MW（对于负荷密度较大的区域为 5～6MW），n_{af} 可取 4～6（基于网架简洁的目的，n_{af} 一般不宜超过 6）。

②确定单元子供区的初始划分方案。

对于各网格子供区，确定其单元子供区的初始负荷中心及其供电范围，步骤如下：

(a) 定义 N_{gq} 为由式(6.4)确定的单元子供区总数 $N_{\text{zjgq1},j}$、$N_{\text{zjgq2},j}$ 或 $N_{\text{zjgq},j}$，定义 N_{temp} 为临时变量。

(b) 考虑到单元子供区地块或负荷数量不多，初始化 N_{temp} 为供区的地块或负荷个数，即初始（或冗余）单元子供区个数，并识别各初始单元子供区的负荷大小和中心位置。

(c) 若 $N_{\text{temp}} \leqslant N_{\text{gq}}$，通过拆分负荷使 $N_{\text{temp}} = N_{\text{gq}}$，转步骤(f)。

(d) 舍弃负荷最少的单元子供区，并按就近接入其他单元子供区虚拟主干线的原则，将该单元子供区负荷归属其他单元子供区，重新识别负荷有变化单元子供区的负荷中心和虚拟主干线，令 $N_{\text{temp}} = N_{\text{temp}} - 1$。

(e) 若 $N_{\text{temp}} > N_{\text{gq}}$，则转步骤(d)；

(f) 得到 N_{gq} 个单元子供区的初始负荷中心及其相应的供电范围。

③确定单元子供区的最终划分方案。

基于单元子供区的初始划分方案，采用前面 K-means 聚类算法确定单元子供区的最终划分方案。

3) 基于线路负荷平均分配原则的分区调整

采用基于负荷沿线均匀分布原则对网格子供区细分后，虽然能尽量使负荷沿线均匀分布，但可能不满足单元子供区或线路负荷平均分配原则。因此，可对各单元子供区负荷基于线路负荷平均分配原则采用启发式方法进行优化调整。鉴于各网格子供区细分后的单元子供区数一般不多，分别在各网格子供区范围内，依据其单元子供区负荷由大到小的顺序，尝试将较大负荷单元子供区的部分负荷转移至其邻近较小负荷的单元子供区。主要思路如下：

(1)筛选出大于设定值 P_{cr} 的所有单元子供区，选出其中负荷最大的单元子供区及其邻近的负荷相对较小的单元子供区。

(2)将负荷较大的单元子供区中各负荷依据其转移前后与虚拟主干线间距离之差由大到小进行排序；在满足各单元子供区负荷不大于设定值 P_{cr} 的前提下，按此顺序依次将部分负荷转移至相邻具有较小负荷的单元子供区，直至两单元子供区间负荷不能再进一步进行平衡转移。

(3)若存在其他单元子供区负荷大于设定值 P_{cr}，转步骤(1)；否则，得到经负荷平衡后的单元子供区划分方案(如有必要可通过人工干预进行调整)。

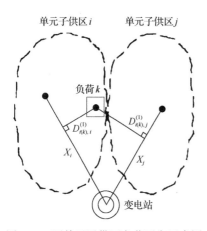

图 6.15 两单元子供区负荷平衡示意图

下面以图 6.15 所示的负荷较大(总负荷大于 P_{cr})的单元子供区 i 和邻近负荷较小的单元子供区 j(总负荷小于 P_{cr})之间的负荷转移为例做进一步说明。如图 6.15 所示，$D_{i(k),i}^{(1)}$ 和 $D_{i(k),j}^{(1)}$ 分别表示单元子供区 i 中负荷 k 与单元子供区 i 和 j 虚拟主干线间的距离。首先按 $D_{i(k),i}^{(1)} - D_{i(k),j}^{(1)}$ 从大到小的顺序对单元子供区 i 中的负荷进行排序；然后按此排序依次将部分负荷转移至单元子供区 j，直至单元子供区 i 中的总负荷小于 P_{cr} 或子供区 j 中的总负荷接近 P_{cr}。

6.4.6 子供区划分的局部优化调整

考虑到用地性质、供电区域、开发深度、专业协同及分布式电源的影响，可基于"技术可行、经济最优"的基本规划理念对采用"就近备供"获得的分区方案进行局部的优化调整，即前面所述相关技术导则和管理约束的后置处理方法。

1. 局部优化思路

首先，计算各相关地块归属不同分区引起的收益变化量；然后，针对收益最大对应的地块归属变动进行局部分区调整；重复上述步骤直至各地块分区归属调整后不再有收益为止。

2. 用地性质影响分析

为了便于采用统一的建设、运维和管理标准，规划中可能会对供电分区的划分提出同一分区内负荷特性相近的要求[6]。政府用地规划中的工业用地通常为成片分布(即工业园区常为独立组团)，而其他类型用地则很难按市政道路确定明显的边界，若强行使供电分区只包含一种用地类型会造成主干线迂回。而且若同一分区内负荷特性过于相近，将导致负荷同时率较高，增大了线路负荷曲线的峰谷差，可能需要建设更多的中压出线，造成单位投资增供电能力下降。

若需要考虑不同用地性质负荷特性对馈线供电能力的影响，可通过负荷占用馈线容量的等值线路投资或长度(当单位长度投资相同时)来体现。以图 6.15 为例，若单元子供区 i 中负荷 k 对应区域调整到子供区 j，由此引起的等值线路投资年收益增加值(即相应年费用的减少值)可表示为

$$\text{CL}_{i(k),j} = \varepsilon C_{\text{dj}}\left(D_{i(k)} - D_{i(k),j}^{(1)}\right) + \Delta\text{CL}_{i(k),j} \tag{6.5}$$

其中，

$$\Delta\text{CL}_{i(k),j} = \varepsilon C_{\text{dj}}\left(\Delta D_{i(k)} - \Delta D_{i(k),j}\right), \quad \Delta D_{i(k)} = \frac{P_i - P_{i_-}}{P_1}L_{\text{x},i}, \quad \Delta D_{i(k),j} = \frac{P_{(k,j)} - P_j}{P_1}L_{\text{x},j}$$

$$L_{\text{x},i} = K_z\sqrt{\frac{A_i}{\pi}}, \qquad L_{\text{x},j} = K_z\sqrt{\frac{A_j}{\pi}}$$

式中，C_{dj} 为线路单位长度的平均投资费用；i_- 为子供区 i 除去负荷 k 对应区域以外的子区域；$D_{i(k)}$ 为单元子供区 i 中负荷 k 与子区域 i_- 虚拟主干线间的距离；$D_{i(k)}^{(1)}$ 为单元子供区 i 中负荷 k 与单元子供区 j 虚拟主干线间的距离；$\Delta D_{i(k)}$ 和 $\Delta D_{i(k),j}$ 分别为负荷 k 对应区域在子供区 i 中和调整到子供区 j 后占用相应子供区馈线容量等值线路长度的增加值；P_i 和 P_j 分别为单元子供区 i 和 j 负荷曲线的最大负荷；P_{i_-} 为子区域 i_- 负荷曲线的最大负荷；$P_{(k,j)}$ 为负荷 k 的负荷曲线与子供区 j 负荷曲线叠加后所得负荷曲线的最大负荷；$L_{\text{x},i}$ 和 $L_{\text{x},j}$ 分别为子供区 i 和 j 主供变电站单条线路的平均长度；A_i 和 A_j 分别为子供区 i 和 j 主供变电站的供电面积；K_z 为馈线长度的修正系数，考虑了分支线和线路弯曲的影响。

3. 供电区域影响分析

除特殊需求外，同一供电区域(如 A+～E 分类)内用户的可靠性需求基本一致[14]，因此可考虑将其适当调整划分为相同的分区，以便于采用统一的建设、运

维和管理标准；对于分散分布的具有特殊可靠性需求的用户，可以单独处理；若受其他因素（如"就近备供"）影响导致分区跨越不同供电区域边界时，可采用标准"就高不就低"的方式处理。

以图 6.15 为例，假设针对具有不同供电区域地块的整个单元子供区按标准"就高不就低"进行建设，若子供区 i 中负荷 k 对应区域调整到子供区 j，由此引起的年收益增加值可表示为

$$\mathrm{CA}_{i(k),j} = \varepsilon C_{\mathrm{dj}}\left(D_{i(k)} - D_{i(k),j}^{(1)}\right) + \Delta\mathrm{CA}_{i(k),j} \tag{6.6}$$

其中，

$$\Delta\mathrm{CA}_{i(k),j} = \frac{\Delta\mathrm{PA}_{i(k)}}{P_i} L_{\mathrm{x},i} n_{l,i}\left(\varepsilon C_{\mathrm{dj}(i\_,k)}\gamma_{l(i\_,k)}\right) - \frac{\Delta\mathrm{PA}_{j,k}}{P_{(k,j)}} L_{\mathrm{x},j} n_{l,j}\left(\varepsilon C_{\mathrm{dj}(j,k)}\gamma_{l(j,k)}\right)$$

$$\Delta\mathrm{PA}_{i(k)} = \begin{cases} P_k, & B_{i\_} > B_k \\ 0, & B_{i\_} = B_k \\ P_{i\_}, & B_{i\_} < B_k \end{cases}$$

$$\Delta\mathrm{PA}_{j,k} = \begin{cases} P_k, & B_j > B_k \\ 0, & B_j = B_k \\ P_j, & B_j < B_k \end{cases}$$

式中，$B_{i\_}$、B_k 和 B_j 分别为子区域 $i\_$、负荷 k 对应区域和子供区 j 的建设标准；P_k 为负荷 k 的负荷大小；$n_{l,i}$ 和 $n_{l,j}$ 分别表示子供区 i 和 j 的出线数；$C_{\mathrm{dj}(i\_,k)}$（或 $C_{\mathrm{dj}(j,k)}$）为子区域 $i\_$（或子供区 j）和负荷 k 对应区域中建设标准较低区域的线路单位长度投资费用；$\gamma_{l(i\_,k)}$ 和 $\gamma_{l(j,k)}$ 分别表示子区域 $i\_$ 和子供区 j 与负荷 k 对应区域建设标准中高建设标准与低建设标准投资的比值（该值大于等于 1）。

4. 开发深度影响分析

开发深度对分区划分的影响主要涉及统一分区中建成区和新区建设时序的协调。建成区建设重点是已有网架的梳理优化，新区建设重点是以目标网架为导向分步实施。若既有利于网架梳理又不会造成网架成型的严重推迟，可以将建成区和新区划入同一个分区；否则应将建成区和新区调整划入不同开发深度的分区，并考虑后续的合理化改造。

以图 6.15 为例，假设针对具有不同开发深度地块的分区，按开发深度"就高不就低"安排整个分区的建设时序，则单元子供区 i 中负荷 k 对应区域调整到子供区 j 引起的年收益增加值可表示为

$$\mathrm{CD}_{i(k),j} = \varepsilon C_{\mathrm{dj}}\left(D_{i(k)} - D_{i(k),j}^{(1)}\right) + \Delta\mathrm{CD}_{i(k),j} \tag{6.7}$$

其中，

$$\Delta\mathrm{CD}_{i(k),j} = \frac{\Delta\mathrm{PD}_{i(k)}}{P_i}L_{\mathrm{x},i}n_{\mathrm{l},i}C_{\mathrm{dj}}\varepsilon\left(\Delta N_{i\_,k}\varepsilon\right) - \frac{\Delta\mathrm{PD}_{j,k}}{P_{(k,j)}}L_{\mathrm{x},j}n_{\mathrm{l},j}C_{\mathrm{dj}}\varepsilon\left(\Delta N_{j,k}\varepsilon\right)$$

$$\Delta\mathrm{PD}_{i(k)} = \begin{cases} P_k, & D_{i\_} > D_k \\ 0, & D_{i\_} = D_k \\ P_{i\_}, & D_{i\_} < D_k \end{cases}, \quad \Delta\mathrm{PD}_{j,k} = \begin{cases} P_k, & D_j > D_k \\ 0, & D_j = D_k \\ P_j, & D_j < D_k \end{cases}$$

式中，$\Delta N_{i\_,k}$ 和 $\Delta N_{j,k}$ 分别为负荷 k 对应区域在子供区 i 中和调整到子供区 j 时相关区域中开发深度较低的区域提前建设的年数；$D_{i\_}$、D_k 和 D_j 分别为子区域 $i\_$、负荷 k 对应区域和子供区 j 的开发深度。

5. 专业协同影响分析

目前在划分供电分区时电力公司各专业部门多采用"各自为政"的做法，对其他专业的需求考虑不足，从而使得与其他专业的规划或管理边界有较大差异，无法有效提高基于规划、设计、建设、运行到营销统一分区的"管控全程化"水平。鉴于此，在规划层面基于"就近备供"分区划分方案的基础上，应有效融合不同专业的需求，促成规划与其他专业的供电分区划分相对一致，将规划方案、建设项目落地、运维工作、故障抢修和客户服务体现落实到统一的供电分区，形成分区内全专业协同、多层级配套和多方位协作的全链条闭环式管理模式。因此，运检和营销专业应考虑现状的管辖范围、设备规模、服务半径和人员规模等因素，对基于规划获得的供电分区进行调整，通过与规划专业进行协调划分供电分区，实现"一张蓝图绘到底"和"一副网架建到底"的统一分区管理目标。

以图 6.15 为例，针对涉及不同管理归属地块的分区，若单元子供区 i 中负荷 k 对应区域调整到子供区 j，由此引起的年收益增加值可表示为

$$\mathrm{CM}_{i(k),j} = \varepsilon C_{\mathrm{dj}}\left(D_{i(k)} - D_{i(k),j}^{(1)}\right) + \Delta\mathrm{CM}_{i(k),j} \tag{6.8}$$

其中，

$$\Delta\mathrm{CM}_{i(k),j} = \Delta\mathrm{CM}_{i(k)} - \Delta\mathrm{CM}_{j,k}$$

式中，$\Delta\mathrm{CM}_{i(k)}$ 和 $\Delta\mathrm{CM}_{j,k}$ 分别为负荷 k 对应区域在子供区 i 中和调整到子供区 j 时，子供区 i 和子供区 j 分别因增加的专业协同工作引起的年费用增加值。

6. 分布式电源接入影响分析

分布式电源是社会发展的重要能源选择，其接入位置靠近负荷，一般要求能够就地消纳，消纳不了的可考虑邻近负荷就近消纳。分布式电源的大规模接入给配电网带来了众多不利影响，如使得配电网的潮流大小和方向发生改变，引起电流电压畸变，造成原有保护整定方案失效等。因此，需要对分布式电源的渗透率进行一定的限制。

在实际规划过程中，若某单元分布式电源渗透率越限，可根据就近消纳原则，在保证邻近供电单元满足容量约束和分布式电源渗透率限制的条件下，将越限部分的分布式电源及对应负荷调整至邻近供电单元，直至所有供电单元渗透率都不越限且满足容量约束为止。

以图 6.15 为例，考虑到供电单元最大分布式电源渗透率的限制，单元子供区 i 中负荷 k 对应区域调整到子供区 j 引起的年收益增加值可表示为

$$\mathrm{CG}_{i(k),j} = \varepsilon C_{\mathrm{dj}}\left(D_{i(k)} - D_{i(k),j}^{(1)}\right) + \Delta\mathrm{CG}_{i(k),j} \tag{6.9}$$

其中，

$$\Delta\mathrm{CG}_{i(k),j} = \Delta\mathrm{CG}_{i(k)} - \Delta\mathrm{CG}_{j,k}$$

式中，$\Delta\mathrm{CG}_{i(k)}$ 和 $\Delta\mathrm{CG}_{j,k}$ 分别为中负荷 k 在单元子供区 i 中和调整到子供区 j 时，由于子供区 i 和子供区 j 分别因分布式电源渗透率越限引起电源少发电的年收益减小值。

7. 多因素影响分析

不同的影响因素对年收益增加值的贡献不同，有时甚至相反，例如，相同用地性质的地块通常会增大线路负荷曲线的峰谷差，但一般又属于可靠性需求基本一致的同一供电区域，建设标准相同。因此，对于涉及多因素影响的子供区划分问题，可考虑采用定量估算综合年收益的方法来解决，即估算单元子供区 i 中负荷 k 对应区域调整到子供区 j 引起的综合年收益增加值，该值可表示为

$$C_{i(k),j} = \varepsilon C_{\mathrm{dj}}\left(D_{i(k)} - D_{i(k),j}^{(1)}\right) + \Delta\mathrm{CL}_{i(k),j} + \Delta\mathrm{CA}_{i(k),j} + \Delta\mathrm{CD}_{i(k),j} + \Delta\mathrm{CM}_{i(k),j} + \Delta\mathrm{CG}_{i(k),j}$$

$$\tag{6.10}$$

6.4.7 供电单元划分模型和方法

供电单元为负荷大小适中的供电区域，宜包含 1~3 组 10kV 典型接线，它是在供电网格划分和网格子供区细分的基础上，进行单元子供区优化匹配获得的结果。

1. 站间供电单元

本节分别针对各站间供电网格，以主干转供线路综合造价最小为目标，将由不同变电站主供的单元子供区进行优化匹配形成站间供电单元。

1) 站间供电单元划分模型

在满足主干通道连通性的条件下，基于各子供区间就近联络的原则，各站间供电网格内单元子供区匹配的优化模型可近似简化为

$$\min f_{3,\mathrm{zjzg},j} = \sum_{j1=1}^{N_{\mathrm{zj},j}} C_{\mathrm{zjzg},j,j1}, \quad j = 1,2,\cdots,N_{\mathrm{zj}}$$

$$\text{s.t.} \begin{cases} \varphi_{\mathrm{mv}}(C_{\mathrm{zj},j,j1}) = 1 \\ P_{\mathrm{td},q} \leqslant \overline{P}_{\mathrm{td},q}, \quad q \in \Omega_{\mathrm{zjtd},j,j1} \\ j = 1,2,\cdots,N_{\mathrm{zj}}, \quad j1 = 1,2,\cdots,N_{\mathrm{zj},j} \end{cases}$$

$$(6.11)$$

式中，$C_{\mathrm{zjzg},j,j1}$ 为第 j 个站间供电网格中第 $j1$ 个供电单元内子供区负荷中心间主干转供线路的综合造价；$\varphi_{\mathrm{mv}}(C_{\mathrm{zj},j,j1})$ 为对应 $C_{\mathrm{zj},j,j1}$ 的各站间供电单元主干通道连通性判断函数（等于 1 表示连通，等于 0 表示不连通）；$\Omega_{\mathrm{zjtd},j,j1}$ 为第 j 个站间供电网格中第 $j1$ 个供电单元内主干通道编号集合。

2) 站间供电单元划分方法

式 (6.11) 中 $N_{\mathrm{zj},j}$ 可基于站间供电网格 j 中两网格子供区细分后的单元子供区数确定。若两网格子供区的单元子供区数相同，$N_{\mathrm{zj},j}$ 为任一网格子供区的单元子供区数；若两网格子供区的单元子供区数不相同，可以采用以下两种处理方式：一是对单元子供区数较小的网格子供区，可调整负荷临界值 P_{cr}（详见 6.4.5 节）的大小重新划分单元子供区，以使得两网格子供区的单元子供区数相同；二是将 $N_{\mathrm{zj},j}$ 设置为较小的那个单元子供区数，先采用模型 (6.11) 进行优化匹配，然后在匹配结果中将还没有配对的单元子供区就近（即按主干转供线路综合造价最小）并入相邻的供电单元。

对于涉及式 (6.11) 的单元子供区匹配，可采用最小权匹配方法求解[3]。但考虑到实际情况下一个网格子供区细分后的单元子供区数量不多（一般为 2 或 3），各站间供电网格内单元子供区的匹配方案较少，可采用比较简洁直观的穷举法求解：分别针对各站间供电网格，在满足主干通道连通性条件下，先形成所有单元子供区都具有备供站的单元子供区匹配方案；再从这些有限的匹配方案中选择主干转供线路综合造价最小的作为站间供电单元划分方案。

  站间供电单元宜按照 1～6 组 10kV 典型接线供电能力将供电网格按并行排列供电方式拆分。其中 B 类及以上供电区域宜按照 1～3 组双环网的供电能力拆分，有控规或总规的 C、D 类供电区域宜按照 1～6 组单环网或多分段单联络的供电能力拆分。如图 6.10 中左上方的站间供电网格为 A 类供电区域，目标网架选取双环网接线构建，网格负荷（80MW）已超过 3 组双环网接线的供电能力（48MW），因此将该站间供电网格按并行排列供电方式拆分为两个站间供电单元，如图 6.16 所示。另外，类似 6.4.6 节站间供电网格子供区边界优化，站间供电单元也需要进行相应的边界优化。

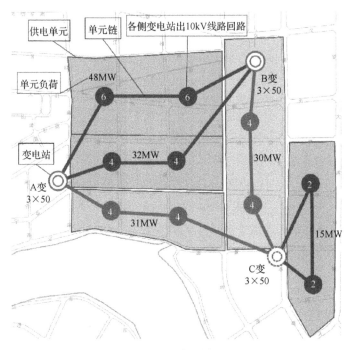

图 6.16 供电单元划分示例

2. 自环供电单元

  本节分别针对各非站间供电网格，将由相同变电站主供的单元子供区进行优化匹配形成自环供电单元。

1）自环供电单元划分模型

  在满足单元主干通道独自连通和负荷最大允许转供距离约束的条件下，自环供电单元的划分应优先考虑其内部负荷可在不同中压线路通道间实现转供，即尽可能多地优先形成自环供电单元，同时尽量减小主干转供线路综合造价。因此，基于各子供区间就近联络的原则，各非站间供电网格内自环供电单元子供区优化

匹配的优化模型可近似简化为

$$\max f_{2,i} = N_{zh,i}, \quad i = 1, 2, \cdots, N_{fzj}$$

$$\min f_{3,zhzg,i} = \sum_{i1=1}^{N_{zh,i}} C_{zhzg,i,i1}, \quad i = 1, 2, \cdots, N_{fzj}$$

$$\text{s.t.} \begin{cases} L_{fzj,i,o} \leqslant k_{zg} R_{max} \\ \varphi_{mv}(C_{zh,i,i1}) = 1 \\ P_{td,q} \leqslant \overline{P}_{td,q}, \quad q \in \Omega_{zhtd,i,i1} \\ i = 1, 2, \cdots N_{fzj}, \quad o \in \Omega_{fzj,i}, \quad i1 = 1, 2, \cdots, N_{zh,i} \end{cases}$$

$$(6.12)$$

式中，$C_{zhzg,i,i1}$ 为第 i 个非站间供电网格中第 $i1$ 个自环供电单元子供区负荷中心间主干转供线路的综合造价；$\varphi_{mv}(C_{zh,i,i1})$ 为对应 $C_{zh,i,i1}$ 的各自环供电单元主干通道连通性判断函数（等于 1 表示连通，等于 0 表示不连通）；$\Omega_{zhtd,i,i1}$ 为第 i 个非站间供电网格中第 $i1$ 个自环供电单元内主干通道编号集合。

2) 自环供电单元划分方法

考虑到实际情况下各非站间供电网格内单元子供区的匹配方案较少，式 (6.12) 的优化匹配模型可采用穷举法求解：分别针对各非站间供电网格，在满足主干通道连通性和负荷最大转供距离约束的条件下，先形成尽可能多子供区都具有中压备供的单元子供区匹配方案；再从这些有限方案中选择主干转供线路综合造价最小的作为自环供电单元划分方案。

3. 辐射供电单元

对于非站间供电网格内不能形成自环供电单元的区域，可将其中的每一个单元子供区视为不同的辐射供电单元。

6.5　目标网架规划

基于宏观网格组网约束和分类建设标准，本节将复杂的目标年主干网架构建从全局范围转化为在相对独立的各供电网格/单元范围内进行。

6.5.1　宏观网格组网约束

基于宏观网格组网的优化结果，候选通道组网提供了主干线路布线的候选优化路径和极限容量；供电网格组网提供了相互联络馈线组的优化供电范围和负荷大小。

6.5.2　分类建设标准

结合《配电网规划设计技术导则》(DL/T 5729–2016)[9]，对 A+、A、B、C、D 和 E 类等供电分区的各网格，分别给出了规范化的网格一、二次建设改造标准，内容涉及线路接线模式选择和负荷大小控制，如表 6.2 所示。

表 6.2　网格分类建设标准

网格标准		供区分类		负荷/MW	推荐典型接线模式
T1	Ⅰ	A+、A 和 B 类核心	一般地区	32，16~48	双环网、"n–1"
	Ⅱ		通道紧张	24，16~24	两供一备、三供一备
	Ⅲ		大容量用户密集	32，8~48	双回直供开闭所
T2		B 类非核心		32，16~48	分段适度联络、"n–1"，重要用户满足原则要求
T3		C 类及以下		视情况而定	多分段适度联络、"n–1"、单辐射
T4		受用户影响无法优化		视情况而定	视情况而定

(1)T1 类网格/单元建设改造标准规范了可靠性要求较高地区的多种网格构建方案，可依据实际情况灵活选取和组合，典型接线如图 6.17～图 6.19 所示(图中"二遥"指遥测和遥信，"三遥"指遥信、遥测和遥控；主干线上的开关为三遥开关，支线上的开关为二遥开关)。其中，子类 Ⅰ 为典型推荐方案，接线模式主要采用双环网和单环网，适用面较广；子类 Ⅱ 适用于通道紧张地区，接线模式主要采用两供一备和三供一备；子类 Ⅲ 适用于独立的大容量用户密集区，接线模式主要采用双回直供开闭所。

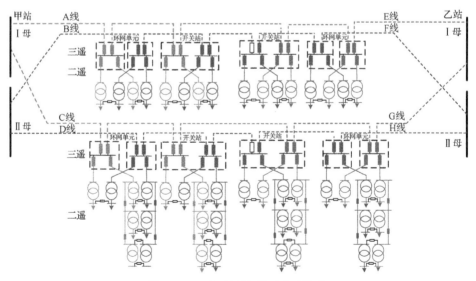

图 6.17　T1(Ⅰ)网格/单元典型接线

■断路器(合)；□断路器(开)；------ 中压线路

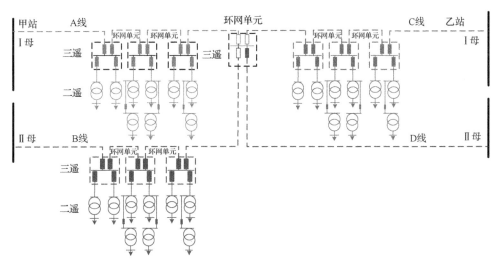

图 6.18 T1(Ⅱ)网格/单元典型接线

■断路器(合)；□断路器(开)；---- 中压线路

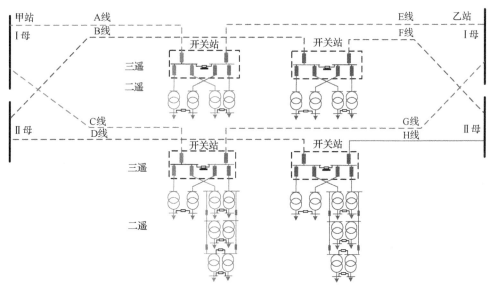

图 6.19 T1(Ⅲ)网格/单元典型接线

■断路器(合)；□断路器(开)；---- 中压线路

(2)T2 类网格/单元建设标准规范了以架空线为主的城区和郊区，接线以单联络为主，当通道或间隔受限时可适度增加联络提高以线路的最大允许负载率，典型接线如图 6.20 所示。

(3)T3 类网格/单元建设标准规范了农村地区，典型接线如图 6.21 所示。

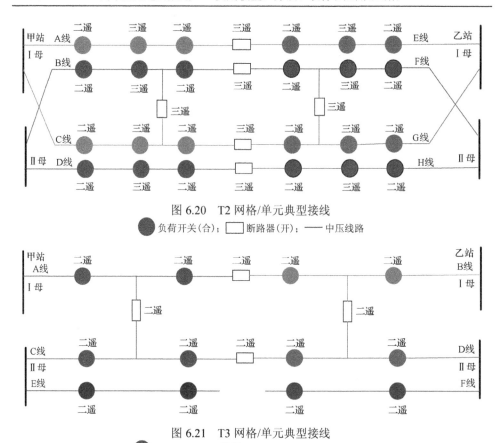

图 6.20 T2 网格/单元典型接线

● 负荷开关(合)；□ 断路器(开)；—— 中压线路

图 6.21 T3 网格/单元典型接线

● 负荷开关(合)；□ 负荷开关(开)；—— 中压线路

(4)T4 类网格/单元建设标准针对非规范化区域，适用于受用户和通道等因素影响无法改造的地区，推荐改造方案主要依据现有电网的局部优化，典型接线如图 6.22 所示。

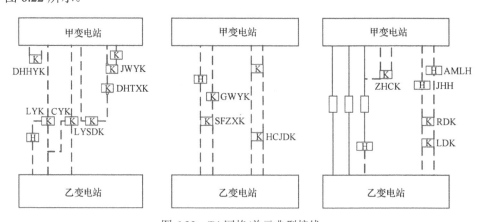

图 6.22 T4 网格/单元典型接线

6.5.3　布线优化模型方法

首先，基于图 3.6 中主干线与分支线的理想模型，中压线路分支线长度仅与其供电面积相关，在规划区域面积固定的情况下，目标网架规模仅涉及主干线长度或主干网架；然后，基于各单元供电范围优化结果，采用人工规划方法和计算机自动布线方法相结合，分别在各供电单元内进行规模较小的主干线布线规划，最终获得中压配电网全局主干网架规划方案。

1. 网络模型

结合城市路网，本节定义了线路候选通道网络模型及模型节点类型。

1) 通道网络

将候选通道组网用带权网络无向图 $G_g = (V_g, E_g, C_g)$ 表示。其中 $V_g = (V_{g1}, V_{g2}, \cdots, V_{gn})$ 表示通道节点；E_g 代表 V_g 节点间构成的边集合，为线路候选通道路段；C_g 为对应 E_g 中边的综合造价。

2) 节点分类

将整个通道网络节点从地理层面上分为变电站节点、子供区负荷中心节点和普通节点等三类，如图 6.23 中节点 51 代表变电站节点而节点 26 为负荷中心节点。

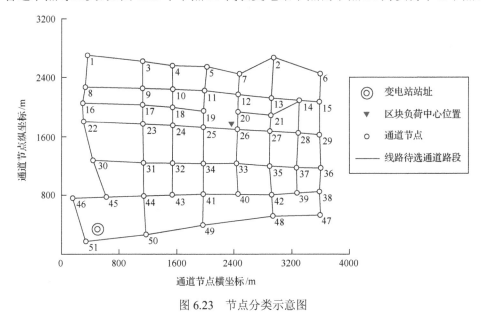

图 6.23　节点分类示意图

2. 网络布线优化模型

本节优化模型针对各相对独立的供电单元，在满足主干线通道连通性并深入

子供区负荷中心的条件下，以主干线路综合造价最小为目标进行主干线的布线规划优化，相应的布线优化模型可表示为

$$\min f_{3,i} = \sum_{b \in E_{g,i}} C_{g,b}, \quad i = 1, 2, \cdots, N_{dy}$$

$$\text{s.t.} \begin{cases} \varphi_{mv}(E_{g,i}) = 1 \\ \varpi_{mv}(E_{g,i}) = 1 \\ P_{td,q} \leqslant \overline{P}_{td,q}, \quad q \in \Omega_{dytd,i} \\ i = 1, 2, \cdots, N_{dy} \end{cases}$$

(6.13)

式中，N_{dy} 为所有供电单元的总数；$E_{g,i}$ 为第 i 个供电单元内主干线路通道路段(边)的集合；$C_{g,b}$ 为第 b 个通道路段(边)的综合造价；$\varpi_{mv}(E_{g,i})$ 和 $\varphi_{mv}(E_{g,i})$ 分别为对应 $E_{g,i}$ 的主干通道深入子供区负荷中心(以减小供电线路的总长度)和连通性的判断函数(等于 1 分别表示主干通道深入负荷中心和连通)；$\Omega_{dytd,i}$ 为第 i 个供电单元内主干通道编号集合。

3. 最短路算法

式(6.13)的优化模型可采用基于最短路的方法求解，以寻求具有最小综合造价的各供电单元主干线(含负荷中心主供线和负荷中心间的主干线)。

1)基本思想

最短路算法的基本思想是生长一棵以 v_0 为根的最短路树，在这棵树上每一节点与根之间的路径皆为最短路径[3]。最短路树的生长过程中各节点按照距 v_0 的远近以及顶点的相邻关系，逐次加入树中，先近后远，直至所有节点都已在树中。

2)算法步骤

算法通过不断修改节点的标号来进行最短路路径的搜索。算法的标号输出是一个最短代价树，每个节点的标号有 $C(i)$、$p(i)$ 和 $s(i)$ 三种。其中，$C(i)$ 表示第 i 个节点与源节点之间的最短代价，$p(i)$ 表示按照当前的最短代价路径第 i 个节点在最短代价树中的父节点号，$s(i)$ 表示该节点的状态，分为没有标号、临时标号和永久标号三种状态。

在算法开始时所有的 $C(i)$ 被初始化为正无穷大，$C(v_0) = 0$(v_0 为源节点号)；$s(i) =$ 没有标号，$s(v_0) =$ 临时标号。标号过程如下：

(1)若没有临时标号节点，则结束标号过程。

(2)扩展临时标号节点 i 的后继节点 j，基于节点 i 和 j 之间通道路段(边)的综合造价 $C_g(i,j)$ 计算 $d(j)$。若 $C(i) + C_g(i,j) < C(j)$，则

$$C(j) = C(i) + C_g(i, j), \quad p(j) = i, \quad s(j) = 临时标号$$

(3)若节点 i 有未扩展的后继节点，则转步骤(2)。

(4)若 $s(i) =$ 永久标号，转步骤(1)。

4. 基于最短路的两步算法

若已知各供电单元子供区的负荷中心，本节基于最短路的两步算法首先确定各子供区负荷中心到其主供站的主供线路优化布线，然后在各单元供电范围内确定可能存在的两子供区间转供路径的优化布线。

1)子供区负荷中心到其主供站的布线

针对各子供区，以其供电变电站为根，采用最短路算法，将各类地理节点按其与根之间通道路径综合造价的大小以及节点间的邻接关系逐个加入最短路树中，直到最短路树中包含该子供区的负荷中心节点；然后基于相关父节点信息，获取负荷中心节点到其供电变电站节点的最短路径，即主干线中的主供线路径。

2)各子供区负荷中心间的布线

针对各站间或自环供电单元，首先，添加一虚拟电源点并假定此虚拟节点到该供电单元内各子供区负荷中心间的距离或综合造价为零，而与其他类型通道网络节点的直接距离或综合造价为一大数；其次，以此虚拟节点为根，采用最短路方法，将通道网络节点逐一加入最短路树中；再次，基于供电单元内各连支两端节点及其父节点信息，获取各连支的基本回路；最后，在综合造价最小的基本回路中提取相应负荷中心节点之间的站间或站内最短路径，即主干线中的联络线路径。

5. 通道容量约束处理

对于通道容量约束，首先在不考虑通道容量约束的情况下，基于最短路的两步算法进行网络布线优化；然后采用支路交换法尽量以最小的成本消除可能存在的通道容量越限问题。

6.6　过渡网架规划

遵循 6.4.1 节中供电分区划分的原则，本节给出了基于"远近结合"的供电分区划分及其过渡网架规划的思路和方法。

1. 供电分区过渡优化

对于负荷发生变大(变小)需要变电站布点增加(或减少)的情况或规划路网发生较大调整时，站间联络关系会发生变化，供电网格/单元的边界应作相应调整，如拆分、合并或调整边界。为了减少由此带来的网架结构的调整和改造量，应基于含过渡网架投资费用和改造费用的总费用对供电分区的调整方案进行优化。其中，值得研究的方案涉及基于中压环状型和网状型组网形态的供电分区，相应的网架柔性规划思路、模型和方法详见第 7 章，相应的结论主要有：网状型组网较适用于新区建设的初期、建成区电网改造和配电网一次成型的新区，环状型组网由于较为标准和易于扩展且对不确定性因素适应较强，适用于负荷增长较为平稳的发展区建设(参见 4.6 节和 7.5 节)。

2. 网架过渡策略

1)宏观：逐片建设改造

为避免重复改造和便于施工，过渡年网架规划应与远景年目标相协调，充分考虑现有网架和设备，结合市政和变电站建设时序，抓住建设契机，逐片进行建设改造。

(1)新区。

按目标网架主干线构建，做到"新建一片，成型一片"。

①过渡年负荷与远景年接近的地区，可参照远景年组网模式，一次性建成供电网格目标接线方式。

②过渡年负荷未成熟时，可减少网格内主供线路条数，也可多个网格采用串接或并接方式共享电源(见图 6.24)，待新站投运后通过 π 接入或直接接入。

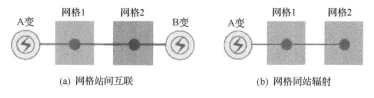

(a) 网格站间互联　　　　　　(b) 网格同站辐射

图 6.24　过渡期网格合并示意图

(2)易改造地区。

易改造地区为向目标网架过渡中相关因素影响较小的地区，但不宜大规模改造，应做到"改造一片，完善一片"。

①以变电站新建为契机，成片改造网格并合理过渡到目标网架。

②以中压线路新建为契机，调整主干、切改分支，合理过渡到目标网架。

2)微观：局部调整

(1)变电站供电范围调整。

随着过渡年变电站布点数目的变化，可基于变电站中压线路的最远供电距离，调整站间供电范围以适应负荷的发展，达到推迟投资或防止不必要投资的目的(见7.6 节)。

(2)难改造地区。

难改造地区为受用户和通道等因素影响难于向目标网架过渡的地区，应采取"保持既有格局，局部理清关系"的策略进行优化(适当调整主干和分支及其联络方式)。

6.7　电缆通道规划

电缆通道相对于架空走廊来说更为复杂，而且为节省土地资源和美化景观，一般城市配电网的建设改造也以中压电缆线路为主，为此本节将介绍一种适用于城市建成区和新城区的中压配电网电缆通道规划实用方法。与 6.3 节候选通道组网用以事先确定主干线路候选路径分布不同，本节电缆通道规划是根据目标年主干网架规划结果测算电缆通道的最终需求量，而且涉及主干通道和次通道的规划。

1. 电缆通道基础

配电网电缆敷设方式有直埋、电缆沟、排管和电缆隧道等，其适用环境和优劣势如表 6.3 所示，根据建设规模和条件所采用的敷设方式应符合如下规定[14, 15]：

表 6.3　各电缆敷设方式的特点

电缆敷设方式	适用环境	优势	劣势
直埋	电缆线路不太密集的城市地下走廊，如市区人行道、公共绿地	不需要大量的土建工程，施工周期短	检修、维护需开挖道路，不方便
电缆沟	地面载重负荷较轻的电缆线路路径，如工厂厂区、发电厂和变电站内	易于故障处理和维修，外力破坏较少，敷设在空气中电缆载流量较大	线路防水性较差，沟体较浅，人和设备难于进入，发生火灾时影响整个断面
排管	城市交通比较繁忙，有机动车等重载，敷设电缆条数比较多的地段	施工相对简单，线路相互影响小，且检修维护方便	土建投资较大，工期较长，修理费用较大，散热条件差
电缆隧道	电缆穿越河道、变电站出线及重要道路电缆条数多的地段	单体容量较大，散热好，无外破，易于故障处理；可敷设多条电缆	施工复杂，工期长，建设费用较高，维护量大

(1)直埋敷设适用于敷设距离较短、数量较少、远期无增容或无更换电缆的场所，电缆主干线和重要负荷供电电缆不宜采用直埋方式。

(2)电缆平行敷设根数在 4 根以上时，可采用电缆排管。电缆排管首先考虑双层布设，路面较狭窄时依次考虑 3 层、4 层布设，规划 A+、A 类供电区域沿市政道路建设的电缆排管管孔一般不少于 12 孔，但不应超过 20 孔，同方向可预留 1~2 孔作为抢修备用。

(3)变电站及开关站出线或供电区域负荷密度较高的区域，可采用电缆隧道或沟槽敷设方式。

(4)规划 A+、A、B 类供电区域，交通运输繁忙或地下工程管线设施较多的城市主干道、地下铁道、立体交叉等工程地段的电缆通道，可根据城市总体规划纳入综合管廊工程，建设标准符合《城市综合管廊工程技术规范》(GB 50838–2015)的规定[16]。

(5)电缆通道建设改造应同时建设或预留通信光缆管孔或位置。

(6)电缆通道与其他管线的距离及相应防护措施应符合《城市工程管线综合规划规范》(GB 50289–2016)的规定[17]。

电缆通道规划需考虑燃气、供水管和通信管等市政规划之间的距离协调，如图 6.25 所示的某规划道路断面图。以电缆沟敷设和直埋方式为例，电力管线与其他建(构)筑物之间允许最小距离如表 6.4 所示[17]。

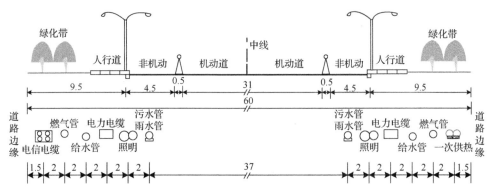

图 6.25　某规划道路断面示意图(单位：m)

表 6.4　电缆与电缆、管道、道路、构筑物等之间允许最小距离

电缆直埋敷设时的配置情况		平行距离/m	交叉距离/m
控制电缆之间		—	0.5[①]
电力电缆之间或与控制电缆之间	10kV 及以下电力电缆	0.1	0.5[①]
	10kV 以上电力电缆	0.25[②]	0.5[①]
不同部门使用的电缆		0.5[②]	0.5[①]
电缆与地下管沟	热力管沟	2.0[③]	0.5[①]
	油管或易(可)燃气管道	1.0	0.5[①]
	给水管线	0.5	0.5
	污水、雨水管线	0.5	0.5
	通信管线	0.5	0.5
	管沟	1	0.5
电缆与铁路	非直流电气化铁路路轨	3.0	1.0
	直流电气化铁路路轨	10.0	1.0
电缆与建筑物基础		0.6[③]	—

续表

电缆直埋敷设时的配置情况	平行距离/m	交叉距离/m
电缆与道路边	1.5③	—
电缆与排水沟	1.0③	—
电缆与树木的主干	0.7	—
电缆与 1kV 及以下架空线电杆	1.0③	—
电缆与 1kV 以上架空线杆塔基础	4.0③	—

注：①用隔板分隔或电缆穿管时不得小于 0.25m。
　　②用隔板分隔或电缆穿管时不得小于 0.1m。
　　③特殊情况时，减少值不得大于 50%。

2. 规划基本思路

通过科学实用的电缆通道规划，可将电网规划与城市规划相结合，统筹兼顾配电网通道走廊建设，争取政府对配电网建设的支持，确保配电网规划建设改造项目顺利落实，避免随意建设带来资源浪费和经济损失。现有方法[18]主要根据规划区常用的电缆敷设方式和配电网目标网架，测算电缆通道的需求量，但这些方法对于负荷发展不确定和变电站实际布点可能变动的新城区，往往需要调整通道规划方案，导致重复建设和投资增加。

在实际配电网建设改造中，负荷预测具有较大的不确定性，电力线路不可能一次成型，线路通道可行性研究及其刚性预留成为配电网建设改造的关键。因此，本节基于这一出发点，阐述一种实用的中压配电网电缆通道规划方法[19]：对于老城区，在分析现状电缆通道存在问题的基础上，结合政府规划和配电网网架规划，疏通固有通道或开辟新通道，在考虑电力通信管道、支线、用户所用电缆管道及电缆通道应具有一定裕度的基础上，确定电缆通道的需求规模；对于新城区，可基于柔性规划的理念和工程经验，根据路网规划中不同道路宽度编制电缆通道规划方案，与市政道路主干道同步建设目标年"路路通"饱和网状电缆通道，在降低施工难度和建设改造费用的同时，提高电缆通道的贯通性和适应性。其中，新城区亦可采用老城区的规划方法，结合配电网网架规划开展电缆通道规划，但需要依赖变电站布点及其出线规划，对不确定性因素的适应性不强。

3. 实用规划方法

1) 老城区规划方法

(1) 诊断分析。

① 政府规划分析。

为协调电缆通道规划与政府其他专项规划，收集政府规划，了解规划区域的总体市政规划及控规详规(包括建设时序)，分析规划区域内通信、燃气和雨水等管网布置方式和规模等情况，找出其他通道布置的位置和数量。

②电缆通道现状分析。

通过调研，确定规划区现状电缆通道的情况，主要包括敷设方式、建设规模和已使用规模，在规划区市政规划地理背景图上画出现状电缆通道图；分析现状管沟的健康状况，明确管线矛盾突出的区域，总结现状电缆通道存在的主要问题及严重程度(如部分道路电缆通道资源紧张和部分道路电力管道建设标准不统一等)。

(2)规划原则制定。

依据相关技术标准和工程实践经验，结合规划区域的现状配电网和配电网规划方案(包括主干和分支线路具体走向和出线规模)，制定规划区域通道规划思路及改造与新建标准。相关标准主要包括电缆通道与电力通信需求通道配合标准，检修井、转角井布置标准，电缆通道截面标准，通道深度、宽度建设标准，道路宽度与管道数配合标准，其他管网与电缆通道配合标准等。

(3)电缆通道规划。

结合政府规划、电缆通道现状和配电网网架规划方案，依据制定的电缆通道规划原则确定不同区域、不同路段的线路敷设方式和敷设规模，并给出不同敷设方式下的技术要求、走廊宽度和管沟规格等，明确规划区域未来发展对电缆通道的需求总量及分布情况，合理安排方案时序，并估算电缆通道规划规模及投资。

①规划方案编制思路。

(a)以规划远景年电缆通道需求为目标，注重近期急需建设与远期需求建设相结合，充分了解电缆通道现状情况，找出急需建设区域，逐步建设电缆通道。

(b)对于城市配电网络的电缆通道建设，尽量结合市政道路主干道建设同步建设主干电缆通道，形成较为清晰明确的主干网络，确保配电网电缆通道的落实。

②规划方法步骤。

(a)通道路径确定。根据目标网架规划成果确定电缆通道路径，要力求经济合理，充分利用现状已有的剩余通道，新建电缆通道能短则短，不要绕道。

(b)道路黄线协调。电缆通道路径，包括各种附属土建设施(如电缆排管、工井、隧道、电缆沟等)的位置，应符合城市规划管理部门制定的道路地下管线的统一规划。例如，有的城市规定，电力电缆的管线位置一般在道路的东侧或南侧人行道或非机动车道。

(c)敷设方式选取。电缆敷设方式应视工程条件、环境特点和电缆类型、数量等因素，且按满足运行可靠、便于维护的要求和技术经济合理的原则来选择。

(d)建设规模测算。结合同一路径上近期和远景电缆平行根数的密集程度、道路结构、建设资金来源等因素，测算排管、电缆沟或隧道等土建设施的规模。

(4)方案成效分析。

评估规划电缆通道建成后，针对现状电网电缆资源已用完或者资源紧张问题的解决情况，分析规划方案是否满足新增负荷需求，分析规划电网建成后带来的社会经济效益。

2) 新城区规划方法

结合相关技术规范和工程实践经验，制定新城区基于道路宽度的"路路通"饱和网状电缆通道规划基本原则：

(1) 对于 B 类及以上的新区，为便于新增负荷和变电站布点的就近接入，基于"路路通"的思路，依据相关技术原则，结合路网道路规划宽度，确定新城区网状电力通道的结构及其规模。

①城市主干道(如宽度 40m 以上道路)需在道路两侧预留 10kV 电缆管群，各侧有效孔数均不少于 20 孔；变电站出口预留 24 孔。

②城市次干道(如宽度在 20～40m 的道路)需在道路两侧或单侧预留电缆管群，各侧有效孔数不少于 16 孔。

③分支干道(如宽度小于 20m 道路)需在单侧预留电缆管群，有效孔数不少于 12 孔。

④为方便施工维护，直路每隔 40～50m 需预留工井，每隔 300m 应预留接头井。路口应预留转角井(或三通、四通井)和过街管。

⑤缆管群埋深不小于 0.5m。

(2) 通道规划时要留有余地，对重要道路及负荷密集地区的通道，根据经验推荐按规划电缆数增加 50%左右设置，一般地区按增加 30%考虑。

(3) 电力通道规划应与城市总体规划相结合，与各种管线和其他市政设施统一安排。

(4) 电力电缆应布置在人行道或非机动车道下面，不应布置在机动车道下；工程管线在道路下面的规划位置宜相对固定。从道路红线向道路中心线方向平行布置的次序宜为电力电缆、电信电缆、燃气配气、给水配水、热力干线、燃气输气、给水输水、雨水排水、污水排水。

6.8　馈线配变装接容量

馈线配电变压器(简称配变)装接容量的多少影响系统的安全性和经济性。对于配变装接容量偏高的线路，或是由于变压器设备容量闲置、损耗率较大，或由于配变负载率的提高导致线路满载或过载。

1. 配变装接容量的计算分析

中压配电线路主干线型号与所带的配电变压器总容量应相匹配，以充分发挥各自的供电能力。由于线路的配变装接容量和配变的负载率共同影响线路的负载情况,因此应按导线合理输送容量和配变经济输送容量来确定该线路的配变装接总容量。

根据文献[20],10kV 线路持续容许负荷、不同最大负荷年利用小时数下的经济输送容量和经济负载率如表 6.5 所示;变压器的经济负载率在最大负荷年利用小时数大于 3000h 时取 0.6～0.7,最大负荷年利用小时数小于 3000h 时取 0.75～1.0。

表 6.5　10kV 线路持续容许负荷、不同最大负荷年利用小时数下的经济输送容量和经济负载率

导线型号	持续容许负荷/(MV·A)	3000h 以下		3000～5000h		5000h 以上	
		经济输送容量/(MV·A)	经济负载率/%	经济输送容量/(MV·A)	经济负载率/%	经济输送容量/(MV·A)	经济负载率/%
LGJ-50	3.80	1.43	38	1.0	26	0.8	21
LGJ-70	4.76	2.0	42	1.4	29	1.1	23
LGJ-95	5.75	2.7	47	1.9	33	1.5	26
LGJ-120	6.57	3.4	52	2.4	37	1.9	29
LGJ-150	7.70	4.3	56	3.0	39	2.3	30
LGJ-185	8.91	5.3	59	3.7	42	2.9	33
LGJ-240	10.55	6.9	65	4.8	45	3.7	35

注:持续容许负荷的环境温度取 25℃。

一般情况下,城市电网负荷较重,对供电可靠性要求高,线路应留有负荷互供转移裕度;农村电网线路一般为辐射状结构,可从经济输送容量考虑所带负荷。因此,10kV 线路合理配变装接容量上限估算公式可表示为

$$S_{dt} = \frac{S_{dl}\eta_{l,max}}{\eta_{t,eco}k_t} \tag{6.14}$$

式中,S_{dt} 为单条 10kV 线路合理配变装接总容量上限估计值;S_{dl} 为单条线路的容量;$\eta_{l,max}$ 为线路负载率上限,城市线路可取 0.5(单环网或"手拉手")、0.67(两分段两联络)、0.75(三分段三联络)或 1.0(n 供一备),农村线路可参考表 6.5 中的经济负载率取值;$\eta_{t,eco}$ 为配电变压器经济负载率,本节在最大负荷年利用小时数大于 3000h 时取 0.6,小于 3000h 时取 0.75,也可根据实际情况取其他值;k_t 为配变之间的同时率,一般取 0.9。

基于城乡电网线路不同导线型号合理输送容量和配变经济负载率,按式(6.14)计算,可得到各导线型号线路的合理配变装接总容量上限估计值,如表 6.6 所示。

2. 问题及其解决措施

线路的配变装接总容量偏高的原因很多,如一些较大用户在建设过程中,配变装接容量按饱和负荷考虑,而建成后初期用电负荷又较小,造成线路负荷不重

而装接的配变容量却很大的情况。

表 6.6　单条 10kV 线路与各导线型号相匹配的合理配变装接容量上限

导线型号	城市配变装接容量/(MV·A)				农村配变装接容量
	单环网/"手拉手"	两分段两联络	三分段三联络	n 供一备	(单辐射线路)/(MV·A)
LGJ-70	3.5/4.4	4.7/5.9	5.3/6.6	7.1/8.8	3/2.6/2
LGJ-95	4.3/5.3	5.7/7.1	6.4/8	8.5/10.6	4/3.5/2.8
LGJ-120	4.9/6.1	6.5/8.2	7.3/9.1	9.7/12.2	5.1/4.5/3.5
LGJ-150	5.7/7.1	7.6/9.6	8.6/10.7	11.4/14.3	6.4/5.6/4.3
LGJ-185	6.6/8.3	8.8/11.1	9.9/12.4	13.2/16.5	7.8/6.9/5.4
LGJ-240	7.8/9.8	10.5/13.1	11.7/14.7	15.7/19.6	

注：对于表中以"*X/Y*"形式出现的两数值，数值 *X* 和 *Y* 分别为对应"3000h 以下装接容量"和"3000h 以上装接容量"的配变装接容量；对于表中以"*X/Y/Z*"形式出现的三数值，数值 *X*、*Y* 和 *Z* 分别为对应"3000h 以下装接容量"、"3000~5000h 装接容量"和"5000h 以上装接容量"的配变装接容量；由于实际配电网中可能存在大量的专用配变，配变的平均负载率较低(即配变难以维持在经济负载率左右)，这导致实际馈线的配变装接容量可能远大于表中的数值。

对于 10kV 线路配变装接容量偏大的情况，或是变压器设备容量闲置、损耗较大，或是一旦将来低载运行配变的负载率有所提高，可能导致线路负载率超过其经济负载率或"*N*–1"安全准则允许的负载率，甚至导致线路满载或过载运行。实际电网规划中常会遇到这样的情况：10kV 馈线中，仅有几条线路装接的配变平均负载率超过 50%，却有几十条线路的负载率超过 75%。

对于配变装接总容量偏高的线路，在将来的规划改造中应及时采取换大导线、增加变电站出线和调整配变分布等措施，对这些线路供电能力和配变的运行状态进行改善。有时为了增加 10kV 出线还需要增加变电站布点。

6.9　网格化管理

本节网格化管理涉及"纵向贯通"的权责明确、"横向协同"的工作体系、"三上三下"的工作机制、网格"链图"和"九宫图"以及网格管理的信息化，强化了规划方案的落地性和经济性。

1. "纵向贯通"的权责明确

基于宏观通道组网和网格组网的管理体系，可将管理责任分层分供区落实到人，有效明晰各层级和各部门规划人员的职责分工：自上而下传递理念，自下而上提出需求，不易出现管理真空或交叉管理的问题，强化了管理权限的刚性。

(1)资源储备层面(上层)：公司领导和相关部门从电网整体协调出发，优化候选通道组网，并通过建立长效的政企沟通机制，确保土地资源预留，强化方案可行性。

（2）网架优化层面（中层）：基于候选通道组网，规划设计部门牵头会同基建、生技和用电部门，遵循效率效益导向全面优化供电网格及单元划分，强化目标网架及其过渡方案的可靠性、安全性、灵活性和经济性。

（3）项目编制层面（基层）：区县分公司建设运维部门一线人员以供电单元为单位，遵循问题导向和目标导向，基于丰富的运行维护管理经验，发挥熟悉现场实际的优势，优化建设改造项目的编制，确保项目落地，强化建设项目的可行性和经济性。

2. "横向协同" 的工作体系

在公司范围内形成由公司领导主持，由规划部门牵头会同基建、生技、营销和调度等部门的"横向协同"规划管理和编制方式，技术和经济相结合，协同管控网改、迁改、新居配、用户工程等各类工程，促成公司各项工程共同按照"一张蓝图干到底"，避免重复投资和项目轻重缓急安排不当，有效规避建设风险及大拆大建。具体分工如下：

（1）规划设计部门（如发展策划部或计划发展部）：结合运检和调度等部门意见制订适合本地电网建设的发展目标与技术原则，统筹各部门管理边界，细化有利于网架优化的网格/单元划分方案；吸收先进配电网的经验，开展基于全局统筹和效益效率导向的目标网架与过渡网架的规划；与网架建设需求相结合，梳理站址通道需求，编制电力设施布局规划或电力专项规划并将其纳入政府控制性详细规划。

（2）建设运维部门（如运检部、配网办和设备部）：逐变逐线逐村建立台账；全面梳理近期亟待解决的问题，找准短板，提出改造项目；依据现场建设条件评估过渡网架并编制过渡项目，确保规划项目可落地；"以供电单元为单位，以负荷需求为依据，以所有问题为导向，以目标网架为引领"的原则编制项目。

（3）调度与安监部门：提供电网运行数据；梳理运行风险；提出目标网架建议和近期网架优化建议。

（4）营销部：提供用户报装需求和接入方案，落实用户报装情况位置、容量、负荷需求和接入方案等。

（5）支撑机构（如经研所和咨询单位）：分阶段评审；支撑规划部门各项工作。

采用"横向协同"工作体系可有效解决规划项目和建设项目两张皮的问题。在项目的编制过程中，规划设计部门应主导目标和过渡网架结构的制定。建设运维部门应主导新建和改造项目的优化编制。以图 6.26 为例，现状由区内甲变及区外的乙变和丙变供电，除跨区域远距离供电外，运行部门提出的现状电网问题有过载、单辐射和不满足"N-1"安全准则等。若这些问题由建设运维部门单独立项解决，会产生众多不同方案及其组合；若基于电网规划的成果，"以供电单元为单位，以负荷需求为依据，以所有问题为导向，以目标网架为引领"，抓住丁变新建、市政拓宽道路和电缆沟建设的契机，充分利用存量网架和设备，整片改造，则可结合网架优化一次性解决与网架相关的全部问题。

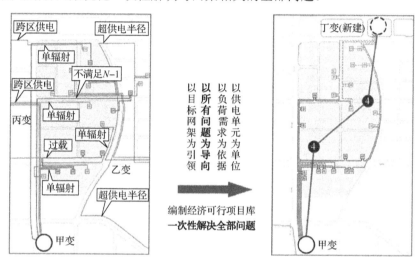

图 6.26　项目优化编制案例示意图

3. "三上三下"的工作机制

"三上三下"的工作机制用于避免方案脱离现场实际，确保项目落地实施，具体包括以下六个编制环节：

(1)一下：数据收集下至基层，获得一手资料，确保数据精准。

(2)二下：方案编制下至基层，摸清问题所在，确保举措精准。

(3)三下：项目复核下至基层，落实可行性，确保落地精准。

(4)一上：完成项目库，主管部门审核后，报公司审核。

(5)二上：完成修改工作，形成报审稿，交上级审核。

(6)三上：完善后上报政府，迎接终审。

4. 网格"链图"和"九宫图"

作为网格化管理工具和网格化成果展示方式，网格"链图"和"九宫图"分别用于描述各网格/单元间的宏观组网形态(详见图 4.34 及其说明)和各网格/单元内的微观接线图(含项目描述)。如图 6.27 左上角小图所示，网格链图中圆圈内的数字表示相应网格链各侧供电变电站的中压出线条数，不同灰度或颜色的区块表示不同的网格。

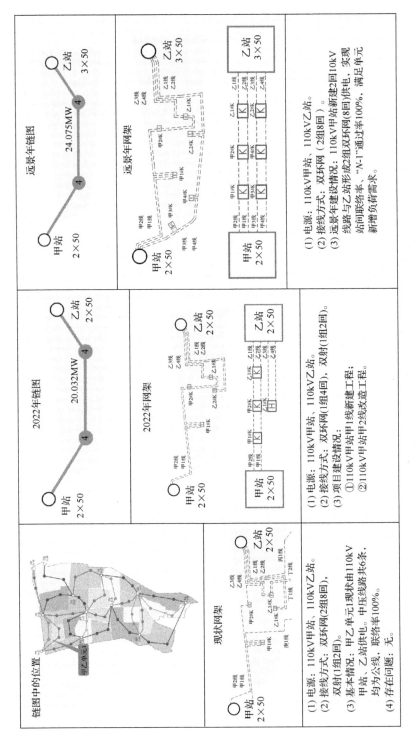

图6.27 某网格/单元"九宫图"

作为"一张蓝图绘到底"的网格化管理工具，本章推荐采用一个网格/单元一张图的方式展示网格化规划成果，如图 6.27 所示的某网格/单元"九宫图"。图中，左边从上到下的三个"宫"分别展示网格/单元在规划区域网格链图中的地理位置、现状地理接线图和现状电网存在的问题，体现了规划的"问题导向"；中间从上到下的三个"宫"分别给出了过渡年网格/单元链图、项目图(含地理接线图和电气接线图)与项目描述，体现了规划的"效率效益导向"；右边三个"宫"分别给出了目标年链图、项目图和项目描述，体现了规划的"目标导向"。

5. 网格管理的信息化

配电网规划管理规范化和信息化方面，将以配电网供电网格/单元为基本单元，结合生产系统、地理信息系统、数据采集与监视控制系统、计量自动化系统、营销系统、项目系统和投资计划系统，配合市政规划和通道资源等，集成配电网规划需要的数据，有效掌握每个网格/单元内设备数据、运行指标和负荷发展等重要数据的历史、现状和未来发展情况，便于管理者开展相关分析。进而以电网资源云平台为工具，以数据挖掘为支撑，以可视化的地理图形展示为载体，构筑基于供电网格/单元的配电网规划信息支撑平台。

6.10　应　用　算　例

本章方法已成功应用于国家电网公司和南方电网公司众多实际配电网的网格化规划，涉及重庆、杭州、武汉、河南、云南、陕西和贵州等多个省市。下面以三个规划区域为例介绍本章方法的具体应用。

6.10.1　算例 6.1：网格化规划方法比较

本算例以某市城区目标年中压配电网规划为例，规划面积共计 38.59km^2，总负荷为 250.34MW。

1. 负荷分布预测和变电站规划

首先采用空间负荷预测方法获得目标年负荷分布，然后基于该负荷分布进行变电站布点及其容量规划(包括各站正常情况下的供电范围)，结果目标年共有 5 个变电站，各站容量均为 3×50MV·A。

2. 候选通道组网

根据 6.3 节中主干通道的构建思路，基于负荷分布、变电站布点、现状通道和新增通道分析确定主干通道的布局，结果如图 6.28 所示(图中黑色实线表示非站间联络网格的主干通道，其他不同的线型分别代表不同站间联络网格的主干通道)。

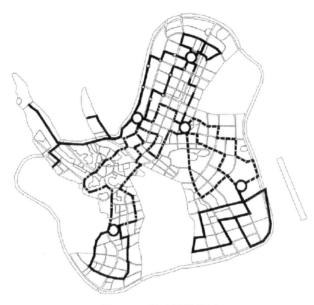

图 6.28 候选通道组网

3. 供电网格划分

采用 6.4.4 节基于负荷主供站和备供站的启发式方法识别站间供电网格和非站间供电网格,可形成 5 个站间供电网格和 4 个非站间供电网格,结果如图 6.29 所示

图 6.29 供电网格和供电单元划分结果

(图中不同填充区域代表不同的站间联络网格；未填充区域根据地块位置直接相邻且仅有一个主供站的原则归为不同的非站间联络网格；粗虚线为站间联络网格中两个供区的分界线)。

4. 供区优化调整和供电单元划分

在图 6.29 中，有 7 个网格负荷过大，需首先采用 6.4.5 节子供区细分方法对过大供区进行细化，然后采用 6.4.6 节的方法对细化后的子供区进行局部优化调整，最后利用 6.4.7 节的供电单元形成方法，将大网格划分为多个小规模的供电单元(图中粗实线为供电单元的边界)。

作为子供区局部优化调整的示例，考虑图 6.29 中位于单元子供区 i 中负荷 k 对应区域调整到子供区 j 的以下三种情况。

1)基于用地性质的分区调整

假设子供区 i 中负荷 k 为居民负荷，其余部分为工业负荷，子供区 j 为商业负荷。由于居民负荷与工业负荷的同时率较低，居民负荷与商业负荷的同时率较高，负荷 k 可与子供区 i 中工业负荷达到削峰填谷的效果。若进行定量计算，可由式 (6.5) 求得 $CL_{i(k),j} = -8.175$ 万元/年，即仅考虑用地性质的影响时单元子供区 i 中负荷 k 对应区域调整到子供区 j 引起的等值线路年收益增加值为负值，因此不宜进行相应的调整。

2)基于供电区域类型的分区调整

若子供区 i 中负荷 k 对应区域是 A 类供电的区域，其余部分为 B 类供电区域；子供区 j 是 A 类供电区域；$\gamma_{L(i\_,k)} = \gamma_{L(j,k)} = 1.2$。考虑到 k 对应区域和子供区 j 供电可靠性要求一致而且位置相邻，为便于统一建设和管理，可考虑将负荷 k 对应区域调整至子供区 j。若进行定量计算，由式 (6.6) 求得 $CA_{i(k),j} = 73.53$ 万元/年 (为正值)，因此仅考虑供电区域类型时宜将单元子供区 i 中负荷 k 对应区域调整到子供区 j。

3)考虑多因素影响的分区调整

若同时考虑用地性质和供电区域两个因素的影响，根据式 (6.10) 求得综合年收益增加值为 $C_{i(k),j} = 67.294$ 万元/年 (为正值)，因此宜将单元子供区 i 中负荷 k 对应区域调整到子供区 j。

5. 链图生成及 10kV 布线

若 10kV 线路型号采用 YJV-3×300(持续输送容量约为 9MV·A)，根据负荷预测结果确定供电单元各供区主干线的出线数及其链图，并采用人工布线(各单元供区规模小)或 6.5.3 节中压布线方法对该区域进行主干线路沿街道的布线，结果如图 6.30 所示(图中圆圈内的数字表示各侧变电站的中压出线条数,虚线代表沿街道的 10kV 布线)。

图 6.30　采用本章方法得到的供电单元链图及沿街道 10kV 布线

6. 常规供电分区方法与本章方法的比较

1)常规供电分区划分主要原则

本章常规供电分区方法采用《配电网网格化规划指导原则》[6]。

(1)供电网格划分。

①供电网格一般结合地形地貌、供电服务管理权限和用地规划中的功能分区进行划分;不宜跨越不同负荷分区(A+~E),不宜跨越 220kV 供电分区。

②供电网格应遵循电网规模适中且供电范围相对独立的原则,远期一般应包含 2~4 个具有 10kV 出线的上级公用变电站。

(2)供电单元划分。

①供电单元划分应遵循电网发展需求相对一致的原则,一般由若干个相邻、开发程度相近、供电可靠性要求基本一致的地块组成;不宜跨越市政分区。

②供电单元的划分应考虑变电站的布点位置、容量大小、间隔资源等影响,远期一般应具备 2 个及以上主供电源,包含 1~3 组 10kV 典型接线。

2)规划结果对比

(1)总体情况对比。

基于常规供电分区划分原则法对该区域进行供电分区划分,并进行主干线路沿街道布线,结果如图 6.31 所示。

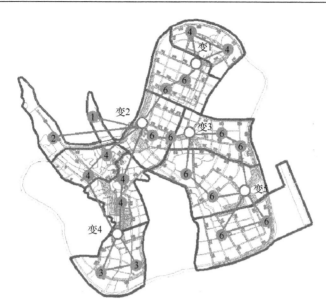

图 6.31　采用常规方法得到的供电单元链图及沿街道 10kV 布线

两种方法规划结果总体情况对比如表 6.7 所示。

表 6.7　两种方法规划结果总体情况比较

方法	供电网格个数	供电单元个数	主干线路条数	线路总长度/km	线路平均长度/km	线路平均负荷/MW	线路长度均方差/km
常规	3	10	96	258.4	2.69	5.65	0.866
本章	9	21	95	209.6	2.20	5.71	0.791

由表 6.7 可以看出，两种方法的供电网格个数和供电单元个数差距都很大，这是由于两种方法对供电网格和供电单元的定义不同。但由于本章方法主要采用了基于综合造价最小的转供线路进行供电分区，较常规方法在主干线路总长度上减少了 18.89%，可节省更多线路投资；在主干线路平均长度上减少了 18.22%，在线路长度均方差上减少了 8.67%，可有效改善线损、电压和可靠性指标(线路电能损耗和电压损耗及用户年均停电时间近似与线路长度成正比)。

(2)局部情况对比。

为对比两种方法站间联络网格的差异，以变 1 的局部供电区域为例，相应规划结果示意图如图 6.32 所示。

可以看出，在图 6.32(a)中变 1 仅与变 2 联络，这是由于按照地块用地功能划分后形成的较大站间联络网格，主干线路平均长度为 2.32km；而在图 6.32(b)中变 1 与变 2 和变 3 分别形成联络，这是由于本章方法考虑了负荷的就近备供，主干线路平均长度为 1.77km，较常规方法缩短 23.71%。

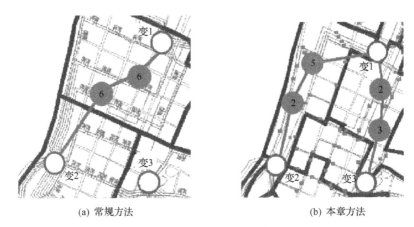

(a) 常规方法   (b) 本章方法

图 6.32 两种方法站间联络网格规划结果对比图

为对比两种方法站内自环单元的差异,以变 5 的局部供电区域为例,相应规划结果示意图如图 6.33 所示。

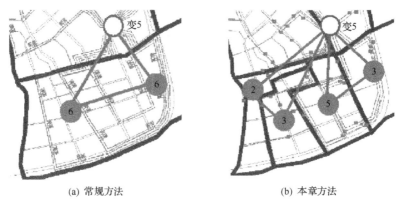

(a) 常规方法   (b) 本章方法

图 6.33 两种方法站内自环单元规划结果对比图

可以看出,在图 6.33(a)中变 5 的非站间联络网格较大,采用环中套环的方式形成多个自环,各环主干线路长度差异较大,线路平均长度为 3.54km;而在图 6.33(b)中,变 5 的非站间联络网格首先被划分为多个并行排列子供区,再就近形成两个自环供电单元,主干线路平均长度为 3.22km,较图 6.33(a)的主干线路平均长度缩短了 9.04%。另外,在图 6.33(a)中,各供电单元呈现串行排列方式,各主干线路长度差异较大,电能损耗和电压损耗较大;而在图 6.33(b)中,子供区近似并行排列,各主干线路长度差异较小,电压损耗和电能损耗较小。

因此,相比随意性较大的常规方法,采用本章方法的供电分区划分方案不仅由于线路总长度趋于最小可以明显节约投资,而且由于线路平均长度较短能有效改善线损率、电压合格率和供电可靠率等三大指标。

6.10.2 算例 6.2：目标网架及其过渡

算例 6.2 以某规划区域为例，介绍基于供电网格优化划分的中压配电网规划方法的具体应用。

1. 候选通道组网

对于现状走廊通道建设情况较为成熟的区域，应以利用已有通道为主；新增通道应充分考虑电力走廊的可行性，主要考虑新投运变电站的出线，但不宜穿越区域内河流与铁路，并尽量沿主干道分布。综合考虑现有通道、新增通道、负荷分布和新增布点等四点因素，形成如图 6.34 所示的"三横三纵"的候选通道组网（图中不同的线型代表不同的站间通道）。

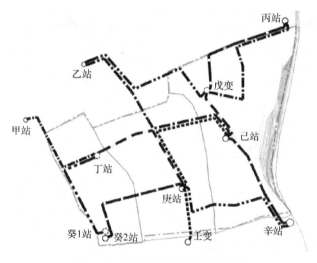

图 6.34 某规划区域候选通道组网

2. 网格单元优化划分

基于空间负荷预测结果，开展变电站布点规划：目标年规划区域共有区内 110kV 变电站 5 个，区外 110kV 变电站 5 个。以通道站间布局为约束，采用本章网格单元优化划分方法，得到目标年如图 6.35 所示的网格链图，共包含 12 个联络链。

以单元 1 为例，考虑到供电单元不宜跨越河流和主干道路的原则，结合各地块负荷大小及其负荷中心与变电站距离(近似以直线距离考虑)，给出其划分结果，如图 6.36 和表 6.8 所示。

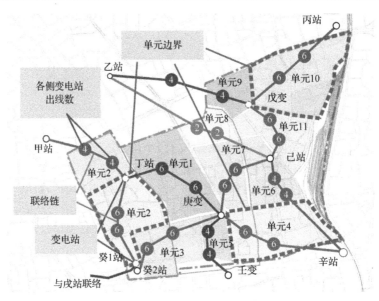

图 6.35 规划区域目标年网格链

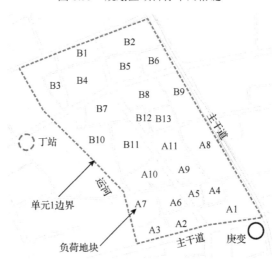

图 6.36 单元 1 负荷地块分布

表 6.8 单元 1 各负荷地块主供站和备供站

负荷地块	距 A 站/m	距 B 站/m	主供站	备供站	负荷地块	距 A 站/m	距 B 站/m	主供站	备供站
B1	1480	610	B 站	A 站	B6	1183	890	B 站	A 站
B2	1344	876	B 站	A 站	B7	1164	490	B 站	A 站
B3	1470	360	B 站	A 站	B8	1040	770	B 站	A 站
B4	1356	500	B 站	A 站	B9	915	980	B 站	A 站
B5	1250	750	B 站	A 站	B10	1102	440	B 站	A 站

续表

负荷地块	距A站/m	距B站/m	主供站	备供站	负荷地块	距A站/m	距B站/m	主供站	备供站
B11	917	640	B站	A站	A5	419	1068	A站	B站
B12	965	705	B站	A站	A6	533	931	A站	B站
B13	876	840	B站	A站	A7	698	804	A站	B站
A1	190	1313	A站	B站	A8	567	1103	A站	B站
A2	450	1060	A站	B站	A9	576	976	A站	B站
A3	616	930	A站	B站	A10	726	763	A站	B站
A4	322	1184	A站	B站	A11	730	873	A站	B站

3. 目标年主干网架构建

结合规划区域候选通道组网（见图 6.34）和规划区域目标年网格链（见图 6.35），采用人工规划方法得到中压线路沿街道布线结果，如图 6.37 所示（图中圆圈为变电站）。至目标年，规划区域各供电网格均以两个变电站为电源点，各网格主干线路的供电范围仅限于本网格内，各网格间线路不发生联络，线路联络率达到 100%且均满足"N-1"安全校验。

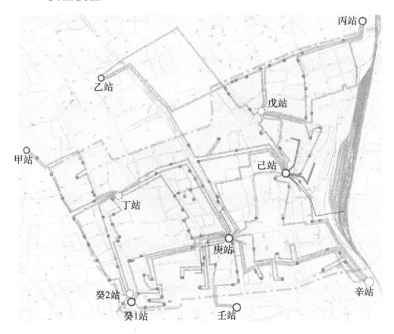

图 6.37　规划区域沿街道 10kV 布线

4. 网架过渡方案

基于变电站规划，2019 年没有新建变电站投运，重点依据现状问题安排南部几个较成熟单元的建设改造项目；2020～2022年结合西北部变电站新建逐步完善西北部网架，2022～目标年结合东北部变电站新建逐步完善东北部网架。各单元在目标网架建成之前，依据实际需求，以目标网架为约束，重点解决重过载及不满足"N-1"安全校验等问题。采用本章基于远近协调的思路，网架过渡中网格/单元逐年成片建设的示例如图6.38所示。

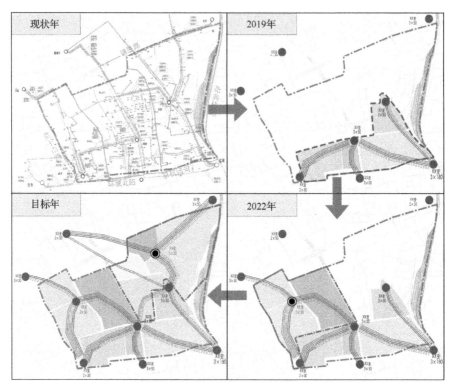

图6.38　某网架过渡过程中网格/单元逐年成片建设示意图
● 已有变电站；◉ 新建变电站；▒▒ 结合问题改造区域；□□ 新站配套改造区域

6.11　本　章　小　结

本章基于供电网格的优化划分阐述了一套中压网架规划优化的实用思路、模型和方法，全面强化了中压配电网网架规划方案的合理性和可操作性，解决了中压配电网规划长期缺乏操作简单且自成优化体系方法的问题。

(1)宏观通道和网格组网体现了基于全局统筹的规划方案的落地性和经济性。其中，候选通道组网优化深入负荷中心的候选主干通道(特别是站间联络通道)布局，主要用于强化规划方案的落地性；供电网格组网优化供电网格/单元的划分，主要用于强化规划方案的经济性和相对唯一性。

(2) 明确了供电分区划分的目的和原则。目的是实现配电网规划规模的由大到小和规划方法的由繁到简；原则是为做强中压配电网创造网架条件，各分区独自规划优化方案能够自动实现全局范围的"技术可行、经济最优"或"次优"以及时间上的"远近结合"。

(3) 本章供电分区优化划分方法体现了"简单的思想才有利于解决复杂问题"的理念。首先明确了供电网格/单元的定义，即尽量以两个变电站供电的站间主供和就近备供的大小适中的负荷区域。然后将供电分区划分方法分为或简单或简化的三种情况：一是站间/站内供电网格/单元的直观识别，过程和结果都简单；二是供电网格/单元子供区划分结果的并行排列，相关论证过程较复杂但结论和应用较简单；三是供电网格/单元的精细划分，可借助软件编程实现供电分区划分过程的简化。

(4) 为获得简洁、经济和安全可靠的网架规划方案，推荐了相应的供电分区优化划分规则：同一供电分区的供电变电站尽量多于一个但不宜超过两个；不同供电分区地理上和电气上相对独立；同一站间供电网格/单元内各负荷的主供站和备供站应相同(不分主备)；负荷过大供区的细化应采用子供区并行排列的聚类方式划分；基于用地性质、供电区域和开发深度进行分区调整；基于候选通道组网的供区划分中"就近备供"是指备供主干通道综合造价最小。

(5) 对于模型方法难以处理的相关导则和管理约束，可在网格组网之前将其转换为通道费用后在候选通道组网中考虑其影响(即前置处理方法)，或在网格组网之后再对分区结果依据相关导则和管理要求做局部优化调整(即后置处理方法)，并给出了考虑单因素和多因素影响的定量近似计算公式(涉及用地性质、供电区域、开发深度、专业协同和分布式电源等)。

(6) 各小规模供电网格/单元内的目标主干网架分别独自进行规划，涉及差异化的分类建设标准、接线模式选择和沿街道优化布线；提出了供电分区过渡优化的思路，给出了网架过渡的宏观逐片建设改造策略(即"新建一片成型一片"和"改造一片完善一片")和微观局部调整策略(即变电站供电范围调整和难改造地区的"保持既有格局，局部理清关系")。

(7) 基于宏观通道和网格组网的规划方法兼具"系统、简单、优化、实用"的特点：相对于数学规划方法或其他启发式方法较为简单、直观和有效，并可由计算机编程辅助实现；相对于较为笼统且缺乏明确经济目标的常规网格化规划方法，又较为规范和科学，即使仅靠人工规划，也有利于不同水平的规划人员获得基本一致的规划优化方案。

(8) 针对馈线配变装接容量上限的合理决策，给出了不同导线型号线路在对应不同最大负荷年利用小时数和不同接线模式下合理配变装接总容量的估算公式和实用表格。

(9)阐述了新老城区电缆通道规划实用方法。对于老城区,结合电缆通道现状、政府规划和网架规划,明确规划区域未来发展对电缆通道的需求总量及分布情况;对于新城区,基于不同规划道路宽度确定饱和"路路通"网状电缆通道结构,提高电缆通道的经济性、贯通性和适应性。

(10)给出了"纵向贯通"的权责明确、各专业"横向协同"的工作体系、"三上三下"的工作机制、网格宏观"链图"和微观"九宫图"以及基于网格的信息化管理,实现了"一张蓝图绘到底"和"一副网架建到底"的网格化精细管理目标。

(11)算例表明,与随意性较大的常规网格化方法相比,采用本章网格化规划方法获得的方案不仅由于线路总长度趋于最小可以明显节约投资,而且由于线路平均长度较短,还能有效改善线损率、电压合格率和供电可靠率等三大指标,较好解决了实际工作中难于兼顾"落地"和"优化"的问题。

参 考 文 献

[1] 刘健, 毕鹏翔, 杨文宇, 等. 配电网理论及应用[M]. 北京: 中国水利水电出版社, 2007.

[2] 程浩忠. 电力系统规划[M]. 2版. 北京: 中国电力出版社, 2014.

[3] 龚劬. 图论与网络最优化算法[M]. 重庆: 重庆大学出版社, 2009.

[4] 国网江苏省电力有限公司. 配电网单元制规划[M]. 北京: 中国电力出版社, 2018.

[5] 陈超, 李志铿, 苏悦平. 基于空间聚类的中压配电网网格优化划分方法[J]. 四川电力技术, 2017, 40(4): 20-23.

[6] 国家电网公司. 配电网网格化规划指导原则[Z]. 北京: 国家电网公司, 2018.

[7] 明煦, 王主丁, 王敬宇, 等. 基于供电网格优化划分的中压配电网规划[J]. 电力系统自动化, 2018, 42(22): 159-164.

[8] 张漫, 王主丁, 李强, 等. 中压目标网架规划中供电分区优化模型和方法[J]. 电力系统自动化, 2019, 43(16): 125-131.

[9] 中华人民共和国电力行业标准. 配电网规划设计技术导则(DL/T 5729–2016)[S]. 北京: 中国电力出版社, 2016.

[10] 王主丁. 高中压配电网可靠性评估——实用模型、方法、软件和应用[M]. 北京: 科学出版社, 2018.

[11] 向婷婷, 王主丁, 刘雪莲, 等. 中低压馈线电气计算方法的误差分析和估算公式改进[J]. 电力系统自动化, 2012, 36(19): 105-109.

[12] 廖一茜, 张静, 王主丁, 等. 中压架空线开关配置三阶段优化算法[J]. 电网技术, 2018, 42(10): 3413-3419.

[13] 王玉瑾, 王主丁, 张宗益, 等. 基于初始站址冗余网格动态减少的变电站规划[J]. 电力系统自动化, 2010, 34(12): 39-43.

[14] 中华人民共和国电力行业标准. 配电网规划设计规程(DL/T 5542–2018)[S]. 北京: 中国计划出版社, 2018.

[15] 中华人民共和国国家标准. 电力工程电缆设计标准(GB 50217–2018)[S]. 北京: 中国计划出版社, 2018.

[16] 中华人民共和国国家标准. 城市综合管廊工程技术规范(GB 50838–2015)[S]. 北京:中国计划出版社, 2015.

[17] 中华人民共和国国家标准. 城市工程管线综合规划规范(GB 50289–2016)[S]. 北京: 中国建筑工业出版社, 2016.

[18] 张聂鹏, 张明月. 配电网电缆管网规划方法及其应用[J]. 电工电气, 2015, (12): 50-53.

[19] 李彦生, 王雁雄, 王敬宇, 等. 中压配电网电缆管网规划[J]. 云南电力技术, 2018, 46(1): 25-40.

[20] 乐欢, 王主丁, 吴建宾, 等. 中压馈线装接配变容量的探讨[J]. 华东电力, 2009, 37(4): 586-588.

第7章 应对不确定性的配电网柔性规划

伴随着我国城市化的快速发展，配电网规划中的不确定性因素越来越多。鉴于目前少有针对配电网不确定性因素的柔性规划研究及其工程应用，本章将阐述一套配电网柔性规划的思路、模型和方法，涉及较能适应未来环境变化的站址预留个数、站容和主变台数的过渡、"路路通"的通道预留、网状和环状型组网形态及网架柔性过渡。

7.1 引　言

配电网规划是基于"技术可行、经济最优"或"次优"的原则对未来电网方案的制订。传统确定性规划方法通常仅考虑了一种可能的未来环境(被认为实现概率最大的预想环境)，采用该环境下已确定的数据和参数，求得满足该环境约束的规划方案。当未来环境有较大变化时，投运后的规划方案可能导致电网不满足运行年实际要求造成缺电和窝电等现象。尽管工程实际中通常采用的逐年滚动修编能在一定程度上解决这一问题，但在逐年修编过程中，如果仍然基于未来某一种可能的环境采用确定性规划方法，或者对于不确定性因素难以量化的情况，可能会导致电网规划方案(包括目标网架)的频繁变动，必须花费高昂费用进行电网的改建或扩建。伴随着我国城市化的快速发展，引起未来系统负荷和技术经济参数不确定性的因素越来越多，显著影响了采用传统确定性方法制订规划方案的合理性，而这些问题正是柔性规划要解决的[1~4]。尽管目前广泛采用的规划技术导则对不确定性有一定程度的抵御能力，但单纯依据技术导则对不同水平的规划人员难以获得基本一致的优化方案，仍然需要引入更为系统、规范和严谨的方法对相关技术导则加以细化和完善。目前的电网柔性规划方法主要包括基于多场景技术的方法[5~7]和基于不确定性理论的方法[8~10]，但多是针对输电网，不适用于项目规模大和不确定因素复杂的中压配电网。

本章将基于柔性规划理念，阐述一套配电网柔性规划的思路、模型和方法[11]，涉及变电站个数、变电站容量、通道规划、组网形态和应用案例。

7.2 柔性规划基本概念

配电网柔性规划不是针对未来某种预测场景寻找最优规划方案，而是考虑了未来环境的可能变化，以柔性规划方案适应未来环境的可能变化，以最小的代价弥补因可能出现的环境变化造成的损失。柔性规划方案对于某个特定环境下可能都是"次优"方案，但从长期来看可节省大量的资金投入和物资消耗，实现真正意义上的经济和可靠。

　　柔性规划方案与传统规划方案的费用比较如图 7.1 所示[1]。可以看出，在预想环境下(即被认为实现概率最大的未来环境)，柔性规划方案的初始投资高于传统规划方案(高出的部分可能来源于站址通道预留)，但当未来环境发生变化后，两种方案需要进行调整，从而产生补偿费用，而且前者的补偿费用一般较低。综合初始投资费用与补偿费用可以看出，合理的柔性规划方案不仅具有更高的适应性和灵活性，而且更为经济。

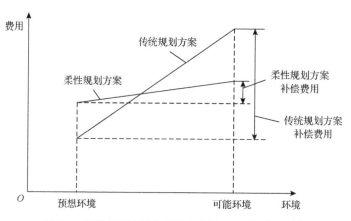

图 7.1　柔性规划方案与传统规划方案的费用比较[1]

7.3　变电站柔性规划

　　变电站柔性规划涉及预留站址个数、变电站扩容时序和安全负载率的优化，以及变电站供电范围的调整。

7.3.1　预留站址个数优化

　　对于未来负荷不确定性较大的情况，为避免投资浪费或因城市用地紧张变电站无法落地建设，需要基于站址预留方案的总费用(涉及初始投资和补偿费用)，考虑远景变电站站址合理预留个数的问题。

　　1. 基于场景概率的预留站址个数优化

　　若已知未来各负荷水平的大小及其出现概率，可将概率问题转化为确定性问

题,进行基于场景概率的预留站址个数方案优选,相应的目标函数可表示为

$$\min \ f_{b} = \min_{j \in \Omega_{fs}} \left\{ C_{b,j} \right\} \tag{7.1}$$

式中,Ω_{fs} 为未来各负荷水平编号的集合;$C_{b,j}$ 为未来第 j 种负荷水平下变电站规划方案的总费用期望值。

假设未来有 N_{fs} 种由小到大的负荷水平,第 i 种负荷水平出现的概率为 $p_i(i=1,2,\cdots,N_{fs})$,而且为了简化计算,假设变电站建设费用增长率与资金折现率相同,则 $C_{b,j}$ 可表示为

$$C_{b,j} = N_{b,j} C_{bc} + \sum_{i=j+1}^{N_{fs}} p_i (N_{b,i} - N_{b,j}) C_{bb} \tag{7.2}$$

式中,$N_{b,j}$ 为第 j 种负荷水平下采用确定性规划优化方法获得的变电站个数,可根据第 3 章中的方法进行计算或近似估算;C_{bc} 为预留了站址的单个变电站的投资(即初始投资),属于事前投资,可由电力公司根据相关统计资料得到;C_{bb} 为没有预留站址的单个变电站的投资(即补偿投资),属于事后投资,一般高于事前投资的 C_{bc}。由于没有预留站址,变电站落点较为困难,变电站事后投资费用 C_{bb} 可考虑采用替代方案费用估算(替代方案如拆迁买地或建设地下变电站[12])。

在式(7.2)中,等号右侧第一项属于初始投资,第二项为涉及补偿投资的附加投资。当负荷水平低于第 j 种负荷水平时,对应的附加投资为 0;当负荷水平高于第 j 种负荷水平时,对应的附加投资与负荷水平概率、变电站确定性规划优化个数和补偿投资相关。

基于式(7.1)和式(7.2)即可找到总费用期望值最小的变电站规划方案及其优化的预留站址个数。

2. 盈亏平衡分析法

盈亏平衡分析是指对于某一参数或原始数据完全无法确定时,分析该参数的取值范围,以确定该参数在什么范围内方案是经济可取的。

在式(7.2)的费用估算中,由于变电站的补偿投资 C_{bb} 和第 i 种负荷水平出现的概率 p_i 对方案优选的影响很大,但其统计数据较难获取,因此可考虑对 C_{bb} 和 p_i 的取值做盈亏平衡分析,具体方法可分为两类:一是在假定其他不确定性因素不变的情况,仅针对单个不确定性因素的盈亏平衡分析;二是基于单个不确定性因素的盈亏平衡分析,针对多个不确定性因素同时变动的分析,如对于不确定性因素个数为 2 和 3 的情况,可考虑分别采用二维和三维图形来进行直观

的决策和分析。

7.3.2　变电站容量及其过渡优化

对于负荷密度较大而且可通过中压联络实现站间负荷快速转供的情况(即中压"强"),可弱化站内负荷转移以简化高压配电网网架(详见第5章),变电站主变台数不宜太多(如2甚至1),推荐采用较大主变容量(如50MV·A、63MV·A或80MV·A)。

对于难以通过中压联络实现站间负荷快速转供的情况(即中压"简"和"弱"),应充分利用负荷站内转移的功能,同时为了适应负荷的不确定性和缓解站址征地困难的压力,推荐采用多布点小容量主变的变电站建设方案,可以使主变投运时序与负荷发展更为贴近,减少负荷发展不平稳等因素导致的局部容载比偏高的投资风险,且当110kV站布点多时容易使容载比保持在技术导则要求的范围内。因此,在负荷发展中初期,每个变电站可考虑仅设置2台(甚至一台)主变且预留第3台甚至第4台主变;到负荷发展中期,根据负荷实际发展情况对变电站进行扩容(3台和4台主变供电能力分别大约是2台主变的2倍和3倍);在负荷饱和期,推荐优化站间主变联络方式以提升变电站的安全供电能力[11]。

对于城区负荷发展初期可能采用的单主变,考虑到相关标准对过渡期供电可靠性未做强制要求(仅有"规划目标"[13]),可依据相关安全性标准对其可行性进行分析[14]:主变停运时其所带不小于2/3的负荷应在15min内恢复供电,其余负荷应在3h内恢复供电;对于任何偏离标准规定的供电安全水平,均应进行详细的风险和经济性研究,例如,通过高中压网架结构的合理协调提高供电安全性(参见5.4.4节),通过增加与单个主变联络的邻近主变台数提高设备利用率。

基于表3.7,变电站的站间距(或布点密度)及其主变容量推荐值如表7.1所示。

表 7.1　变电站站间距(或布点密度)及其主变容量推荐值

供电区类型	主变台数	主变容量/(MV·A)	站间距/km
A+	4	31.5, 40, 50	小于2
A	4	31.5, 40, 50	2~3.5
B	4	31.5, 40	3.5~4
C	4, 3	31.5, 40	4~10
D	4, 3	31.5, 40	10~20
E	3, 2	20, 31.5	大于20

注：采用较少主变台数和较大主变容量(如50MV·A、63MV·A或80MV·A)的情况有：①A+、A类中压站间负荷转移能力强；②变电站布点个数或变电站站址面积受限；③局部出现较大点负荷或变电站位于超高层建筑内部。

对于负荷增长较快且较为确定的规划区域，由于变电站一次建成比增容扩建节省投资（参见表 3.1 和表 3.2），变电站建设宜一次成型，不存在容量过渡问题。

7.3.3 变电站安全负载率优化

电站安全负载率可通过其主变安全负载率来反映，而主变安全负载率主要是指单台主变停运情况下其他运行主变允许的最大负载率，且一般是针对站内转移负荷时主变负载率可在短时（2h）内不超过 130%的情况，但未考虑短时过载后站间转移负荷的具体措施或规划方案。因此，可通过优化站间主变联络方式，达到同时提升站内和站间负荷转移情况下主变安全负载率的目的。根据文献[11]，对于两主变间联络线组数为 1 的组网方式，主变最大安全负载率最高；对于两主变间联络线组数为 2 的组网方式，较大容量主变的最大安全负载率为 80.0%～88.9%，接近相关技术导则中三主变安全负载率 87%，并大于技术导则中两主变站安全负载率 65%（但若配电网自动化程度较高，不需首先进行站内负荷转移，可直接通过站间负荷转移即可实现 80.0%～88.9%的最大安全负载率）；对于两主变间联络线组数为 3 或 4 的组网方式，主变最大安全负载率偏低，低于 84.3%，主变设备利用率不高。因此，兼顾接线简洁和设备利用率，推荐两主变间联络组网的简单规则：每台主变与周边主变分别以 2 组联络线为主的方式组网，对于因通道紧张而出线困难的情况，也可考虑两主变间采用 1 组联络线以提高主变设备利用率。

7.3.4 变电站供电范围优化调整

随着负荷的发展，对于负荷密度较大的地区，变电站布点较为密集，站间距离和供电距离较短；对于负荷密度较小的地区，变电站布点较为稀疏，站间距离和供电距离较长。本章推荐应根据线路在不同负荷大小和负荷分布情况下的最远供电距离，灵活调整变电站的供电范围，尽量提升变电站适应负荷的不确定性的全局供电能力。

《配电网规划设计技术导则》（DL/T 5729–2016）[13]中指出，正常负荷下，10kV 线路供电半径 A+、A、B 类供电区域不宜超过 3km；C 类不宜超过 5km；D 类不宜超过 15km；E 类供电区域供电半径应根据需要经计算确定。但考虑到这些技术原则内容较为笼统，本章针对供电半径的取值进行了较为全面具体的定量计算，以补充完善相关技术导则内容。首先，确定线路最大允许的电压损耗。根据文献[15]，10kV 中压线路电压损耗分配值为 3%～5%，本章采用 4%为最大允许电压损耗。然后，基于文献[16]，针对负荷均匀分布、渐增分布、递减分布和中间较重分布与集中于末端分布，计算出满足最大允许电压损耗为 4%时不同供电负荷情况下（假设功率因数为 0.9）的线路最远供电距离，结果如表 7.2 所示。

表 7.2 在不同负荷分布时的线路最远供电距离

线路负荷/(MV·A)	线路型号	最远供电距离/km				
		集中于末端分布	均匀分布	渐增分布	递减分布	中间较重分布
2	LGJ-70	3.55	7.10	5.32	10.64	7.10
	LGJ-95	4.44	8.87	6.65	13.31	8.87
	LGJ-120	5.07	10.15	7.61	15.22	10.15
	LGJ-150	5.93	11.86	8.90	17.79	11.86
	LGJ-185	6.71	13.42	10.06	20.12	13.42
	LGJ-240	7.68	15.36	11.52	23.04	15.36
4	LGJ-70	1.77	3.55	2.66	5.32	3.55
	LGJ-95	2.22	4.44	3.33	6.65	4.44
	LGJ-120	2.54	5.07	3.80	7.61	5.07
	LGJ-150	2.97	5.93	4.45	8.90	5.93
	LGJ-185	3.35	6.71	5.03	10.06	6.71
	LGJ-240	3.84	7.68	5.76	11.52	7.68
6	LGJ-70	1.18	2.37	1.77	3.55	2.37
	LGJ-95	1.48	2.96	2.22	4.44	2.96
	LGJ-120	1.69	3.38	2.54	5.07	3.38
	LGJ-150	1.98	3.95	2.97	5.93	3.95
	LGJ-185	2.24	4.47	3.35	6.71	4.47
	LGJ-240	2.56	5.12	3.84	7.68	5.12
8	LGJ-70	0.89	1.77	1.33	2.66	1.77
	LGJ-95	1.11	2.22	1.66	3.33	2.22
	LGJ-120	1.27	2.54	1.90	3.80	2.54
	LGJ-150	1.48	2.97	2.22	4.45	2.97
	LGJ-185	1.68	3.35	2.52	5.03	3.35
	LGJ-240	1.92	3.84	2.88	5.76	3.84

由表 7.2 可得出以下结论:

(1)当负荷小于 4MV·A 时,采用 LGJ-185 和 LGJ-240 计算得到的最远供电距离比 A+、A、B 类供电区域的供电半径 3km 还长。因此,利用表 7.3 数据来指导配电网规划,可得到更为确切的最远供电距离。

(2)不同负荷分布情况下的最远供电距离差异可能较大。负荷集中于末端分布时的最远供电距离最短,负荷递减分布时的最远供电距离最长。

7.4 通道柔性规划

电力通道是用以敷设电力线的通道的总称,包括架空走廊和电缆通道,它们是重要的配电网建设战略资源。对于城市建成区新建变电站配套送出、已有配电网架结构优化及新增用户接入等建设工程,可能存在由于通道受阻无法实现,或需要改道绕行而大量增加投资成本的情况。因此,本章推荐采用以下的通道柔性规划思路和措施。

(1)对于建成区,结合电网发展需要尽量疏通固有通道,或开辟新通道为配电网建设改造服务;对于 B 类及以上的新区,为便于新增负荷和变电站布点的就近接入,基于"路路通"的思路,依据相关技术原则,结合路网道路规划宽度,确定新城区网状电力通道的结构及其规模,尽可能实现电力通道的预留[17]。

(2)通道规划时要留有余地,对重要道路及负荷密集地区的通道,根据经验推荐按规划电缆数增加 50%左右设置,一般地区按增加 30%考虑。

(3)电力通道规划应与城市总体规划相结合,与各种管线和其他市政设施统一安排。

(4)排管尽可能设在主要道路处,因主要道路今后设置困难,其他道路相对比较方便。在主要道路中各类排管未贯通的,若相距不远,尽可能予以贯通,以增加裕度及灵活性。

(5)通过改变线路接线模式提升线路安全负载率(通常为满足"N-1"安全准则的最大负载率),从而提升相应通道的供电能力,以适应负荷的发展。根据相关技术导则,为满足涉及电源停运的"N-1"安全校验,不同接线模式的线路安全负载率有一定规定,一般情况下,"n-1"接线和单联络线路的安全负载率为 50%,两供一备和两分段两联络线路的平均安全负载率为 66.7%,三供一备、双环网(含母联)和三分段三联络线路的平均安全负载率为 75%等。

7.5 网架柔性规划

本节基于不同网架组网形态的特点,阐述网架柔性规划的思路、模型和方法,以适应负荷发展具有不确定性和城市控制性详细规划经常变动的情况。

7.5.1 不同典型组网形态及其特点

由 4.6 节可知,比较典型的中压组网形态是环状型和网状型,狭长型可视为环状型的特例或过渡;尽管环状型组网形态的线路投资费用通常比网状型组网形态高,但其他费用低,特别是可在不改变其目标网架基础上进行网架的过渡,对不确定性因素的适应性强,涉及网络改造的补偿费用低,可能使其对于过渡期较长的电网规划经济性更优。

7.5.2　典型组网形态优选模型

针对不同的典型组网形态，构建网架组网形态的优选模型。模型以网架规划期间总费用最小为目标（为了简化计算，假设各种费用增长率与资金折现率相同），不同组网形态的优选模型可表示为

$$\min f_{\mathrm{w}} = \min_{k \in \Omega_{\mathrm{zw}}} \left\{ C_{\mathrm{w},k} \right\}$$

$$\min C_{\mathrm{w},k} = C_{\mathrm{x},k} + C_{\mathrm{g},k} + C_{\mathrm{y},k}$$

$$\mathrm{s.t.} \quad \begin{cases} L_{\mathrm{zg},k,i} \leqslant L_{\max} \\ L_{\mathrm{bg},k,i} \leqslant L_{\max} \\ \phi_{\mathrm{mv}}(L_{\mathrm{zg},k,i}, L_{\mathrm{bg},k,i}) = N_{\mathrm{mv}} \\ k \in \Omega_{\mathrm{zw}}, \ i \in \Omega_{\mathrm{mfh}} \end{cases}$$

$$(7.3)$$

式中，f_{w} 为优选组网形态的总费用；Ω_{zw} 为不同候选组网形态编号的集合；$C_{\mathrm{w},k}$ 为第 k 种组网形态的网架总费用；$C_{\mathrm{x},k}$、$C_{\mathrm{g},k}$ 和 $C_{\mathrm{y},k}$ 分别为第 k 种组网形态的线路投资费用、线路改造费用和其他费用；$L_{\mathrm{zg},k,i}$ 和 $L_{\mathrm{bg},k,i}$ 分别为第 k 种组网形态情况下第 i 个负荷点距离其主供变电站和备供变电站的最小通道长度；$L_{\max}$ 为线路的最远供电距离（参见表 7.2）；Ω_{mfh} 为中压负荷点（如配变和区块负荷）编号集合；$\phi_{\mathrm{mv}}(L_{\mathrm{zg},k,i}, L_{\mathrm{bg},k,i})$ 为对应 $L_{\mathrm{zg},k,i}$ 和 $L_{\mathrm{bg},k,i}$ 的网架组网形态约束；N_{mv} 为中压组网形态的类型（如用 1 和 2 分别表示网状型和环状型）。

7.5.3　网架总费用估算

网架总费用主要涉及线路投资费用、线路改造费用和其他费用。其中，线路改造费用的多少与未来环境的变化关系密切。

1. 线路投资费用

本章采用图 3.6 中变电站中压主干线与分支线的理想模型，因此中压线路分支线仅与其供电面积相关。若规划区域面积固定，用于方案比较的线路投资费用可仅考虑主干线投资；若采用 7.3.1 节的预留站址个数优化方法，可确定优选方案的变电站个数 N_{b} 和相应负荷水平对应的负荷大小 P_{z}，据此可估算中压主干线投资费用。

中压馈线总数 n_{x} 可表示为

$$n_x = \text{int}\left(\frac{P_z}{P_{ec}}\right) + 1 \tag{7.4}$$

式中，P_{ec} 为单条馈线经济负荷，一般取 4MW。

假设变电站的供电范围为一个圆，变电站处于圆心位置，则网状型组网形态的平均供电半径 R_w 可近似表示为

$$R_w = \sqrt{\frac{A_m}{N_b \pi}} \tag{7.5}$$

式中，A_m 为供电区域总面积，km^2。

环状型组网形态下的平均供电半径 R_h 可近似表示为

$$R_h = \lambda R_w = \lambda \sqrt{\frac{A_m}{N_b \pi}} \tag{7.6}$$

其中，

$$\lambda = \frac{d_{h,z} + d_{h,b}}{d_{w,z} + d_{w,b}} \tag{7.7}$$

式中，$d_{h,z}$ 和 $d_{h,b}$ 分别为环状型组网形态下各负荷到其主供变电站距离之和与到其备供变电站距离之和；$d_{w,z}$ 和 $d_{w,b}$ 分别为网状型组网形态下各负荷到其主供变电站距离之和与到其备供变电站距离之和。由于环状型组网形态下备供变电站的选择受到更多约束，R_h 一般大于 R_w，即 λ 通常大于 1。

因此，网状型和环状型组网形态的主干线投资费用 $C_{w,x}$ 和 $C_{h,x}$ 可分别表示为

$$\begin{cases} C_{w,x} = n_x K_q R_w C_{dj} \\ C_{h,x} = n_x K_q R_h C_{dj} \end{cases} \tag{7.8}$$

式中，C_{dj} 为线路单位长度的平均造价；K_q 为主干线路长度修正系数，用以考虑了线路弯曲度对主干线路长度的影响，一般根据经验估计（如 1.3）。

2. 线路改造费用

线路改造费用是指电网过渡期间由于新增和预留变电站站址变动引起的中压主干线路改造费用，与过渡年站址变动的变电站数目和变电站间联络紧密程度有关。

环状型组网形态主干线路改造费用 $C_{h,g}$ 可表示为

$$C_{h,g} = m_{1,h} C_{h,bg} \tag{7.9}$$

式中，$m_{1,h}$ 和 $C_{h,bg}$ 分别为环状型组网形态在过渡年由于变电站站址变动导致出线改动的变电站总数和单个变电站出线主干线路改造的平均费用。

用于估算 $C_{h,bg}$ 的经验公式可写为

$$C_{h,bg} = \alpha_h \frac{C_{h,x}}{N_b} \tag{7.10}$$

式中，α_h 为环状型组网形态中变电站出线改造费用与线路投资费用的比值，其取值需要考虑与一个变电站相联络的变电站平均个数 $m_{2,h}$。由于环状型组网形态的 $m_{2,h}$ 较为固定(一般情况下为 2)，α_h 可基于规划数据统计获得(根据某省会城市的数据调研，该参数的取值范围为 0.08~0.15)。

类似地，网状型组网形态中主干线路改造费用 $C_{w,g}$ 可表示为

$$C_{w,g} = m_{1,w} C_{w,bg} \tag{7.11}$$

式中，$m_{1,w}$ 和 $C_{w,bg}$ 分别为网状型组网形态在过渡年由于变电站站址变动导致出线改动的变电站总数和单个变电站出线改造的平均费用。

考虑到网状型的供电半径 R_w 通常小于环状型的供电半径 R_h，以及网状型组网形态中与一个变电站相联络的变电站的平均个数 $m_{2,w}$ 通常多于 $m_{2,h}$，用于估算 $C_{w,bg}$ 的经验估算公式可写为

$$C_{w,bg} = \alpha_w \frac{m_{2,w}}{m_{2,h}} \frac{C_{h,x}}{N_b} \tag{7.12}$$

式中，$\alpha_w = \alpha_h / \lambda$；两种典型组网形态中供电半径的差别和单个变电站的站间联络数的区别分别体现在 α_w 和 $m_{2,w}/m_{2,h}$。

3. 其他费用

网架其他费用主要是与网架结构复杂程度相关的费用，网架越简单，配电自动化和调度越简单，调度人员误操作率越低，相关投资和停电损失越少。因此，网状型和环状型结构的网架其他费用可分别采用经验公式表示为

$$\begin{cases} C_{w,y} = \beta_w C_{w,x} \\ C_{h,y} = \beta_h C_{h,x} \end{cases} \tag{7.13}$$

式中，β_w 和 β_h 分别为网状型和环状型结构中网架其他费用与线路投资费用的比

值。β_{w} 与 $m_{2,\mathrm{w}}$ 有关，$m_{2,\mathrm{w}}$ 越大，β_{w} 的取值一般越大；类似地，β_{h} 与 $m_{2,\mathrm{h}}$ 有关，但通常 $m_{2,\mathrm{h}}$ 较为固定。通常，$\beta_{\mathrm{h}} < \beta_{\mathrm{w}}$，主要有以下原因：

(1)环状型结构中各变电站由于只与周围两个变电站发生联络，设备选型、配电网自动化和调度较为统一和简单。

(2)环状型结构中各变电站仅需考虑与周围两个相邻变电站的负荷转移，运行调度方式简单；而网状型结构中各变电站与周边多个变电站联络，运行调度复杂，需要考虑多种调度方式。

(3)环状型网架相对固定，不需要大幅更换运行调度方式，降低了运行维护的难度和工作量，误操作概率较小，停电损失少；而网状型网架结构变动大，需根据网架变动情况不断更换运行调度方式，调度人员的误操作概率较高，停电损失大。

因此，环状型结构的网架其他费用相比网状型低。但考虑到 β_{w} 和 β_{h} 估值困难，较难进行定量分析，本章仅对 $C_{\mathrm{h,y}}$ 和 $C_{\mathrm{w,y}}$ 做定性分析。

4. 组网形态的总费用

若本小节费用估算公式对应第 k 种组网形态，累加相应的线路投资费用、线路改造费用和其他费用后的网架总费用可表示为

$$C_{\mathrm{w},k} = C_{\mathrm{x},k} + C_{\mathrm{g},k} + C_{\mathrm{y},k} = \begin{cases} C_{\mathrm{w,x}} + C_{\mathrm{w,g}} + C_{\mathrm{w,y}}, & \phi(L_{\mathrm{zg},k,i}, L_{\mathrm{bg},k,i}) = 0 \\ C_{\mathrm{h,x}} + C_{\mathrm{h,g}} + C_{\mathrm{h,y}}, & \phi(L_{\mathrm{zg},k,i}, L_{\mathrm{bg},k,i}) = 1 \end{cases} \qquad (7.14)$$

7.5.4 模型求解方法

由式(7.3)可以看出，在给定不同网架候选组网形态的基础上，模型的求解即选择网架总费用最小的组网形态。因此，求解式(7.3)的关键在于首先以网架总费用最小为目标分别进行各候选组网形态的规划优化，即采用 6.4.4 节的启发式方法进行基于网状和环状组网形态约束的网格划分。然后，基于组网形态网格链图对主干路径布线进行优化：针对规划年负荷(配变、环网柜或开闭所)位置难以确定的实际情况，采用了中压配电网布线柔性规划思路，即基于获得的组网形态网格链图，首先仅沿主干路径进行布线，待今后负荷位置确定后，再考虑将其接入主干路径的具体方式。

7.6 网架柔性过渡措施

为避免重复改造和便于施工，过渡年网架应与远景年目标相协调，充分考虑

现有网架和设备。随着过渡年变电站布点数目的变化，可基于变电站中压线路的最远供电距离，调整站间供电范围以适应负荷的发展，达到推迟投资或防止不必要投资的目的。

以环状型组网形态为例，由于站间联络受到环的约束，一个变电站仅能在环内的两个方向就近调整站间供电范围，主要表现为以下两种情况。

1)变电站待建但供区存在负荷

如图 7.2 所示，当待建的 C 站附近存在新增负荷但未来负荷发展不明确时，为避免可能发生 C 站投运后负载率低导致资源闲置浪费的情况，可在满足表 7.2 线路最远供电距离的基础上，先依靠环中两邻近 A 站和 B 站供电(图中虚线外圈为 C 站建设前 A 站和 B 站间供电范围)，随着未来负荷增长，再考虑是否新建 C 站就近供电(图中两个虚线内圈为 C 站建成后的站间供电范围)。这种方法可有效应对未来负荷变动的不确定性，降低投资风险。

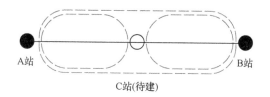

图 7.2　C 站建设前后站间供区示意图

2)变电站已建成但利用率低

如图 7.3 所示，对于现有 C 站供电负荷少和设备利用率低的情况，可在满足表 7.2 中线路最远供电距离的基础上，将环中两邻近 A 站和 B 站的部分负荷转移到 C 站，从而减轻了 A 站和 B 站的负载率，达到推迟其他与 A 站和 B 站邻近变电站的投资或防止相关不必要投资的目的。

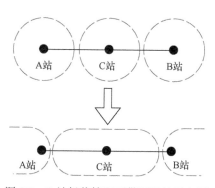

图 7.3　C 站轻载情况下供区调整示意图

7.7 应用算例

以总用电面积约 $40.6km^2$ 的某规划区域为例，基准年为 2018 年，规划年限为 2019～2023 年。

7.7.1 站址预留方案的比选

采用饱和密度法进行空间负荷分布预测，确定饱和年负荷预测结果为 963.23MW。

1. 基于场景概率的预留站址优选

首先，根据历史年负荷预测误差样本和饱和年最大负荷预测结果，可利用正态分布模型确定饱和年小负荷、中负荷和大负荷（方法略）分别为 866.91MW、963.23MW 和 1059.55MW，对应的概率分别为 20%、60% 和 20%。采用变电站优化规划方法或电力平衡方法估算，确定饱和年小负荷、中负荷和大负荷情况下的优化规划方案，相应的变电站个数分别为 15、17 和 19。

若 C_{bc} 为 5000 万元和 C_{bb} 为 9000 万元，基于式（7.2）估算出饱和年小负荷、中负荷和大负荷情况下变电站规划方案的总费用期望值分别为 95000 万元、88600 万元和 93000 万元。由于中负荷情况下总费用期望值最小，可选取中负荷下的站址预留方案（即变电站个数为 17）作为优选方案。然后，基于负荷分布预测结果，确定饱和年中负荷水平情况下变电站布点及其供电范围，结果如图 7.4 所示（图中实线为变电站供电范围边界）。

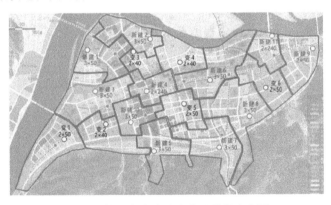

图 7.4 饱和年变电站布点及其供电范围

2. 盈亏平衡分析

若已知的饱和年小负荷、中负荷和大负荷仍然分别为 866.91MW、963.23MW

和 1059.55MW，但对应的概率 p_i 和变电站的补偿投资 C_{bb} 未知。假设小负荷和大负荷出现的概率 p_1 和 p_3 相等，则 $p_1 = p_3 = (100\% - p_2)/2$。现对 C_{bb} 和 p_i 的取值做以下的盈亏平衡分析。

1）C_{bb} 的盈亏平衡分析

若 p_2 为 60%，经计算分析可得：当 $C_{bb} < 6250$ 万元时，应选取小负荷下的站址预留方案；当 6250 万元 $< C_{bb} < 25000$ 万元时，应选取中负荷下的站址预留方案；当 $C_{bb} > 25000$ 万元时，应选取大负荷下站址预留方案。

2）p_i 的盈亏平衡分析

若 C_{bb} 为 9000 万元，经计算分析可得：当 $0 \leqslant p_2 < 11.11\%$ 时，应选取小负荷下的站址预留方案；当 $11.11\% < p_2 \leqslant 1$ 时，应选取中负荷下的站址预留方案。

3）C_{bb} 和 p_i 的盈亏平衡分析

对于不同 p_2 的取值进行 C_{bb} 的盈亏平衡分析，结果如表 7.3 所示。基于表 7.3 的结果，可得到 C_{bb} 与 p_2 同时变化时，不同负荷水平下站址预留方案的临界值，结果如图 7.5 所示。

表 7.3　不同 p_2 下选择不同负荷水平站址预留方案下 C_{bb} 的临界值

p_2 /%	C_{bb1}/万元	C_{bb2}/万元
0	10000.00	10000.00
10	9090.91	11111.11
20	8333.33	12500.00
30	7692.31	14285.71
40	7142.86	16666.67
50	6666.67	20000.00
60	6250.00	25000.00
70	5882.35	33333.33
80	5555.56	50000.00
90	5263.16	100000.00
100	5000.00	—

注：C_{bb1} 为选择中负荷或小负荷站址预留方案的 C_{bb} 临界值；C_{bb2} 为选择大负荷或中负荷站址预留方案的 C_{bb} 临界值。

7.7.2　候选通道组网

基于 7.3 节通道柔性规划方法和 6.3 节的候选通道组网，综合考虑现有通道、新增通道、负荷分布和新增布点等因素，得到如图 7.6 所示的饱和年主干通道布局。

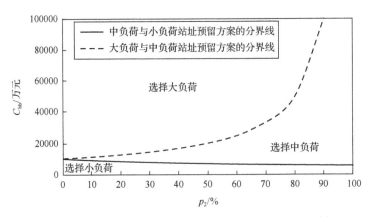

图 7.5　对应不同 p_2 和 C_{bb} 的各负荷水平站址预留方案选择

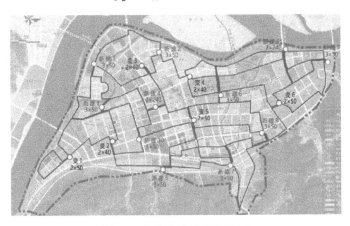

图 7.6　饱和年主干通道布局

7.7.3　组网形态选择

组网形态的选择采用本章介绍的启发式优化方法。

(1)基于通道规划结果,首先形成一个变电站与周边多个变电站就近联络的网状型组网形态,结果如图 7.7 所示。

(2)根据网状型组网形态,进行环状型组网形态的优化。通过删减图 7.7 中部分冗余关联路径,得到图 7.8 所示的日字型环状型组网形态的中间结果,其中两个变电站(新建 6 和变 2)的关联路径数为 3,不符合环状型组网形态中一个变电站仅与就近两个变电站关联的要求,需要进一步优化。

(3)恢复部分已删关联路径,重新进行关联路径的删除,可得到站间联络通道总费用相近的两种环状型组网形态,如图 7.9 所示的双环和单环组网形态(下面环状型组网形态采用双环组网形态)。

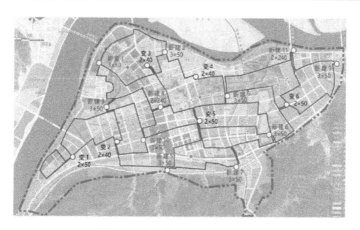

图 7.7 饱和年网状型组网结构

图 7.8 饱和年日字型中间组网结构

(a) 双环组网形态

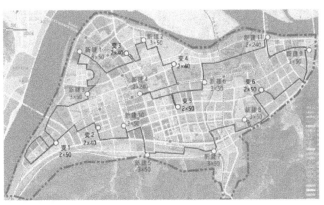

(b) 单环组网形态

图 7.9　饱和年环状型组网形态

(4)基于图 7.7 的网状型组网形态和图 7.9(a)的双环组网形态，分别针对整个规划区域进行站间供电范围的优化划分，得到如图 7.10 所示的网格链图。

(5)基于网格链图进行网架过渡规划。例如，对于某过渡年，若变 3、新建 5、新建 8 和新建 10 还未投运，则该过渡年网状型和双环型网格链如图 7.11 所示。可以看出，在预留站址位置变动较大的情况下，网状型组网形态变动也较大，新增变电站接入时不仅需要考虑与周边多个变电站的联络，还需重新生成相关站间供电范围和网格链，建设改造复杂，工程改造量大；而双环中左环仍为环状，右环变为带状(环状的过渡形态)，带状的两端形成自环，但整体组网形态基本不变，即使预留站址位置变动较大，新增变电站接入时只需重新考虑与相应环内邻近两个变电站的联络关系和供电范围，工程改造量小。

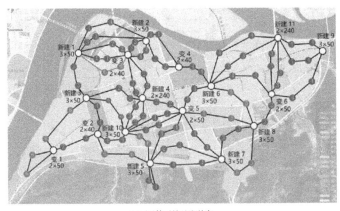

(a) 网状型组网形态

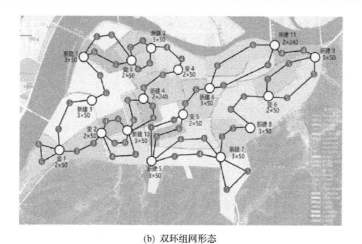

(b) 双环组网形态

图 7.10　饱和年网格链图

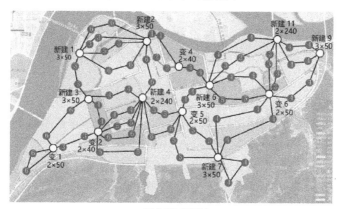

(a) 网状型组网形态

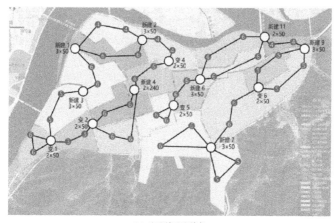

(b) 双环组网形态

图 7.11　过渡年网格链图

为了进一步展示网架过渡的复杂程度，以新增变 3 为例，相应的网状型和环状型组网形态的网格链局部过渡如图 7.12 和图 7.13 所示。可以看出，在预留站址位置变动较大的情况下，环状型组网形态的过渡在建设改造复杂程度上明显低于网状型组网形态，新增负荷和变电站布点可 π 接入或直接接入环状型网架中，使规划修编中建设改造量趋于最小。

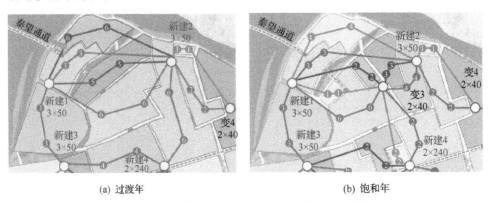

(a) 过渡年 (b) 饱和年

图 7.12　变 3 接入网状型网架时网格链的局部过渡

(6) 组网形态方案比选。

①线路投资费用。

基于 7.5.3 节网架总费用的估算方法，计算得到馈线出线条数 n_x 为 241，网状型组网形态的平均供电半径为 0.865km。统计网状型和环状型组网状态下各负荷到主备变电站距离之和，可计算得出 $\lambda = 1.107$。假设中压线路全部采用电缆，电缆造价为 100 万元/km，根据式(7.8)估算得到网状型和环状型组网形态的主干线路投资费用分别为 20846.5 万元和 23077.1 万元。

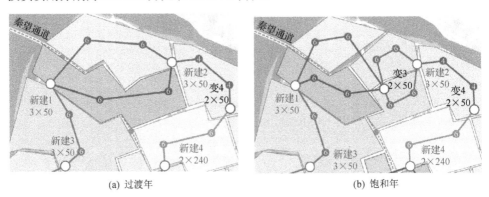

(a) 过渡年 (b) 饱和年

图 7.13　变 3 接入环状型网架时网格链的局部过渡

②线路改造费用。

若 α_h 取值为 0.1，则 α_w 为 0.0903，经统计得到与一个变电站相联络的变电站

的平均个数 $m_{2,w}=4$ 和 $m_{2,h}=2$。根据式(7.10)和式(7.12)，可估算得到单个变电站出线主干线路改造的平均费用 $C_{h,bg}$ 和 $C_{w,bg}$ 分别为 135.75 万元和 245.25 万元。

本算例在负荷发展为慢速、中速和快速三种情况下分别对于三种不确定因素影响程度进行了相应的配电网规划，并据此得到如表 7.4 所示的变电站建设时序以及过渡年由于站址变动出线需要改动的变电站数目(站址变动是由于修编过程中电网规划方案的变化，包括预留站址变动)。

表 7.4　变电站的建设时序及不确定因素影响下出线需改动的变电站个数

负荷发展速度	组网形态	2018 年(已建)	2019 年	2020 年	2021 年	2022 年	2023 年	不确定因素影响程度		
								大	中	小
慢	网状	变1(0) 变2(0) 变3(0) 变4(0) 变5(0) 变6(0)	新建4(2) 新建6(2)	新建1(2) 新建8(3)	新建2(3) 新建3(4) 新建10(3)	新建5(3) 新建11(2)	新建7(3) 新建9(2)	28	19	9
	环状		新建4(1) 新建6(1)	新建1(1) 新建8(1)	新建2(2) 新建3(2) 新建10(2)	新建5(1) 新建11(1)	新建7(2) 新建9(2)	16	11	5
中	网状	变1(0) 变2(0) 变3(0) 变4(0) 变5(0) 变6(0)	—	新建1(1) 新建2(2) 新建3(2) 新建4(2) 新建5(2) 新建10(2)	—	新建6(3) 新建7(1) 新建8(1) 新建9(1) 新建11(1)	—	18	12	6
	环状		—	新建1(1) 新建2(2) 新建3(1) 新建4(1) 新建5(1) 新建10(1)	—	新建6(1) 新建7(1) 新建8(1) 新建9(1) 新建11(0)	—	11	7	4
快	网状	变电站一次性建设完成							0	
	环状									

注："X(Y)"中的 X 和 Y 分别为"变电站名称"和由于新建该变电站"出线需要改动的变电站个数"。

根据式(7.9)和式(7.11)，可估算得到三种负荷发展快慢情况下对应三种不确定因素影响程度的网状型和环状型组网形态的线路改造费用，如表 7.5 所示。

③其他费用。

考虑到 β_w 和 β_h 估值困难，较难进行定量分析，本算例仅做定性分析：环状型组网形态的其他费用相比网状型较低。

④网架总费用。

根据式(7.14)，可估算得到三种负荷发展快慢情况下对应三种不确定因素影响程度的网状型和环状型组网形态的网架总费用，如表 7.5 所示。

表 7.5　网架总费用计算结果

负荷发展速度	组网形态	不确定因素影响程度	线路投资费用/万元	线路改造费用/万元	网架总费用/万元
慢	网状型	大	20846.5	6867.00	27713.50
		中		4659.75	25506.25
		小		2207.25	23053.75
	环状型	大	23077.1	2172	25249.10
		中		1493.25	24570.35
		小		678.75	23755.85
中	网状型	大	20846.5	4414.50	25261.00
		中		2943.00	23789.50
		小		1472.50	22319.00
	环状型	大	23077.1	1493.25	24570.35
		中		950.25	24027.35
		小		543.00	23620.10
快	网状型	大/中/小	20846.5	0	20846.50
	环状型	大/中/小	23077.1	0	23077.10

由表 7.5 可以看出：

(1)环状型的线路投资费用较高，比网状型高 2230.6 万元。

(2)负荷发展慢速时，对于不确定性因素影响程度由大变小的三种情况，网状型与环状型的线路改造费用之差分别为 4695.00 万元、3166.5 万元和 1528.5 万元；(不含其他费用的)网架总费用之差分别为 2464.40 万元、935.90 万元和–702.10 万元，占环状型网架总费用的 9.76%、3.81%和–2.96%。

(3)负荷发展中速时，对于不确定性因素影响程度由大变小的三种情况，网状型与环状型的线路改造费用之差分别为 2921.25 万元、1992.75 万元和 928.50 万元；(不含其他费用的)总费用之差分别为 690.65 万元、–237.85 万元和–1301.10 万元，占环状型网架总费用的 2.81%、–0.99%和–5.51%。

(4)负荷发展快速时，可一次性建成所有变电站。在这种情况下，过渡年改造费用为 0，网状型网架总费用(不含其他费用)为 20846.5 万元，比环状型网架总费用低 2230.6 万元，占环状型组网形态网架总费用的 9.67%。

综上所述，对于负荷发展慢速和中速的情况，若不确定性因素影响较大，不考虑其他费用时环状型更为经济，若再考虑到其他费用，环状型组网形态可节省更多资金；但在不确定性因素影响较小的情况(特别负荷发展快速时)，不考虑其他费用时网状型更为经济，此时应结合其他费用做进一步分析比较，进行环状型和网状型组网形态的最终选择。

7.8　本　章　小　结

本章基于柔性规划的理念,将现有处理不确定性因素的方法应用于配电网规划,阐述了相应的柔性规划思路、模型和启发式方法,涉及通道、变电站、组网形态及其过渡。

(1)对于通道柔性规划,以城市路网为依据尽可能实现主干通道预留(即"路路通"),便于新增负荷和变电站布点就近接入。

(2)为了适应不确定性因素的影响,阐述了变电站柔性规划的部分措施和方法。

①介绍了基于场景概率和基于盈亏平衡分析的站址个数预留方案决策、安全负载率优化和供电范围调整。

②给出了选择变电站主变台数和单台容量的要点或规则:

(a)对于负荷密度较大而且可通过中压联络实现站间负荷快速转供的情况,变电站主变台数不宜太多(如 2 甚至 1),推荐采用较大主变容量(如 50MV·A、63MV·A 或 80MV·A)。

(b)对于难以通过中压联络实现站间负荷快速转供的情况,推荐采用多台小容量主变的变电站建设方案。

③给出了变电站容量柔性过渡的要点或规则:

(a)在负荷发展初期,推荐多台小容量主变的变电站建设方案,可以减少主变投资风险而且便于增加变电站布点以保证站址资源;到负荷发展中期,根据负荷实际发展情况对变电站进行扩容;在负荷饱和期,推荐采用优化站间主变联络方式以提升变电站的安全供电能力。

(b)对于城区负荷发展初期可能采用的单主变,考虑到相关标准对过渡期供电可靠性未做强制要求,可依据相关安全性标准对其可行性进行分析。

(c)对于负荷增长较快且较为确定的规划区域,由于变电站一次建成比增容扩建节省投资,变电站建设宜一次成型,不存在容量过渡问题。

(3)对于中压网架柔性规划,给出了网状型和环状型组网形态的优选模型和启发式求解方法,包含中压配电网布线的柔性规划思路;对于中压网架柔性过渡,推导了变电站最远供电距离估算表,给出了通过调整站间供电范围实现网架柔性过渡的两种具体措施,以达到推迟变电站投资或防止不必要变电站投资的目的。

(4)应用案例表明,站址个数预留方案的选择主要取决于变电站初始投资和补偿投资的相对大小,以及不同负荷水平出现的概率;中压环状型组网形态较网状型组网形态更为标准化和易于扩展,对不确定性因素的适应性强,适用于负荷增长较为平稳的发展区建设;网状型组网由于就近备供,主干线路投资费用较小,适用于新区建设的初期、建成区电网改造和配电网一次成型的新区。

参 考 文 献

[1] 程浩忠. 电力系统规划[M]. 2 版. 北京: 中国电力出版社, 2014.

[2] 程浩忠, 范宏, 翟海保. 输电网柔性规划研究综述[J]. 电力系统及其自动化学报, 2007, 19(1): 21-27.

[3] 韩晓慧, 王联国. 输电网优化规划模型及算法分析[J]. 电力系统保护与控制, 2011, 39(23): 143-148.

[4] 张立波, 程浩忠, 曾平良, 等. 基于不确定理论的输电网规划[J]. 电力系统自动化, 2016, 40(16): 159-167.

[5] 李振伟, 马明禹, 杨娜, 等. 配电网多阶段多场景规划方式研究[J]. 电网与清洁能源, 2015, (7): 49-53.

[6] 王一哲, 汤涌, 董朝阳. 电力市场环境下输电网混合性规划模型[J]. 电力系统自动化, 2016, 40(13): 35-40.

[7] 程浩忠, 朱海峰, 马则良, 等. 基于等微增率准则的电网灵活规划方法[J]. 上海交通大学学报, 2003, 37(9): 1351-1353.

[8] 丁涛, 李澄, 胡源, 等. 考虑非预期条件的电力系统多阶段随机规划建模理论与方法[J]. 电网技术, 2017, 41(11): 3566-3572.

[9] 赵国波, 刘天琪, 李兴源, 等. 基于灰色机会约束规划的输电系统规划[J]. 电网技术, 2009, 33(1): 22-25.

[10] 金华征, 程浩忠, 杨晓梅, 等. 模糊集对分析法应用于计及 ATC 的多目标电网规划[J]. 电力系统自动化, 2005, 29(21): 45-49.

[11] 张漫, 王主丁, 王敬宇, 等. 计及发展不确定性的配电网柔性规划方法[J]. 电力系统自动化, 2019, 43(13): 114-123.

[12] 张靓. 北京中心城区 110kV 地下变电站的建设[J]. 供用电, 2007, 24(6): 53-62.

[13] 中华人民共和国电力行业标准. 配电网规划设计技术导则(DL/T 5729–2016)[S]. 北京: 中国电力出版社, 2016.

[14] 中华人民共和国电力行业标准. 城市电网供电安全标准(DL/T 256–2012)[S]. 北京: 中国电力出版社, 2012.

[15] 国家电网公司农电工作部. 农村电网规划培训教材[M]. 北京: 中国电力出版社, 2006.

[16] 向婷婷, 王主丁, 刘雪莲, 等. 中低压馈线电气计算方法的误差分析和估算公式改进[J]. 电力系统自动化, 2012, 36(19): 105-109.

[17] 李彦生, 王雁雄, 王敬宇, 等. 中压配电网电缆管网规划[J]. 云南电力技术, 2018, 46(1): 25-40.

第8章 中压架空线开关配置

在架空线上安装分段开关是配电网规划中的重要内容之一，其作为提高配电网供电可靠性的有效措施之一，已得到广泛应用。本章开关配置方法以"优化"且"实用"为目标，涉及配置开关类型相同和不同两种情况，以及负荷沿线分布均匀和不均匀两种情况。通过对架空线不同分段方案可靠性和经济性的计算分析，归纳总结出若干直观、工程实用的开关配置原则或规则。

8.1 引　　言

中压架空线开关配置就是确定架空线开关的最佳位置、数量和类型，以缩短故障停电时间及缩小停电影响范围，达到提高供电可靠性和经济性的目的。增加线路分段一方面可以提高供电可靠性并减少线路的停电损失，另一方面也增加了投资，且线路安装分段开关过多也易造成维护工作量和设备事故率的增加。因此，需要有一种寻求最优线路分段的方法，达到以最小投入获得满意可靠性指标。对此，电力公司方案决策面临两大类策略：一是在总费用或净收益的目标函数中引入停电损失费用[1~8]；二是在有限投资条件下尽量改善系统可靠性或在满足预期可靠性指标条件下尽量节约成本[9~11]。除此之外，在线路走向和负荷分布不明确的情况下(如配电网规划阶段)，可采用简化的分段优化模型[8,10,11]。由于开关配置问题属于非线性整数规划范围，相应模型的求解方法多为启发式方法，如智能启发式方法[1~3]和传统启发式方法[4~11]。

本章将介绍简单实用的开关配置优化模型和算法[8~10]，并通过对研究成果的总结，得到一些对于工程实践具有一般性指导意义的分段规则或建议，涉及配置相同和不同类型开关的架空线以及负荷沿线均匀分布情况下的简化分段模型和算法。

8.2 基 本 概 念

1. 开关在停电过程中的作用

当网络中某元件故障或预安排停运时，上游最近的有选择性的开关(断路器或负荷开关)自动跳闸或人工拉闸，该开关上游负荷不受影响。经故障定位后(预安排停运不需定位),通过开关开合将停运元件隔离,故障(预安排)停运段上游受影响但可被隔离的线段经上游开关合闸操作后恢复供电。

对于有联络线路,若忽略转供通道容量约束,下游受影响但可被隔离的线段经联络开关倒闸操作后恢复供电,受影响且不可被隔离用户则需等到故障修复或计划检修完成后恢复供电。对于单辐射线路,由于不存在负荷转带的可能,停运段下游所有受故障(预安排)停运影响的用户都要等到故障修复或计划检修完成后恢复供电。

在故障停运和计划停运时,负荷开关作用有所不同:负荷开关不具备保护作用(即不能在异常条件开断电流)但具有一定的带载分断能力,因此负荷开关在故障状态下与隔离开关作用相同,但在计划停运状态下又与断路器作用相同。

2. 可靠性成本/效益分析

高可靠性与低投资成本(或费用)是一对矛盾体,协调解决该矛盾需要确定在何种投资下才能获得供电总费用最低的最佳可靠性水平。

如图 8.1 所示,当可靠性投资费用曲线与可靠性停电损失费用曲线形成的总费用最低时(图中的点 T_m),电网可靠性水平最佳(图中的点 R_m),这是最理想的情况。电网规划的目的是通过平衡投资费用和停电损失费用最大限度地接近最理想的状态。

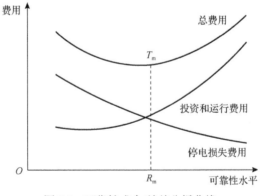

图 8.1 可靠性成本/效益分析曲线

3. "最小分段数"与"最大有效分段数"

在架空线路上安装分段开关可提高线路的可靠性,但若一味追求可靠性的提升,提升效果和经济性都会逐渐减小。因此,本章定义"最大有效分段数"为使可靠率提升效果明显(如某指标变化幅度大于 5%)的线路最大开关数,而线路"最小分段数"指满足可靠性规定指标值前提下的线路最小分段数。

以总长度为 12km 的有联络和辐射型架空线为例(其他参数见文献[12]),采用故障模式后果分析法[12]计算得到两条线路的用户年均停电时间SAIDI随线路负荷开关分段数增加而减小的变化情况，结果如图8.2所示。假定要求SAIDI<2.5h，由图8.2可看出：

(1)随着分段数的增加，有联络且配置馈线自动化线路的 SAIDI 呈现越来越小的趋势(即不存在最小值或最小值对应的分段数很大)，而其他三种情况对应的SAIDI 先是减小后再增加(即存在最小值及其最优分段数，分别为12、20 和21)。

(2)当分段数较小时，随着分段数的增加，线路的 SAIDI 减小幅度较大；但当分段数较大时，SAIDI 随分段数的增加减小的幅度越来越小。

(3)对于长度为 12km、有联络且配置馈线自动化的线路，当分段数为 3 时SAIDI<2.5h；继续分段时，SAIDI 下降幅度仍十分明显，直至分段数为 18 时进一步分段效果不再明显(下降幅度小于 5%)。因此，3 段和 18 段分别为该线路的最小分段数和最大有效分段数。

(4)长度为 12km 的辐射型线路无法满足 SAIDI<2.5h 的要求，不存在其最小分段数，只有最大有效分段数，有无馈线自动化时分别为 11 段和 8 段。

(5)相同长度的联络线分段效果明显优于辐射型线路。因此，对于单条馈线，有联络线路的最小分段数一般小于辐射型线路，但其最大有效分段数一般大于辐射型线路。

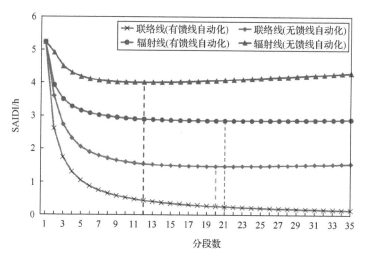

图 8.2 有联络及辐射型架空线 SAIDI 随线路分段数的变化曲线

8.3 相同类型开关配置模型和算法

本节就中压架空线路上相同类型分段开关的配置，介绍了一种在有限投资条件下尽量改善系统可靠性指标的模型和相应的启发式解析算法[9]。

8.3.1　线路分段优化模型

优化模型构造了包含两个供电可靠性指标的多目标函数，即将年用户平均停电时间(system average interruption duration index，SAIDI)和缺供电量(energy not service，ENS)归一化后相加，并考虑了最大可能投资、用户设置的可靠性指标和最大有效分段等多个约束。

1. 目标函数

为综合考虑 SAIDI 和 ENS 给配电网供电可靠性带来的影响，本节构造的多目标函数可表示为

$$\min R(\mathrm{MI}(n)) = W_1 \frac{\mathrm{SAIDI}(\mathrm{MI}(n))}{\mathrm{SAIDI}(\mathrm{MI}(0))} + W_2 \frac{\mathrm{ENS}(\mathrm{MI}(n))}{\mathrm{ENS}(\mathrm{MI}(0))}$$

$$= W_1' \, \mathrm{SAIDI}(\mathrm{MI}(n)) + W_2' \, \mathrm{ENS}(\mathrm{MI}(n)) \tag{8.1}$$

式中，n 为线路增加的开关总数；$\mathrm{MI}(n) = \big[(\mathrm{mi}_1(1), \mathrm{mi}_2(1)), (\mathrm{mi}_1(2), \mathrm{mi}_2(2)), \cdots, (\mathrm{mi}_1(m), \mathrm{mi}_2(m))\big]$，其中 $\mathrm{mi}_1(i)$ 和 $\mathrm{mi}_2(i)$ 分别为第 i 线路段两端是否新增开关的标识变量(1 表示新增安装，0 表示不安装或初始状态已装有开关)，$n = \sum\limits_{i=1}^{m}[\mathrm{mi}_1(i) + \mathrm{mi}_2(i)]$，$m$ 为线路自然分段总数(即以线路交叉节点和负荷接入线路节点为分段节点的线路分段总数)；$\mathrm{SAIDI}(\mathrm{MI}(n))$ 和 $\mathrm{ENS}(\mathrm{MI}(n))$ 分别为线路增加开关数为 n 时的 SAIDI 和 ENS 期望值；W_1 和 W_2 为权重，且 $W_1 + W_2 = 1$；W_1' 和 W_2' 为等效权重，且 $W_1' = W_1 / \mathrm{SAIDI}(\mathrm{MI}(0))$、$W_2' = W_2 / \mathrm{ENS}(\mathrm{MI}(0))$。

2. 约束条件

1) 供电可靠性指标提升效果约束

$$\Delta R(\mathrm{MI}(n)) \geqslant \upsilon_{\min} \tag{8.2}$$

式中，$\Delta R(\mathrm{MI}(n)) = R(\mathrm{MI}(n-1)) - R(\mathrm{MI}(n))$，即式 (8.1) 定义的指标 $R(\mathrm{MI}(n))$ 的减少量；$\upsilon_{\min}$ 为当线路每增加一个开关时，$\Delta R(\mathrm{MI}(n))$ 不应小于的最小值(如 0.05)。

2) 成本约束

$$nC_{\mathrm{mvk}} \leqslant C_{\max} \tag{8.3}$$

式中，C_{mvk} 为中压分段开关的单价；$C_{\max}$ 为分段开关的总费用上限。

3) 供电可靠性指标约束

$$R(\mathrm{MI}(n)) \leqslant R_{\max} \leqslant R(\mathrm{MI}(n-1)) \tag{8.4}$$

式中，$R_{\max}$ 为可靠性指标 $R(\mathrm{MI}(n))$ 的最大允许值。

8.3.2　单开关定位判据

单开关定位判据是指在线路其他开关位置固定的情况下，确定某个开关在某线路段(线路段中间不存在负荷)合理的安装位置。

1. 开关受益负荷和隔离线路长度

1)定义

令序号为 i 的分段开关为 K_i，定义因 K_i 动作少停电的负荷(K_i 为断路器)或停电时间缩短的负荷(K_i 为负荷开关)为开关 K_i 的受益负荷，相应的用户数记为 $M_{s,i}$，有功平均负荷记为 P_{si}；定义 K_i 动作后停电故障区域的馈线段长度之和 L_{si} 为开关 K_i 的隔离线路长度[6]。

2)具体确定方法

开关 K_i 受益负荷所属的线路范围为从该开关位置到其电源端最短路径搜索遇到第一个开关(或电源端)的线路段及其分支线；开关 K_i 隔离线路所属范围为从该开关位置到其下游直接相连的开关和线路末端的线路段(即从这些开关和线路末端到 K_i 开关位置的最短路径搜索不到其他开关)。

2. 定位判据

1)定位判据的提出

对于馈线各分段开关类型相同的情况，可将某开关受益负荷与其隔离线路长度的乘积定义为供电可靠性指标 $R(\mathrm{MI}(n))$ 相对于该开关位置的灵敏度，简称开关位置灵敏度。经故障模式后果分析法分析可知，在其他开关数量和位置不变的条件下，对于某开关安装位置的优化，目标函数式最小即其位置灵敏度最大。因此，将开关位置灵敏度最大作为单一开关的定位判据。

2)无联络的线路段

定义无联络线路段开关 K_i 的位置灵敏度为

$$\rho_i = X_{\mathrm{eq},i} L_{\mathrm{eq},i} \tag{8.5}$$

式中，$L_{\mathrm{eq},i}$ 为开关 K_i 下游(即其非电源端)的隔离线路长度；$X_{\mathrm{eq},i}$ 为开关 K_i 上游(即其电源端)等值受益负荷。

$$X_{\mathrm{eq},i} = W_1' \frac{M_{\mathrm{eq},i}}{M_z} + W_2' P_{\mathrm{eq},i} \tag{8.6}$$

式中，M_z 为馈线总用户数；$M_{\mathrm{eq},i}$ 和 $P_{\mathrm{eq},i}$ 分别为开关 K_i 上游受益负荷的用户数和负荷值。

对于无联络线路,在其他开关位置固定的情况下, ρ_i 越大相应的位置越优。

3) 有联络的线路段

有联络的线路段可视为双端带有电源的线路,对于开关 K_i 安装位置的优化,开关 K_i 下游故障停电时其影响与无联络线路段情况相同,但开关 K_i 上游故障停电时其影响与无联络线路段情况不同,需要考虑其下游联络转供的作用。类似无联络线路段的情况,定义有联络线路段开关 K_i 的位置灵敏度为

$$\rho_i' = X_{\text{eq},i}' L_{\text{eq},i}' + X_{\text{eq},i} L_{\text{eq},i} \tag{8.7}$$

式中, $L_{\text{eq},i}'$ 为开关 K_i 上游的隔离线路长度; $X_{\text{eq},i}'$ 为开关 K_i 下游等值受益负荷。

$$X_{\text{eq},i}' = W_1' \frac{M_{\text{eq},i}'}{M_z} + W_2' P_{\text{eq},i}' \tag{8.8}$$

式中, $M_{\text{eq},i}'$ 和 $P_{\text{eq},i}'$ 分别为开关 K_i 下游受益负荷的用户数和负荷值。

对于有联络线路,在其他开关位置固定的情况下, ρ_i' 越大,相应的初选安装位置越好。

8.3.3　三阶段解析算法

基于开关位置灵敏度最大的单一开关定位判据,采用了开关配置三阶段解析算法:第一阶段直观地确定开关合理或优化的候选位置;第二阶段逐一确定各分段开关的初始安装位置;第三阶段采用迭代方法进一步优化调整新增开关的安装位置。

1. 第一阶段

1) 无联络的线路段

在各类无联络的线路段中,根据式(8.5)和式(8.6)可知,当候选安装位置定在线路段的首端,即电源端时,可以得到最大的开关位置灵敏度。因此,无联络线路各分段的开关候选安装位置应位于该线路段的电源端,如图 8.3 中的黑点所示。

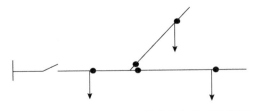

图 8.3　无联络线路分段开关优化候选安装位置

2) 有联络的线路段

同理，根据式(8.7)和式(8.8)可知，要得到最大的开关位置灵敏度，开关候选安装位置应选在各线路段首尾两端，即主电源端和备用电源端，如图 8.4 中的黑点所示。

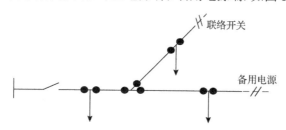

图 8.4　有联络线路分段开关优化候选安装位置

2. 第二阶段

第二阶段可分为前推二阶段和回推二阶段。

1) 前推二阶段

前推二阶段从新安装开关数 0 开始，以递增方式逐一确定开关的初始安装位置，直到满足约束为止，其步骤如下：

(1) 令 $n=0$，针对第一阶段确定的候选位置，逐一识别每一位置的受益负荷和隔离线路长度，计算得到开关位置灵敏度。

(2) 对于具有位置灵敏度最大值的候选开关位置，增设一个开关，使 $n=n+1$。

(3) 若违反式(8.2)和式(8.3)中的任一约束，删除最近安装的分段开关，转至步骤(5)；若式(8.4)满足要求，转至步骤(5)。

(4) 考虑到前 n 个开关安装后分段情况的变化，再次确定剩余各候选位置安装开关的受益负荷和隔离线路长度并重新计算其位置灵敏度，转至步骤(2)。

(5) 前推二阶段结束。

2) 回推二阶段

以所有候选开关位置均加装分段开关为初始条件，回推二阶段以递减方式逐一删除开关，直到满足约束为止，其步骤如下：

(1) 在第一阶段识别的每个候选位置上均增设一个候选开关，假设此时增设的候选开关总数为 n。逐一识别每一候选开关的受益负荷和隔离线路长度，并计算其位置灵敏度。

(2) 移除位置灵敏度最小值的候选开关，令 $n=n-1$。

(3) 若式(8.2)~式(8.4)都满足要求，转至步骤(4)；否则，考虑到之前移除候选开关对分段情况的影响，再次确定剩余候选开关的受益负荷和隔离线路长度，并重新计算其位置灵敏度，转至步骤(2)。

(4) 回推二阶段结束。

3. 第三阶段

开关配置属于非线性组合优化问题,采用启发式方法可能导致结果陷入局部最优。经过前两个阶段对候选安装位置的初步筛选后,可再采用对相应开关安装位置逐一微调的迭代方法做进一步优化,即第三阶段优化。

若第二阶段共新增设了 n 个分段开关,第三阶段是在假设其他 $n-1$ 个新装开关位置固定的情况下,在某开关受益负荷涉及的线路段范围及其隔离线路段范围内进行其位置的调整。若第二阶段采用前推二阶段法,按照第二阶段中开关安装的先后顺序进行开关位置的逐一调整;若第二阶段为回推二阶段法,该顺序随意。

令 $j=1$,第三阶段的步骤如下:

(1)确定开关 K_j 的第三阶段位置调整的范围。

(2)假设在开关 K_j 不存在的情况下,计算 K_j 位置调整范围内所有候选开关位置的灵敏度并识别其中的最大值,然后将 K_j 重新安装到与该最大开关位置灵敏度相对应的位置上。

(3)令 $j=j+1$,若 $j \leqslant n$,转至步骤(1)。

(4)若在步骤(1)~步骤(3)过程中,存在任何开关安装位置的变动,令 $j=1$,转至步骤(1);否则,输出结果。

4. 算法总流程图

对于相同类型开关配置,相应的三阶段解析算法总流程如图 8.5 所示。

8.3.4 算例 8.1:可靠性测试系统 RBTS 中节点 6 的变电站

本算例选用了在可靠性测试系统 RBTS 中节点 6 的变电站[1]进行计算。采用文献[1]所提方法计算得到的开关位置优化结果如图 8.6 所示,分别为线路段 25、31、33、37、39、44、45 和 46 的电源端,以及线路段 31、37、39、44 和 46 的备用电源端,共计 13 个分段开关。可以看出,无联络馈线 F3 和 F4 上部分开关分布在线路段非电源端,与 8.3.3 节第一阶段所得的候选开关位置分布不一致。

根据文献[1]的开关位置计算得到 SAIDI 为 3.8656h,ENS 为 48.039MW·h/年。移除文献[1]计算结果在馈线 F3 和 F4 非电源端安装的分段开关(即线路段 31、37、39、44 和 46 的末端安装的 5 个开关),由于这些移除开关的线路段电源端均已有开关,在减小开关数量的条件下仍可得到相同的 SAIDI 和 ENS 指标。由此可知,本章确定开关候选安装位置的概念可直观地检验其他算法的计算结果,且为其他算法提供了较少的候选开关安装位置。

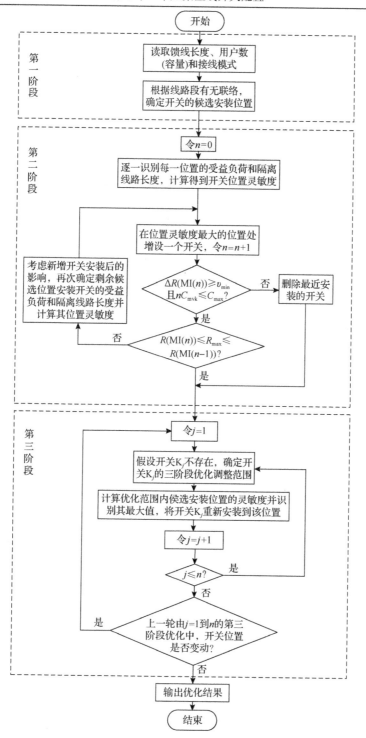

图 8.5 相同类型开关配置三阶段解析算法流程图(前推)

若采用本章三阶段解析算法对该系统进行优化，约束条件式(8.2)中的 υ_{min} 取 0.03，且 $W_1 = W_2 = 0.5$，计算结果为：线路段 5、21、29、31、40 和 45 的主电源端，线路段 7、15 和 23 的备用电源端，共 9 个开关（如图 8.6 中五角星所在位置），较文献[1]少装 4 个开关；SAIDI 为 3.5748h，减少了 7.52%；ENS 为 47.247MW·h/年，减少了 1.65%。

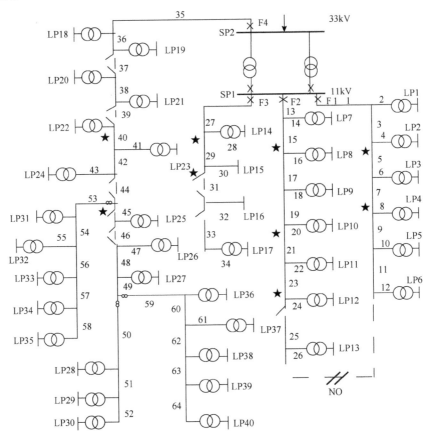

图 8.6　BUS6 算例开关位置优化结果示意图

8.3.5　算例 8.2：实际馈线算例

本算例采用文献[5]中的一条实际馈线进行开关配置。对于无联络线路的情况，约束条件式中的 υ_{min} 取 0.02；对于有联络线路的情况，为了安装与参考文献[5]中相同个数的分段开关，υ_{min} 取 0.014；$W_1 = W_2 = 0.5$。

采用本节的优化算法，经过包括前推二阶段优化法的三阶段优化后，两种情况下最终分段开关位置分别如图 8.7 和图 8.8 所示。无联络线路时，新增开关数为 3，分布在 4-6 首端、10-14 首端和 19-21 首端，ENS 为 4.883MW·h/年。有联络线路时，对应不同开关个数开关的优化配置，两种方法的优化结果比较如表 8.1 所示。可以看出，所有 6 种不同安装开关个数情况下，本节方法较文献[5]方法可得到更小的 ENS，其中对于安装 8 个开关情况，本节方法较文献[5]方法的 ENS 下降比例(19.85%)最大。

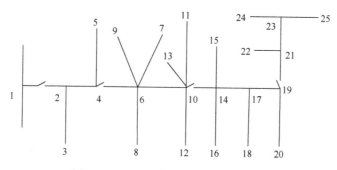

图 8.7　无联络线路开关位置优化结果

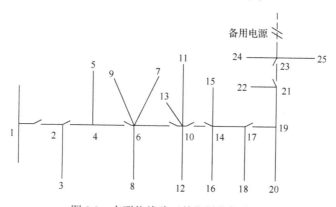

图 8.8　有联络线路开关位置优化结果

表 8.1　不同方法对应不同开关个数优化结果比较

	开关个数	1	2	3	4	5	8
文献[5]方法	分段开关位置	10-14 首	6-10 首、14-17 首	6-10 首、10-14 首、17-19 首	6-10 首、10-14 首、14-17 首、19-21 首	4-6 首、6-10 首、10-14 首、14-17 首、19-21 首	2-4 首、4-6 首、6-10 首、10-14 首、14-17 首、17-19 首、19-21 首、21-23 首
	ENS/(MW·h/年)	3.7223	2.5884	2.1556	1.8457	1.6076	1.3786
本节方法	分段开关位置	10-14 末	4-6 末、14-17 首	4-6 末、10-14 首、17-19 末	4-6 末、10-14 首、10-14 末、19-21 首	4-6 末、10-14 末、10-14 末、19-21 首、21-23 末	2-4 首、4-6 末、6-10 末、10-14 首、10-14 末、17-19 首、21-23 首、21-23 末
	ENS/(MW·h/年)	3.624	2.482	1.944	1.590	1.449	1.105
	ENS 下降比例/%	2.64	4.11	9.82	13.85	9.87	19.85

8.3.6　小结

对于负荷不均匀分布的中压架空线，本节阐述了一种开关优化配置模型和启发式方法。模型采用了含 SAIDI 和 ENS 两个可靠性指标的多目标函数，考虑了最大可能投资、用户设置的可靠性指标和最大有效分段等多个约束。基于"受益负荷"与"隔离线路长度"乘积最大的开关定位判据，本节阐述了中压架空线开关配置三次优化算法，包括有无联络线路开关备选优化位置的概念和确定方法。算例表明，本节模型和算法直观、有效和实用；开关优化备选位置的直观确定方法可为其他开关优化配置算法提供合理的最少开关备选位置或对其他算法结果进行校验，而且对于重要负荷或长分支线路可得出类似确定开关优化备选安装位置一些直观、工程实用的开关位置安装原则或技术导则。结果表明本节算法在供电可靠性和经济性改善上具有明显的优势。

8.4　不同类型开关配置模型和算法

本节在 8.3 节相同类型开关配置基础上，进一步阐述不同类型开关(即断路器和负荷开关)的配置问题。

8.4.1　线路分段优化模型

优化模型的目标函数为含开关投资、运行维护费用及用户停电损失费用的年总费用，并考虑了年总费用最小减少效果、开关投资上限和可靠性指标要求等多个约束。

1. 目标函数

考虑到不同类型开关在功能和造价上的差异，涉及分段开关投资、运行维护费用和停电损失费用的目标函数表示为

$$\min CO(MI(n)) = CO_i(MI(n)) + CO_o(MI(n)) \tag{8.9}$$

式中，n 为线路增加的开关总数；$MI(n) = [(mi_1(1), mi_2(1)), (mi_1(2), mi_2(2)), \cdots, (mi_1(m), mi_2(m))]$ 为新增开关的状态变量，$mi_1(i)$ 和 $mi_2(i)$ 分别为第 i 线路段两端是否新增开关的标识变量(1 表示新增安装断路器，–1 表示新增安装负荷开关，0 表示不安装或初始状态已装有开关)，$n = \sum_{i=1}^{m}[|mi_1(i)| + |mi_2(i)|]$，$m$ 为线路的自然分段总数；$CO(MI(n))$ 为年总费用；$CO_i(MI(n))$ 和 $CO_o(MI(n))$ 分别为对应 $MI(n)$ 的开关设备费用和停电损失费用。

1) 开关设备费用

开关设备费用，即每年开关投资、运行维护费用，可表示为

$$CO_i(MI(n)) = \varepsilon(n_{dl}C_{dl} + n_{fk}C_{fk}) \qquad (8.10)$$

式中，$\varepsilon = k_z + k_y + k_h$（$k_z$、$k_y$ 和 k_h 分别为折旧系数、运行维护费用系数和投资回收系数）；n_{dl} 和 n_{fk} 分别为新增的断路器和负荷开关总数，$n_{dl} = \sum_{i=1}^{m}\left[\max\{mi_1(i),0\} + \max\{mi_2(i),0\}\right]$，$n_{fk} = n - n_{dl}$；$C_{dl}$ 和 C_{fk} 分别为单台断路器和负荷开关的投资费用。

2) 停电损失费用

停电损失费用包括故障停电和计划停电损失费用两部分，可表示为

$$CO_o(MI(n)) = C_f ENS_f(MI(n)) + C_s ENS_s(MI(n)) \qquad (8.11)$$

式中，$ENS_f(MI(n))$ 和 $ENS_s(MI(n))$ 分别为新增 n 个分段开关时的故障停电和计划停电的缺供电量；C_f 和 C_s 分别为故障停电和计划停电的损失费用单价，其中计划停电单价可按每千瓦时电量产生的国内生产总值进行计算（如 5～15 元/(kW·h)），故障停电单价可按平均电价折算倍数法[12]进行估算。

2. 约束条件

约束条件包括年最小总费用减少效果、开关投资上限和可靠性指标要求等。

1) 年最小总费用减少效果要求

$$\frac{\Delta CO(MI(n), MI(n-1))}{CO(MI(0))} \geqslant \zeta_{min} \qquad (8.12)$$

式中，$\Delta CO(MI(n), MI(n-1)) = CO(MI(n-1)) - CO(MI(n))$，$CO(MI(0))$ 为新增开关个数为 0 时的目标函数值；ζ_{min} 为线路每增加一个开关总费用减少效果需要满足的最小值（如 0.05）。

2) 开关投资上限

$$n_{dl}C_{dl} + n_{fk}C_{fk} \leqslant C_{max} \qquad (8.13)$$

式中，C_{max} 为开关投资上限。

3) 可靠性指标要求

$$SAIDI(MI(n)) \leqslant SAIDI_{max} \leqslant SAIDI(MI(n-1)) \qquad (8.14)$$

$$ENS(MI(n)) \leqslant ENS_{max} \leqslant ENS(MI(n-1)) \qquad (8.15)$$

式中，$SAIDI_{max}$ 和 ENS_{max} 分别为线路可靠性指标 SAIDI 和 ENS 的最大允许值。

8.4.2　线路分段可靠性评估模型

如图 8.9 所示，本节的线路可靠性评估简化模型可描述为：K_0 为主干线(由联络开关或备用电源至主电源最短路径)距离 K_i 最近的上游断路器(含出线断路器)，K_3 为主干线上距离 K_i 最近的下游断路器(或线路末端)；K_1 为主干线上，介于 K_0 和 K_i 之间，且距离 K_i 最近的上游负荷开关；K_2 为主干线上，介于 K_i 和 K_3 之间，且距离 K_i 最近的下游负荷开关(K_1、K_2 可能不存在)；K_4 为联络开关，当 K_4 不存在时，线路类型为辐射型，否则线路类型为有联络型。装设分段开关 K_i 后，线路段长度可分为 L_0、L_1、L_2 和 L_3，对应的负荷分别为 P_0、P_1、P_2 和 P_3，对应的用户数分别为 M_0、M_1、M_2 和 M_3。

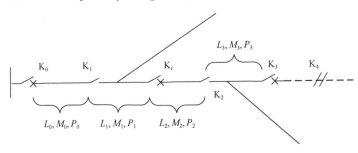

图 8.9　线路分段可靠性评估模型示意图
—✕— 断路器；——— 负荷开关；-//- 联络开关

上述线路可靠性评估模型具有一般性，根据负荷开关 K_1 和 K_2 存在与否，相应参数做如下处理：

(1)当 K_1 和 K_2 均存在时，不做特殊处理。

(2)当 K_1 不存在、K_2 存在时，令 $L_0=0$、$P_0=0$ 和 $M_0=0$。

(3)当 K_1 存在、K_2 不存在时，令 $L_3=0$、$P_3=0$ 和 $M_3=0$。

(4)当 K_1 和 K_2 均不存在时，令 $L_0=0$、$P_0=0$、$M_0=0$、$L_3=0$、$P_3=0$ 和 $M_3=0$。

8.4.3　线路分段可靠性评估公式

利用线路可靠性简化估算模型[12]，在馈线段有/无备供电源的情况下，针对安装负荷开关和断路器，可分别推导出不同类型单开关安装前后可靠性指标变化量 ΔSAIDI 和 ΔENS 的计算公式[9]。

8.4.4　三阶段解析算法

基于前面提到的线路分段可靠性评估公式，可得到中压架空线不同类型开关配置三阶段解析算法。其中，第一阶段与相同类型开关第一阶段方法相似，都是根据线路有无联络来直观地确定开关的初始安装位置。不同的是，在第二阶段和第三阶段，不同类型开关配置是基于总费用最小判据来确定并调整开关安装位置。其中，在第二阶段中，先选出同类型开关最优安装位置，再依据总费用最小选择相应的开关类型及其候选安装位置。

8.4.5　算例 8.3：不同类型开关配置

同样以文献[5]中的一条实际馈线为例进行开关优化配置；负荷开关的单价为 2.5 万元/台，断路器的单价为 3 万元/台；故障停电费用为 9.59 元/(kW·h)；ε 取 0.147；ζ_{min} 取 0。

(1)仅考虑故障停电，不考虑开关投资、运行维护费用(即 C_{max} 为一个大数)和指标约束。

采用本节方法，在安装 3 个分段开关(1 个断路器和 2 个负荷开关)时可取得最优开关配置方案(总费用最小为 2.928 万元)，如图 8.10 所示。

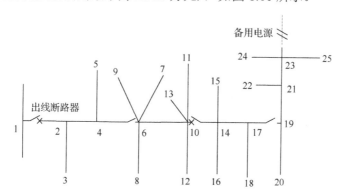

图 8.10　三阶段解析算法不同类型开关配置优化结果

本节方法和文献[5]方法得到的开关配置优化结果比较如表 8.2 所示。可以看出，本节方法较文献[5]方法可得到更小的 ENS 及投资总费用，ENS 下降了 15.48%，总费用下降了 7.76%，且在尝试配置 4 个开关时已不满足约束并停止计算，无须像文献[5]那般枚举更多开关配置方案。

表 8.2　不同方法开关配置优化结果比较

方法及优化效果	分段开关位置	ENS/(MW·h/年)	总费用/万元
文献[5]方法	6-10 首(FK)，10-14 首(FK)，17-19 首(FK)	2.156	3.174
本节方法	4-6 末(FK)，10-14 首(DL)，17-19 末(FK)	1.822	2.928
下降比例/%	—	15.48	7.76

注：DL 代表断路器，FK 代表负荷开关。

对于开关投资上限 C_{max} 分别为 7 万元、12 万元和 22 万元的情况,采用本节方法得到的最优方案如表 8.3 所示。可以看出,过多的投资不一定能获得更多的净收益。

表 8.3　对应不同开关投资上限的开关优化配置结果

开关投资上限/万元	新增开关个数	分段开关位置	ENS/(MW·h/年)	总费用/万元
7	2	6-10 末(FK),14-17 首(DL)	2.364	3.0792
12	3	4-6 末(FK),10-14 首(DL),17-19 末(FK)	1.822	2.9278
22	3	4-6 末(FK),10-14 首(DL),17-19 末(FK)	1.822	2.9278

(2)若考虑线路计划停运,相应计划停运率取值为 0.3 次/(年·km),平均计划停运时间为 5h/次,计划停运联络开关切换时间为 0h,计划停电费用为 5 元/(kW·h)。

采用本节方法所得最优结果如图 8.11 所示,需要配置 5 个负荷开关和 1 个断路器,故障停电 ENS 为 1.232MW·h/年,计划停电 ENS 为 2.426MW·h/年。相较于仅考虑故障停电,需要配置更多开关,增加相应的投资。

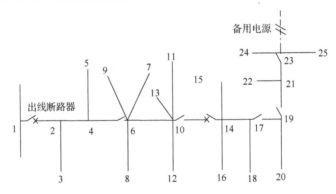

图 8.11　考虑计划停电的开关配置优化结果

8.4.6　小结

目标函数考虑了不同类型开关设备的投资、运行维护费用和停电损失费用,约束条件包括了最小总费用减少效果、最大开关投资费用和可靠性指标要求。本节介绍了不同类型开关配置的三阶段解析算法:第一阶段通过线路段有无联络关系直观确定开关的候选安装位置;第二阶段通过计算并识别总费用最小的安装位置来确定分段开关的初始安装位置和类型;第三阶段采用迭代的方法对开关安装位置做进一步的调整。算例表明了本节算法简便和高效,具有较强的工程实用性。

8.5　基于净收益的简化模型和算法

针对馈线条数多及网架和负荷分布不详的情况，本节在负荷沿线均匀分布的简化条件下以净收益为目标，对中压架空典型接线的最优分段进行计算分析，阐述"高可靠性分段原则"和小分段接线模式的意义[8]。

8.5.1　净收益目标函数

为综合考虑可靠性与经济性，含缺电成本后的架空线分段优化目标函数可表示为

$$\max f_{nk} = C_{fs}P_{max}\xi\left(\text{SAIDI}_0 - \text{SAIDI}_1\right) - \varepsilon(n_{dl}C_{dl} + n_{fk}C_{fk}) \tag{8.16}$$

式中，f_{nk} 表示线路添加分段开关(断路器或负荷开关)后的投资净收益；n_{dl} 和 n_{fk} 分别为新增的断路器和负荷开关总数；C_{dl} 和 C_{fk} 分别为单台断路器和负荷开关的投资费用；C_{fs} 为平均停电损失费用单价；P_{max} 和 ξ 分别为线路的最大负荷和负荷率；SAIDI_0 和 SAIDI_1 分别为线路添加分段开关前后的用户年均停电时间。

8.5.2　高可靠性分段原则

当中压线路的分段数较小时，增加分段数可以较明显地提高供电可靠性和投资净收益，但当分段数达到一定数量后，增加分段数的效果会逐渐减弱，甚至带来负效应。鉴于目前仅当投资净收益增加不明显时就停止增加分段的习惯做法，本节阐述了高可靠性线路增加分段必须同时满足的规则：

(1)增加分段后净收益必须大于零。

(2)增加分段后即便净收益增量虽小，但馈线可靠性仍然在持续提升。

8.5.3　算例 8.4：基于小分段的高可靠性分段原则

由可靠性成本/效益曲线分析可知，在线路上安装过多或过少数量的开关均不利于达到可靠性净收益最优。因此，应寻求一个工程上满意的合理分段数量，使投资净收益及可靠性指标达到最佳平衡点。在寻找最优分段过程中，本节采用以下三种分段方案。

方案一：仅采用"断路器分段"。

方案二：仅采用"负荷开关小分段"。

方案三：断路器和负荷开关"混合小分段"，即先采用两个断路器将线路分为3个主段，再添加负荷开关将各主分段进一步分为若干小段。

基于文献[8]的参数设定及简化假定,采用中压配电网可靠性近似估算模型和方法,可得到三种分段方案 10kV 架空线的最优分段数、最终 SAIDI 及投资净收益,结果如表 8.4 所示。

表 8.4 10kV 架空线三种分段方案可靠性和经济性对比

线路长度/km	接线方式	初始SAIDI/[h/(户·年)]	方案一"断路器分段"			方案二"负荷开关小分段"			方案三"混合小分段"		
			最优分段数	最终SAIDI/[h/(户·年)]	投资净效益/万元	最优分段数	最终SAIDI/[h/(户·年)]	投资净效益/万元	最优分段数	最终SAIDI/[h/(户·年)]	投资净效益/万元
3	辐射式接线	3.45	3	2.43	4.13	4	2.26	5.44	6	2.34	4.17
	多分段单联络接线	3.53	4	1.13	4.53	8	0.71	6.01	9	0.69	5.32
	多分段多联络接线	3.53	5	1.01	7.45	9	0.67	9.41	9	0.69	8.74
5	辐射式接线	5.75	3	3.96	7.87	6	3.53	10.21	6	3.73	8.64
	多分段单联络接线	5.88	5	1.54	8.85	10	1.01	10.75	9	1.03	10.21
	多分段多联络接线	5.88	6	1.39	14.19	11	0.97	16.63	12	0.89	16.16
10	辐射式接线	11.50	5	7.21	19.19	6	6.99	21.38	9	6.90	20.81
	多分段单联络接线	11.75	7	2.29	20.47	14	1.65	23.01	15	1.43	22.80
	多分段多联络接线	11.75	8	2.13	32.02	16	1.57	35.21	18	1.33	35.23
15	辐射式接线	17.25	5	10.66	18.84	7	10.26	21.06	9	10.21	20.37
	多分段单联络接线	17.63	9	2.83	32.63	17	2.23	35.54	18	1.88	35.66
	多分段多联络接线	17.63	10	2.67	42.77	18	2.19	46.07	18	1.88	46.40

由表 8.4 可以看出,10kV 架空线采用方案一、方案二和方案三的最优分段数范围分别为 3～10 段、4～18 段和 6～18 段;若架空线为 20kV 线路,因其供电能力约为 10kV 线路的 2 倍,最优分段数也会相应增加,但最多不超过 24 段。

方案二和方案三的最终 SAIDI 和投资净收益明显优于方案一,且分段数也明显增多。方案二和方案三的最终 SAIDI 和投资净收益相当,主要原因在于:①方案二仅采用负荷开关小分段,开关单价低,投资净收益略多;②方案三中断路器具有选择性,能够快速缩小故障和停运范围,减少用户的停电时间,最终 SAIDI 略好,还可为将来馈线自动化发展奠定基础。

图 8.12 可用以说明"高可靠性分段原则"与习惯分段方法得到的显著结果差

异。图中显示了就长度 10km 的 10kV 架空多分段单联络线路进行分段优化时，三种方案的投资净收益（即 $E(1)$、$E(2)$ 和 $E(3)$）与用户年均停电时间（即 SAIDI(1)、SAIDI(2) 和 SAIDI(3)）随分段数增加而变化的趋势。可以看出，三种方案在分段数为 6 时投资净收益增加减缓，但此时可靠性指标 SAIDI 曲线仍然下降明显，符合高可靠性分段增加原则。当方案三再增加 9 个负荷开关后，投资净收益只增加 6.78%，但可靠性指标 SAIDI 却减少了 42.24%，即 63min，因此方案二的最优分段数最终取 15。同理方案一和方案二的最优分段数可达 7 段和 14 段。比较而言，若采用仅当投资净收益增加不明显时就停止增加分段的习惯做法，最终分段数取 6 即可，与《配电网规划设计技术导则》（DL/T 5729—2016）[13]要求"分段数不宜大于 5"接近，但其可靠性指标离最佳可靠性水平还相去甚远，难于实现高可靠性目标要求。

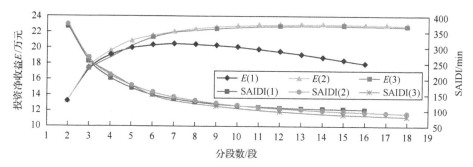

图 8.12　10kV 架空多分段单联络线路三种分段方案分段效果变化趋势图

8.5.4　小结

　　一方面与国内习惯分段相比，线路的分段数量大幅度增加，3～15km 的 10kV 线路最优分段数增加为 4～18，另一方面在保证经济效益的前提下显著提高了供电可靠性，辐射式接线模式和有联络接线模式的线路用户年均停电时间可分别从无分段的 3.45～17.63h 和 3.53～17.63h 减小到分段后的 2.34～10.26h 和 0.66～2.23h。

　　各种接线模式线路的最优分段数随着可靠性和经济参数的变化而变化。不同的参数对最优分段数的影响程度不同，其中负荷开关单价、线路计划停运率、停电损失费用的大小和负荷沿线路分布情况的影响较为明显。

8.6　基于可靠性指标的简化模型和算法

　　针对馈线条数多以及网架和负荷分布不详的情况，本节在负荷沿线均匀分布的简化条件下以投资成本为目标和可靠性指标为约束，涉及单馈线和多馈线系统的最小分段计算方法，以及一种有效改善可靠率指标的最大有效分段数计算方法[10]。

8.6.1 数学模型

综合考虑经济性和可靠性，本节开关配置优化模型描述为在满足可靠率指标前提下的投资成本最小。

1. 目标函数

开关的投资、运行维护费用与开关的个数成正比，故本节目标函数即线路增加分段开关的总数，可表示为

$$\min f_k = n \tag{8.17}$$

式中，n 为增加分段开关的总数。

2. 约束条件

（1）最小分段数约束。本约束用于求取满足规定可靠率指标的"最小分段数"，可表示为

$$\text{SAIDI}_s \leqslant \text{SAIDI}_{max} \tag{8.18}$$

式中，SAIDI_s 为分段后的系统或线路的用户年均停电时间；SAIDI_{max} 为设定的可靠性目标。

（2）最大有效分段约束。本约束用于求取使可靠率指标提升效果明显的"最大有效分段数"，可表示为

$$\frac{\Delta \text{SAIDI}(n)}{\text{SAIDI}(n)} \geqslant \delta_{min} \tag{8.19}$$

式中，$\text{SAIDI}(n)$ 为新增开关数为 n 的 SAIDI；$\Delta \text{SAIDI}(n)$ 为线路新增开关数为 $n{-}1$ 的 SAIDI 与新增开关数为 n 的 SAIDI 的差值；δ_{min} 为每次分段 SAIDI 需要不小于的最小减少率（如 0.05）。

3. 馈线和馈线系统 SAIDI 评估

单条馈线 SAIDI 评估可参见文献[12]中的简化估算模型。

对于多馈线系统 SAIDI 评估模型，假设线路编号 $1 \sim N_j$ 为架空线路，N_z 代表电缆和架空线总条数，架空线路 SAIDI_j 和电缆线路 SAIDI_d 可分别表示为

$$\begin{cases} \text{SAIDI}_j = \sum_{i=1}^{N_j} \text{SAIDI}_i W_{j,i} \\ \text{SAIDI}_d = \sum_{i=N_j+1}^{N_z} \text{SAIDI}_i W_{d,i} \end{cases} \tag{8.20}$$

式中，SAIDI_i 为馈线 i 的用户年均停电时间；$W_{\text{j},i}$ 为架空线 i 所带用户数占架空线路总用户数的比例；$W_{\text{d},i}$ 为电缆线 i 所带用户数占电缆线路总用户数的比例。

$W_{\text{j},i}$ 和 $W_{\text{d},i}$ 可分别表示为

$$\begin{cases} W_{\text{j},i} = \dfrac{M_i}{\displaystyle\sum_{i=1}^{N_{\text{j}}} M_i} \\[4mm] W_{\text{d},i} = \dfrac{M_i}{\displaystyle\sum_{i=N_{\text{j}}+1}^{N_z} M_i} \end{cases} \tag{8.21}$$

式中，M_i 为馈线 i 的用户数。

系统用户年均停电时间可表示为

$$\text{SAIDI}_\text{s} = W_\text{j}\text{SAIDI}_\text{j} + W_\text{d}\text{SAIDI}_\text{d} \tag{8.22}$$

式中，W_j 和 W_d 分别为架空馈线和电缆馈线用户数占总用户数的比例。

$$\begin{cases} W_\text{j} = \dfrac{\displaystyle\sum_{i=1}^{N_\text{j}} M_i}{\displaystyle\sum_{i=1}^{N_z} M_i} \\[6mm] W_\text{d} = \dfrac{\displaystyle\sum_{i=N_\text{j}+1}^{N_z} M_i}{\displaystyle\sum_{i=1}^{N_z} M_i} \end{cases} \tag{8.23}$$

需要说明的是，考虑到电缆线路是通过环网箱分段，而环网箱位置和数量主要由供电区域负荷密度和用户分布决定，因此本节馈线优化分段仅针对架空线；但对于一个含有电缆的多馈线系统，为了达到要求的整个系统可靠率指标，电缆的存在仍然对架空线最小分段有影响。

8.6.2　优化算法

1. 单馈线分段迭代算法

单馈线分段迭代算法是一种简单的启发式迭代方法，用于求解单条架空线路

的最小分段数和最大有效分段数，其算法流程如图 8.13 所示。该算法首先读取可靠率目标、线路的长度、初始分段开关数 n_0、线型（架空或电缆）及接线模式（联络或辐射）；让线路新增分段开关数 n 持续加 1 并计算每一次加 1 后的 $SAIDI(n)$ 和 $\Delta SAIDI(n)/SAIDI(n)$，当第一次出现 $SAIDI(n)<SAIDI_{max}$ 时的分段数（n_0+n+1）即为线路的最小分段数 n_{min}，当第一次出现 $\Delta SAIDI(n)/SAIDI(n)<\delta_{min}$ 时的分段数（n_0+n+1）即为线路的最大有效分段数 n_{max}。

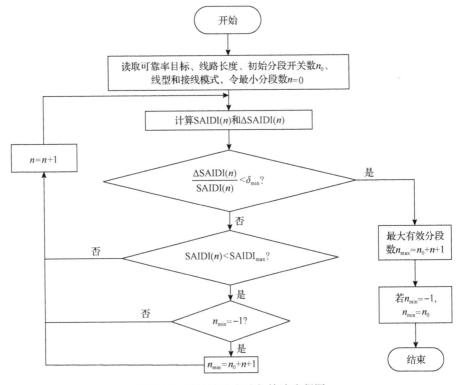

图 8.13　单馈线分段迭代算法流程图

2. 多馈线系统最小分段迭代算法

多馈线系统的最小分段迭代算法用于求解多馈线系统中架空线路的最小分段数（多馈线系统各线路最大有效分段数与单馈线相同），算法流程如图 8.14 所示。图中，$SAIDI(i,n_i)$ 表示第 i 条馈线分段开关数为 n_i 的系统用户年均停电时间；$\Delta SAIDI(i,n_i)$ 表示第 i 条线路分段开关数为 n_i-1 的 SAIDI 与分段开关数为 n_i 的 SAIDI 的差值。算法每次选出增加 1 个分段使户用户年均停电时间 $SAIDI_s$ 的减小值（对于线路 i 为 $\Delta SAIDI(i,n_i)W_{j,i}$）最大的那条线路，让其分段开关数加 1，直到 $SAIDI_s<SAIDI_{max}$ 或 $\Delta SAIDI(i,n_i)/SAIDI(i,n_i)<\delta_{min}$ 为止。

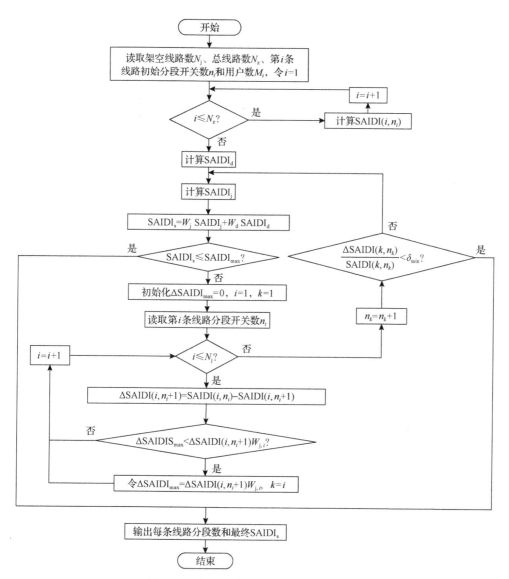

图 8.14　多馈线系统最小分段算法流程图

8.6.3　算例 8.5：单条馈线和多条馈线系统算例

1. 单条馈线分段计算分析

采用文献[10]中的可靠性参数及指标要求设定，计算得到 10kV 架空线的最小分段数和最大有效分段数，结果如表 8.5 所示。

表 8.5　各负荷分区 10kV 架空线路的最小分段数和最大有效分段数

负荷分区	是否自动化	线路长度/km	有联络		辐射型	
			最小分段数	最大有效分段数	最小分段数	最大有效分段数
A 类	是	1	4	5	—	3
		2	—	5	—	3
A 类	否	1	—	6	—	3
		2	—	7	—	4
B 类	是	2	1	5	1	3
		4	2	6	2	3
B 类	否	2	2	7	2	4
		4	3	8	—	4
C 类	否	4	2	10	—	4
		6	3	11	—	5
D 类	否	6	2	11	2	5
		8	2	11	3	5
E 类	否	8	2	14	—	5
		10	3	14	—	5
F 类	否	10	1	14	1	5
		15	2	15	2	5

由表 8.5 可以看出:

(1) 相同供电距离下,联络型线路最大有效分段数明显多于辐射型线路。

(2) 在各分区的供电距离范围内:①有联络的供电线路一般情况下(如无配电网自动化)不能满足 A 类地区的可靠率指标,最小分段数为 1~4,最大有效分段数为 5~15;②辐射型供电线路一般情况下(如无配电网自动化)仅能满足 D、F 类地区的可靠率,最小分段数为 1~3,最大有效分段数为 3~5。

2. 多馈线系统分段计算分析

1) 县城多馈线系统算例

依据本节介绍的多馈线系统模型和算法,对某县城电网 2018 年现状线路进行分段开关设置。该县城为 D 类地区,2018 年共有 20 条 10kV 中压线路,已知该地区可靠性指标 SAIDI 需小于 6h。各线路具体情况及架空线分段计算结果如表 8.6 所示。对应最小分段数的 $SAIDI_j$、$SAIDI_d$ 和 $SAIDI_s$ 分别为 3.826h、2.156h 和 5.982h;对应最大有效分段数的 $SAIDI_j$、$SAIDI_d$ 和 $SAIDI_s$ 分别为 2.525h、2.156h 和 4.681h。

表 8.6　某县城多馈线系统最小分段数及最大有效分段数

序号	型号	是否联络	线路长度 L/km	用户数 M/户	ML/(户·km)	最小分段数	最大有效分段数
1	架空	是	16.8	116	1948.8	6	13
2	架空	是	12.4	119	1475.6	5	12
3	架空	否	10.2	65	663	2	5
4	架空	否	14	47	658	2	5
5	架空	否	10.6	59	625.4	2	5
6	架空	否	5.2	99	514.8	2	5
7	架空	否	17.6	28	492.8	2	5
8	架空	是	12	38	456	3	12
9	架空	否	12	38	456	2	5
10	架空	是	10.6	39	413.4	3	12
11	架空	否	11	37	407	1	5
12	架空	否	9.6	42	403.2	2	5
13	架空	否	8.9	44	391.6	2	5
14	架空	否	15.2	21	319.2	2	5
15	架空	否	6.7	42	281.4	2	5
16	架空	否	9	17	153	1	5
17	架空	否	5.1	29	147.9	1	5
18	架空	否	1.5	16	24	1	4
19	电缆	是	2	17	34	—	—
20	电缆	是	5	5	25	—	—

由以上计算结果可以看出：

(1)由各架空线最小分段数可得到 SAIDI$_s$ 指标为 5.982h，可靠率为 99.931%，达到了该地区的可靠性要求。但是，当全县架空线路均采用最大有效分段数时，需要再增加 77 个分段开关，SAIDI$_s$ 为 4.681h，可进一步减小 1.301h。若分段开关单价按 5000 元算，停电损失费用取值为 0.5 元/(kW·h)的售电价，开关投资需要约 15 年才能收回；但停电损失费用若取值为 8 元/(kW·h)的产电比，开关投资不到 1 年即可收回。

(2)与单馈线不同，为了满足系统可靠率指标，各架空线路最小分段数不仅与自身长度有关，还与本线路用户数及其他线路长度和用户数密切相关。当接线模式相同(同为联络线或辐射型)时，一般来说(如不考虑开关停运率)，架空线的 ML

相对越大,其最小分段数越多。

(3)序号为 8 和 9 的线路长度及用户数均相同,但有联络的序号为 8 的架空线较辐射型的序号为 9 的架空线分段更多。由此可见,多馈线系统与单馈线不同,由于联络型线路分段效果更明显,其最小分段数可以多于辐射型线路。

2)城市多馈线系统算例

某城区为 A 类地区,2018 年共有 19 条 10kV 中压线路,已知该地区可靠性指标 SAIDI 需小于 0.875h。采用本节多馈线系统模型和算法求解,在配电网无自动化时架空线分段计算结果及各线路具体情况如表 8.7 所示。该城区不能满足可靠性指标要求,故不存在达到要求可靠率指标的最小分段数;对应最大有效分段数的 $SAIDI_j$、$SAIDI_d$ 和 $SAIDI_s$ 分别为 0.965h、0.817h 和 1.782h(1.782h 仍然大于要求的 0.875h,这是由于电缆线路所占比重太大,单靠架空线分段可靠率提升空间不大)。

表 8.7 某城市多馈线系统最小分段数及最大有效分段数

序号	型号	是否联络	线路长度 L/km	用户数 M/户	ML/(户·km)	最小分段数	最大有效分段数
1	架空	是	8.76	38	332.88	—	8
2	架空	是	9.98	33	329.34	—	8
3	架空	是	7.38	31	228.78	—	8
4	架空	是	5.63	21	118.23	—	8
5	架空	是	3.7	24	88.8	—	7
6	架空	是	4.94	15	74.1	—	8
7	架空	是	3.93	17	66.81	—	8
8	架空	是	4.54	10	45.4	—	8
9	架空	否	4.77	8	38.16	—	4
10	架空	否	2.45	11	26.95	—	4
11	架空	是	1.43	2	2.86	—	6
12	电缆	是	0.25	2	0.5	—	—
13	电缆	是	0.25	2	0.5	—	—
14	电缆	否	0.58	6	3.48	—	—
15	电缆	否	3.3	1	3.3	—	—
16	电缆	是	2.42	11	26.62	—	—
17	电缆	是	3.25	15	48.75	—	—
18	电缆	是	5.53	16	88.48	—	—
19	电缆	是	1.39	9	12.51	—	—

若能实现配电网自动化，采用最小分段数仍无法达到该地区可靠率指标要求，$SAIDI_s$ 为 1.198h，大于 0.875h；但采用最大有效分段数的 $SAIDI_s$ 为 0.75h，能够满足该地区可靠率指标要求。

8.6.4 小结

(1)本节介绍了单条馈线基于可靠率的分段优化模型和算法。单条馈线分段数主要与其线路长度相关，与线路用户数无关；联络线分段效果明显优于辐射型线路，其最大有效分段数明显高于辐射型线路，对于长度在 1~15km 的联络型线路和辐射型线路最大有效分段数分别为 5~15 和 3~5。

(2)本节介绍了多馈线系统基于可靠率指标的分段优化模型和算法。与单馈线不同，为了满足整个系统可靠率指标，各线路最小分段数不仅与自身长度有关，还与本线路用户数及其他线路长度和用户数密切相关；当接线模式相同(同为联络型线路或辐射型线路)时，线路 ML 相对越大，其最小分段数一般越多。

(3)对于长度相同的单条线路，有联络架空线的最小分段数小于辐射型架空线，最大有效分段数大于辐射型线；但对于多馈线系统，有联络架空线的最小分段数和最大有效分段数一般都大于长度相同的辐射型架空线。

8.7 本 章 小 结

本章混合方法涉及负荷沿线不均匀分布情况下相同类型和不同类型开关的配置，以及负荷沿线均匀分布简化条件下的开关分段数近似估算。

(1)针对相同类型开关配置模型，介绍了"受益负荷"与"隔离线路长度"乘积最大的单开关定位通用指标，阐述了基于开关备选优化安装位置和单开关定位判据的高效开关配置三阶段解析算法。在此基础上，针对不同类型开关配置模型，提出了改进的开关三阶段解析前推算法。

(2)在负荷沿线均匀分布的简化条件下，基于配电网可靠性近似估算模型对馈线的分段数进行大致估算；阐述了最小分段数和最大有效分段数的概念及高可靠性分段原则，继而得到了小分段的推荐接线模式；国内相关技术导则规定[13]，中压每回架空线分段数不宜大于 5，这在一定程度上限制了当前配电网可靠率水平的进一步提高。

(3)在不同类型开关配置模型和基于净收益的简化模型中，目标函数综合考虑了不同类型开关的投资、运行维护费用和停电损失费用，理论上较为严谨，但存在停电损失费用取值比较困难的问题：从供电企业经济效益出发一般取值为相应地区的购电电价(如 0.5 元/(kW·h))，但从全社会经济效益来看又应取值为停电损失费用(如产电比 5~15 元/(kW·h))，而且两种情况线路分段结果差别很大；而相同类型开关配置模型和基于可靠性指标要求的简化模型规避了停电损失费用取值困难的问题，也考虑到了我国现阶段大多数配电网存在的投资限额以及需要满足上级下达或相关技术导则规定可靠率指标的要求。

(4)阐述了开关备选安装位置应在各线路分段电源端的直观确定方法，即开关安装位置应尽量将负荷集中区域与停运概率较大的线路段隔离：若将大分支线和户数(或容量)较密集的区域视为负荷集中区域，对于辐射型线路，分段开关应安装在尽量靠近负荷集中区域或重要用户的下游端；对于联络型线路，分段开关应安装在主干线上尽量靠近负荷集中区域或重要用户的两侧。

参 考 文 献

[1] Billinton R, Jonnavithula S. Optimal switching devices placement in radial distribution system[J]. IEEE Transactions on Power Systems, 1996, 11(3): 1646-1651.

[2] 史燕琨, 王东, 孙辉. 基于综合费用最低的配电网开关优化配置研究[J]. 中国电机工程学报, 2004, 24(9): 136-141.

[3] 陈禹, 唐巍, 陈昕玥, 等. 基于负荷-光伏等效负荷曲线动态分段的配电线路联络开关优化配置[J]. 电力自动化设备, 2015, 35(3): 47-53.

[4] 葛少云, 张国良, 申刚, 等. 中压配电网各种接线模式的最优分段[J]. 电网技术, 2006, 30(4): 87-91.

[5] 葛少云, 李建芳, 张宝贵. 基于二分法的配电网分段开关优化配置[J]. 电网技术, 2007, 31(13): 44-49.

[6] 许丹, 唐巍. 多目标分阶段中压配电线路开关优化配置[J]. 电力系统保护与控制, 2009, 37(20): 47-52.

[7] Heidari A, Agelidis V G. Considerations of sectionalizing switches in distribution networks with distributed generation[J]. IEEE Transactions on Power System, 2015, 30(3): 1401-1409.

[8] 冯霜, 王主丁, 周建其. 基于小分段的中压架空线接线模式分析[J]. 电力系统自动化, 2013, 37(4): 62-68.

[9] 廖一茜, 张静, 王主丁, 等. 中压架空线开关配置三阶段优化算法[J]. 电网技术, 2018, 42(10): 3413-3419.

[10] 彭卉, 张静, 吴延琳, 等. 基于可靠率指标的中压架空馈线分段优化[J]. 电力自动化设备, 2017, 37(5): 184-190.

[11] 曹华珍, 陈一铭, 吴亚雄, 等. 中压馈线最优分段数的通用量化表达式[J]. 电网技术, 2019, 43(8): 2991-2997.

[12] 王主丁. 高中压配电网可靠性评估——实用模型、方法、软件和应用[M]. 北京: 科学出版社, 2018.

[13] 中华人民共和国电力行业标准. 配电网规划设计技术导则(DL/T 5729–2016)[S]. 北京: 中国电力出版社, 2016.

第9章 中压馈线无功配置

中压馈线无功补偿设备的合理配置方案(位置、容量和方式)对提高电能质量和节能降耗具有十分重要的意义。目前,电力企业一般只根据相关技术导则进行较为粗放笼统的无功补偿,而各种经典优化方法却难以广泛应用。本章馈线无功配置方法以"优化"且"实用"为目标,涉及一套不同位置无功补偿容量规划优化模型及其快速三次解析算法,以及一种馈线总补偿容量的近似估算方法。

9.1 引　　言

随着我国经济发展和国际化能源紧张局势的加剧,电能质量和节能降耗管理已成为国家政策中的重要内容。配电网元件和负荷在运行过程中大多要消耗无功功率,通过发电机远距离传输这些无功功率也增加配电网损耗。因此,可在需要消耗无功功率的地方安装无功补偿装置,对其进行合理的无功补偿,提供就地元件或负荷所需无功功率,减少配电网损耗。中压馈线的无功配置,是指在满足系统各种约束(如电压质量和功率因数等)的前提下,确定无功补偿装置的最佳装设地点、最优补偿容量和补偿方式,以使投资的净收益最大化。

针对现状馈线的无功配置优化,较早期的方法需要人工指定补偿点,再通过各类算法求出补偿容量,但补偿效果不佳。为改善补偿效果并提高计算效率,无功优化配置的思路一般是通过灵敏度分析法和节点网损分摊系数方法等首先确定若干补偿点或补偿范围[1],再利用各种数学规划方法或启发式方法求解[2~7]。其中,内点法计算顺利时速度较快,但其对于不同配电系统的适应性不强;蚁群算法、粒子群算法和遗传算法等智能启发式方法全局寻优能力强,能很好地处理离散变量,但存在计算费时且不稳定的问题。此外,对于规划态馈线的无功配置,由于数据收集困难(如网络结构及负荷位置和大小),一般只根据相关技术导则进行无功配置[8~11](如配变补偿容量按变压器容量的 20%~40%估算),也有运用三分之二原则[12](即当无功补偿度为线路无功流量的"2/3",且安装位置距线路首端"2/3"时,馈线损耗降低最大)对每条馈线进行无功配置。但这些近似的无功配置方法比较粗糙,对不同馈线难以进行差别处理。

本章将阐述一套馈线无功补偿规划优化模型及其快速三次解析算法[13,14],以及一种馈线总补偿容量的近似估算方法[15],涉及近似潮流的快速计算方法、单节点优化补偿容量的解析表达式、主变分接头和弱环网处理方法等。

9.2 　无功规划基础

本节无功规划基础涉及无功补偿的基本原理和基本原则、无功补偿装置和补偿方式、并联电容器投资费用模型及无功补偿相关技术导则。

1. 无功补偿基本原理

通过对馈线进行合理的无功补偿，可以减少线路传输的无功功率，提高负荷和线路的功率因数。

1)提高负荷功率因数，满足导则技术相关要求

若某负荷补偿前的功率因数为 $\cos\theta_1$，补偿后的功率因数要求为 $\cos\theta_2$，则所需补偿容量可表示为

$$Q_c = P(\tan\theta_1 - \tan\theta_2) \tag{9.1}$$

式中，P 为负荷的有功功率。

2)降低有功损耗，促进经济运行

不少电力公司的线损率一直居高不下，通过无功补偿可以降低电能损耗。若线路 l 上的功率为 $P_l + jQ_l$，线路末端电压为 U_l，线路的电阻为 R_l，则无功补偿前线路的有功损耗可表示为

$$\Delta P_{l,1} = \frac{P_l^2 + Q_l^2}{U_l^2} R_l \tag{9.2}$$

当在线路末端补偿容量为 $Q_{c,l}$ 的无功时，线路的有功损耗可近似表示为

$$\Delta P_{l,2} = \frac{P_l^2 + (Q_l - Q_{c,l})^2}{U_l^2} R_l \tag{9.3}$$

无功补偿后线路有功损耗的减少值可表示为

$$\Delta P_l = \Delta P_{l,1} - \Delta P_{l,2} = \frac{2Q_l Q_{c,l} - Q_{c,l}^2}{U_l^2} R_l \tag{9.4}$$

3)降低电压损耗，提高电压质量

电压质量是衡量电能质量的重要指标之一，若线路由于供电半径过长而导致线路末端电压偏低，可通过无功补偿降低电压损耗，从而抬高末端电压使其处于合理范围。若线路的阻抗为 $R_l + jX_l$，无功补偿前线路的电压损耗可表示为

$$\Delta U_{l,1} = \frac{P_l R_l + Q_l X_l}{U_l} \tag{9.5}$$

当在线路末端补偿容量为 $Q_{c,l}$ 的无功时，线路的电压损耗可近似表示为

$$\Delta U_{l,2} = \frac{P_l R_l + (Q_l - Q_{c,l}) X_l}{U_l} \tag{9.6}$$

无功补偿后线路的电压损耗减少值为

$$\Delta U_l = \Delta U_{l,1} - \Delta U_{l,2} = \frac{Q_{c,l} X_l}{U_l} \tag{9.7}$$

2. 无功补偿的基本原则

目前，无功补偿的相关技术导则或一些工程实用方法是生产实践中应用最广泛的方法，其基本原则简述如下。

1) 总体原则

总体平衡与局部平衡相结合；降损与调压相结合；集中补偿与分散补偿相结合；电力公司补偿与客户补偿相结合。

2) 分层分区平衡原则

无功补偿应保证在系统有功负荷高峰和低谷运行方式下，分(电压)层和分(供电)区的无功平衡。其中，分(电压)层无功平衡是指不同电压层级间的无功功率交换应控制在合理范围之内，在负荷功率因数满足要求的前提下，减少无功功率在不同电压等级间的流动，重点是指 220kV 及以上电压等级层面的无功平衡；分(供电)区无功平衡是指不同供电区域间的无功功率交换应控制在合理水平，减少区域间的无功功率交换，重点是指 110kV 及以下配电系统的无功平衡。

3) 无功不倒送原则

小负荷方式下应避免低压电网通过变压器向上级电网倒送无功功率。电力用户和公用配电变压器装设的各种无功补偿装置(包括调相机、电容器、静止无功补偿器)应按照负荷和电压变动及时调整无功出力，防止无功功率倒送。

4) 功率因数满足要求

(1) 10kV 线路出线侧的功率因数应在 0.9 及以上。

(2) 配电变压器最大负荷时高压侧功率因数不应低于 0.9，在低谷负荷时，应避免向电网倒送无功功率。

(3) 变压器容量为 100kV·A 以上的电力用户功率因数不低于 0.9，宜采用自动投切的无功补偿装置。

3. 无功补偿装置

1)常用的无功补偿装置

（1）并联电容器。

随着电容器制造技术的发展，并联电容器已成为主要的无功补偿装置，其优点包括：可以单独使用，也可依据实际需要由多个电容器连接成组使用，容量可大可小；既可集中补偿，又可分散补偿；可根据负荷变化动态投切部分或全部电容器，运行比较灵活；投资节约，维护简单，运行损耗比较小（为额定容量的 0.3%～0.5%）。

（2）并联电抗器。

并联电抗器一般用来吸收电网的容性无功功率。一方面，并联电抗器可以接到高压线路，限制高压线路电压过高，也可增强长距离高压输电线重合闸时的灭弧效果，提高重合闸的成功率；另一方面，由于中压电缆线路和长架空线路对地电容大，电压越限情况严重（特别是线路空载或轻载时），可采用并联电抗器加以限制。

（3）同步调相机。

在发生故障时，调相机能够比较均匀平滑地快速改变无功出力，使故障点的电压得到提升，维持系统或设备的稳定运行，适合于负荷重和无功负荷变化大的地方。同步调相机的缺点是运行损耗比较大（为额定容量的 1.5%～3%），且负荷越轻运行损耗越大，而且同步调相机的维护工作量也比较大，一般需要专门的维护人员，2～3 年就需要大修一次。因此，同步调相机由于在经济、运行和维护等方面的缺点，限制了其大范围应用。

（4）静止无功补偿器。

静止无功补偿器既有调相机连续均匀调压和响应速度快的特性，又有电容器组有功损耗少和维护工作小等优点。因此，静止无功补偿器在电力系统中得到了广泛应用，但其一般采用晶闸管且控制系统比较复杂，本身会产生谐波，而且出现故障时检修时间较长。

2)补偿装置的选择

并联电容器投资省、运行灵活而且维护简单方便，是目前使用最多的补偿装置；并联电抗器一般用于电缆线路较多的地区，可吸收充电功率，避免线路可能出现的高电压；同步调相机适用于无功负荷变化大的情况，可以维持系统的稳定，缺点是运行损耗比较大和维修工作量大；静止无功补偿器是一种比较先进的无功补偿装置，调节平滑和运行维护简单，缺点是本身会产生谐波，一般要加装滤波器，否则会污染配电网络。

因此，按综合性能考虑，一般情况下应首先考虑将并联电容器组作为无功补偿设备；对于可能存在电压偏高的情况（如较长的电缆线路），可考虑采用并联电抗器；在有技术需求（如带有冲击性负荷，无功负荷幅值变化大等）且经济合理的情况下，可采用同步调相机或静止无功补偿器。

4. 无功补偿方式

目前，我国配电网主要有四种无功补偿方式：变电站集中补偿方式、杆上无功补偿方式、低压集中补偿方式及用户终端分散补偿方式，如图 9.1 所示。

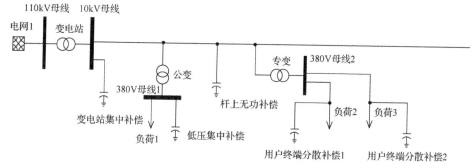

图 9.1　配电网无功补偿方式示意图

1）变电站集中补偿方式

变电站集中补偿主要是为了补偿主变压器的无功损耗，提高输电网的功率因数。变电站集中补偿方式的优点是维护管理简单方便，但只能改善主变及其上级电网的无功功率分布，对于下级配电网几乎没有影响。

2）杆上无功补偿方式

配电网中许多低容量的公用配变并未安装无功补偿装置，通过分布式电源增加无功出力又导致大量无功功率在线路中流动，增大了配电网损耗。杆上无功补偿将无功补偿装置安装在杆塔上，从而达到在提高功率因数的同时降低损耗的目的。这种补偿方式适用于农村地区功率因数过低且负荷重的长距离 10kV 线路。由于远离变电站，杆上无功补偿的保护配置比较困难，且轻载时容易造成过电压和过补偿现象。因此，杆上无功补偿的补偿点不宜过多，容量也不宜过大。

3）低压集中补偿方式

低压集中补偿是国内目前使用最普遍的一种无功补偿方式，无功补偿装置通过投切开关接在配变低压侧的 380V 母线上，随着用户负荷的变化，补偿装置可自动调整投入电容器组的数量，实现跟踪补偿。低压集中补偿方式的主要目的是提高专用配变的功率因数，对配电变压器及配电网均有一定的降损作用。

4）用户终端分散补偿方式

用户终端分散补偿是针对低压用户分散、负荷增长快和无功需求大等特点而进行的无功补偿，通过直接对低压用户补偿，实现无功就地平衡。这种补偿方式的降损节能效果最好，但缺点是补偿点较为分散，管理不便，在负荷较轻时大量电容器闲置，造成无功资源的浪费。

5. 并联电容器投资费用模型

1) 价格调研

本章无功规划涉及 10kV 杆上无功补偿和低压集中补偿两种方式，因此对 10kV 和 0.4kV 两种电压等级的并联电容器补偿装置价格进行了实际调研。表 9.1 和表 9.2 分别为浙江某厂的并联电容器补偿装置的实际价格。

表 9.1　0.4kV 可调电容器的价格

序号	型号规格	容量/kvar	总费用/万元
1	ZRTBBL-0.4-100kvar	100	1
2	ZRTBBL-0.4-120kvar	120	1.1
3	ZRTBBL-0.4-150kvar	150	1.3
4	ZRTBBL-0.4-180kvar	180	1.5
5	ZRTBBL-0.4-200kvar	200	1.8
6	ZRTBBL-0.4-240kvar	240	2.2
7	ZRTBBL-0.4-260kvar	260	2.5
8	ZRTBBL-0.4-280kvar	280	2.6
9	ZRTBBL-0.4-300kvar	300	2.8
10	ZRTBBL-0.4-350kvar	350	3.2
11	ZRTBBL-0.4-400kvar	400	3.5
12	ZRTBBL-0.4-450kvar	450	3.9
13	ZRTBBL-0.4-500kvar	500	4.5
14	ZRTBBL-0.4-600kvar	600	5

表 9.2　10kV 可调电容器的价格

序号	型号规格	容量/kvar	总费用/万元
1	ZRTBBZ-10-100/33.4kvar-AK/P6	100	2.7
2	ZRTBBZ-10-200/66.7kvar-AK/P6	200	2.9
3	ZRTBBZ-10-300/100kvar-AK/P6	300	3
4	ZRTBBZ-10-400/134kvar-AK/P6	400	3.2
5	ZRTBBZ-10-500/167kvar-AK/P6	500	3.5
6	ZRTBBZ-10-600/200kvar-AK/P6	600	3.6
7	ZRTBBZ-10-700/234kvar-AK/P6	700	3.9
8	ZRTBBZ-10-800/267kvar-AK/P6	800	4.3
9	ZRTBBZ-10-900/300kvar-AK/P6	900	4.7
10	ZRTBBZ-10-1000/334kvar-AK/P6	1000	5
11	ZRTBBZ-10-1200/400kvar-AK/P6	1200	5.3
12	ZRTBBZ-10-1500/250kvar-AK/P6	1500	6.3
13	ZRTBBZ-10-1800/300kvar-AK/P6	1800	7.5
14	ZRTBBZ-10-2000/334kvar-AK/P6	2000	9

2)投资费用模型

本节分别对10kV和0.4kV电容器补偿装置的投资费用和容量进行了拟合分析,选取拟合度较好的线性函数表示电容器投资费用 C_c 与其补偿容量 Q_c 之间的关系。

(1)0.4kV可调电容器补偿装置。

0.4kV可调电容器的投资费用与补偿容量之间的线性拟合关系如图9.2所示。

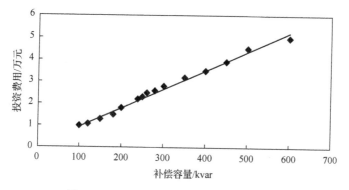

图 9.2　0.4kV 可调电容器价格的线性模型

图 9.2 所示的线性关系可表示为

$$C_c = 0.126 + 0.0084 Q_c \tag{9.8}$$

由式(9.8)可知,0.4kV 电容器单位容量的价格为 84 元/kvar,固定投资费用为1260 元。

(2)10kV可调电容器补偿装置。

10kV 可调电容器的投资费用与补偿容量之间的线性拟合关系如图9.3 所示。

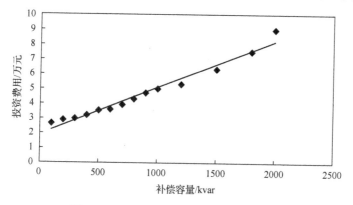

图 9.3　10kV 可调电容器价格的线性模型

图 9.3 所示的线性关系可表示为

$$C_c = 1.96157 + 0.00312 Q_c \tag{9.9}$$

由式(9.9)可知，10kV 电容器单位容量的价格为 31.2 元/kvar，固定投资费用为 19615.7 元。

3) 电容器容量组合的优化选择

(1) 不同电容器容量组合的投资。

以表 9.1 和表 9.2 两种电压等级的电容器价格为基础，对于各种电容器容量组合仅考虑一次固定投资费用，可得到各种电容器组合的总投资费用，如表 9.3 和表 9.4 所示。

表 9.3   0.4kV 低压电容器不同容量组合的投资

补偿容量/kvar	容量组合/kvar	总投资/万元	补偿容量/kvar	容量组合/kvar	总投资/万元
100	1×100	1.00	500	1×400+1×100	4.37
	2×50	0.95		1×300+1×200	4.47
200	1×200	1.80		1×300+2×100	4.55
	2×100	1.87		2×200+1×100	4.35
	4×50	1.78		1×200+3×100	4.42
300	1×300	2.80	600	1×600	5.00
	3×100	2.75		2×300	5.47
	1×200+1×100	2.67		3×200	5.15
400	1×400	3.50		6×100	5.37
	2×200	3.47		1×500+1×100	5.37
	4×100	3.62		1×400+1×200	5.17
	1×300+1×100	3.67		1×300+3×100	5.42
	1×200+2×100	3.55		2×200+2×100	5.22
500	1×500	4.50		1×200+4×100	5.30
	5×100	4.50	—	—	—

表 9.4   10kV 电容器不同容量组合的投资

补偿容量/kvar	容量组合/kvar	总投资/万元	补偿容量/kvar	容量组合/kvar	总投资/万元
500	1×500	3.50	1000	1×500+1×300+2×100	6.02
	1×400+1×100	3.94		1×500+5×100	7.19
	1×300+1×200	3.94	2000	1×2000	9.00
	1×300+2×100	4.48		2×1000	8.04
	2×200+1×100	4.58		4×500	8.12
	1×200+3×100	5.12		5×400	8.15
1000	1×1000	5.00		3×500+1×400+1×100	8.55
	2×500	5.04		2×500+2×400+1×200	8.45
	5×200	6.65		1×500+3×400+1×300	8.25
	1×500+1×300+1×200	5.48	—	—	—

(2)电容器容量组合的合理选择。

基于表 9.3 和表 9.4 以及配电网无功补偿实际需要可知:

①一般情况下,总容量相同时,采用较大容量的单组电容器总投资较小。

②对于负荷波动较大的情况,可考虑按多组小容量电容器进行无功配置,方便分组投切。

6. 无功配置相关技术导则[10,11]

(1)35~110kV 等级变电站主要是补偿主变无功消耗,适当考虑补偿负荷侧无功消耗,一般按主变容量的 10%~30%配置,最大负荷运行方式下,保证高压侧功率因数不低于 0.95。

(2)10kV 及以下电压等级配电网,以配变低压侧补偿为主,高压补偿为辅;保证 10kV 线路出口处功率因数不低于 0.9;配变补偿容量一般按变压器容量的 20%~40%配置。容量在 100kV·A 及以上的配变均需配置无功补偿,并保证在负荷高峰时高压侧功率因数不低于 0.95。

9.3　无功规划优化模型

基于馈线网架结构和负荷分布,本节馈线无功补偿规划模型的目标为无功补偿后的净收益值最大,约束包括各节点功率平衡方程和各节点电压上下限约束及分布式电源的最大最小无功出力限制,涉及杆上无功补偿和低压集中补偿的优化配置。其中,目标函数可表示为

$$\max f_{nc} = C_e \tau_{max}(\Delta P_1 - \Delta P_2) - w\sum(\Delta U_i)^2 - \varepsilon \sum_{i \in \Omega_{cn}}(C_{v,i}Q_{c,i} + z_i C_{f,i}) \quad (9.10)$$

其中,

$$\Delta U_i = \begin{cases} U_{min,i} - U_i, & U_i < U_{min,i} \\ 0, & U_{min,i} \leqslant U_i \leqslant U_{max,i} \\ U_i - U_{max,i}, & U_i > U_{max,i} \end{cases}$$

式中, f_{nc} 为配电网无功补偿后的净收益值,万元/年; C_e 为单位电能损耗价格,万元/(kW·h); ΔP_1 和 ΔP_2 分别为配电网无功补偿前后的有功功率损耗,kW; $\varepsilon = k_z + k_y + k_h$ (k_z、 k_y 和 k_h 分别为折旧系数、运行维护费用系数和投资回报系数); Ω_{cn} 为馈线所有可能补偿节点的集合; $Q_{c,i}$ 为节点 i 补偿电容器的总容量,kvar; $C_{v,i}$ 为节点 i 补偿电容器的单位容量价格,万元/kvar; $C_{f,i}$ 为节点 i 补偿电容器的固定投资,万元;如果节点 i 是新增补偿点,则 z_i=1,否则 z_i=0; τ_{max} 为最大负荷损

耗小时数；ΔU_i 为节点 i 电压越限绝对值；U_i 为节点 i 电压幅值；$U_{\max,i}$ 和 $U_{\min,i}$ 分别为节点 i 电压的上下限值；w 为惩罚因子，是一充分大数。

若在进行无功规划优化过程中把全年时间分为三个负荷水平时间段：最大负荷水平时间为 $T_{\mathrm{l,max}}$、一般负荷水平时间为 $T_{\mathrm{l,gen}}$、最小负荷水平时间为 $T_{\mathrm{l,min}}$。在已知一般负荷率为 $\xi_{\mathrm{l,gen}}$ 和最小负荷率为 $\xi_{\mathrm{l,min}}$ 的条件下，$\tau_{\max}$ 还可按式(9.11)近似计算求得

$$\tau_{\max} = T_{\mathrm{l,max}} + \xi_{\mathrm{l,gen}}^2 T_{\mathrm{l,gen}} + \xi_{\mathrm{l,min}}^2 T_{\mathrm{l,min}} \tag{9.11}$$

9.4　优化模型求解基础

9.4.1　节点优化编号

为了高效地进行潮流和无功优化计算，需对节点和支路进行编号，本章采用的编号方法只要求任意节点的新编号都要大于其上游父节点(即电源节点方向)编号，具体编号步骤详见文献[7]。

9.4.2　节点电压最大允许偏移值

本章定义补偿节点 i 的电压最大允许偏移值 $\Delta U_{\mathrm{d,max},i}$ 为该节点电压越限值及其下游各节点的电压越限值中的最大值。因此，若补偿节点电压满足节点电压最大偏移值，其下游各节点一般也满足电压要求。图 9.4 为一简单辐射型网络，补偿节点 5 的电压最大允许偏移值可表示为 $\max\{\Delta U_5, \Delta U_6, \Delta U_7, \Delta U_8\}$。

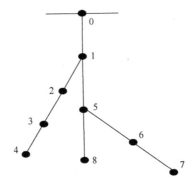

图 9.4　简单辐射型网络

各节点电压最大允许偏移值可基于潮流计算和节点编号结果快速计算得到。首先，由潮流计算结果可得到各节点电压的越限值，并将其设置为相应节点初始的最大允许偏移值，然后按以下步骤对该初始值进行更新：

(1)令 j 为新编号最大的节点。

(2)根据节点编号结果找到节点 j 的上游父节点 k，比较节点 j 和 k 的电压最大允许偏移值，取 $\max\{\Delta U_j, \Delta U_k\}$ 作为节点 k 新的电压最大允许偏移值。

(3)若节点 j 为根节点，则停止；否则令 $j=j-1$，转至步骤(2)。

9.4.3　近似潮流计算

基于常规交流潮流计算结果，本节近似潮流计算分为支路无功功率的更新和节点电压的更新，可基于节点编号结果进行快速更新计算。

1. 支路无功功率更新

首先定义从某节点出发至根节点的最短路径上所有的支路为该节点的上游支路集合。支路无功更新步骤如下：

(1)设置所有支路的无功功率变化量为 0。

(2)若在节点 i 补偿无功功率为 $Q_{c,i}$，根据父节点和父支路信息可逐一找到补偿节点 i 的所有上游支路，并将其无功功率变化量设置为 $Q_{c,i}$。

(3)将补偿节点 i 各上游支路的无功功率减去 $Q_{c,i}$ 可得补偿后相应支路的近似无功功率。

2. 节点电压更新

某一节点无功补偿后任意节点 j 电压的升高量可近似表示为

$$\Delta U_j = \Delta U_k + \frac{\Delta Q_j X_j}{U_j^{(0)}} \tag{9.12}$$

式中，k 为节点 j 的父节点；ΔU_k 为某节点无功补偿后节点 k 电压的升高量；ΔQ_j 为某节点无功补偿后支路 j 无功功率的变化量；X_j 为支路 j 的电抗；$U_j^{(0)}$ 为某节点无功补偿前节点 j 的电压。

某节点无功补偿后任意节点 j 的电压可表示为

$$U_j = U_j^{(0)} + \Delta U_j \tag{9.13}$$

某节点无功补偿后，从新编节点号 1 开始(根节点电压不变，即其电压升高值为 0)，各节点电压更新步骤如下：

(1)令 $j=1$。

(2)按式(9.12)和式(9.13)计算得到节点 j 无功补偿后的电压升高值和电压值。

(3)若 j 小于最大节点编号数，令 $j=j+1$，转至步骤(2)；否则结束。

9.4.4 单节点优化补偿容量

1. 基于净收益的补偿容量

(1)采用电容器补偿时，单独补偿节点 i 时的净收益值 $f_{nc,i}$ 的近似表达式为

$$f_{nc,i} = C_e \tau_{max} \sum_{b \in \Omega_{ub,i}} \frac{Q_b^2 - (Q_b - Q_{c,i})^2}{U_b^2} R_b - \varepsilon(C_{v,i} Q_{c,i} + C_{f,i}) \tag{9.14}$$

式中，$\Omega_{ub,i}$ 为节点 i 所有上游支路的集合；Q_b 为补偿前支路 b 末端的无功功率；R_b 为支路 b 的电阻；U_b 为支路 b 的末端节点电压。

由 $f_{nc,i}$ 对 $Q_{c,i}$ 求导，可得

$$f'_{nc,i} = 2C_e \tau_{max} \sum_{b \in \Omega_{ub,i}} \frac{(Q_b - Q_{c,i})R_b}{U_b^2} - \varepsilon C_{v,i} \tag{9.15}$$

令 $f'_{nc,i} = 0$，可得到净收益最大时的补偿容量为

$$Q_{c,i}^* = \frac{2C_e \tau_{max} \sum_{b \in \Omega_{ub,i}} Q_b \frac{R_b}{U_b^2} - \varepsilon C_{v,i}}{2C_e \tau_{max} \sum_{b \in \Omega_{ub,i}} \frac{R_b}{U_b^2}} \tag{9.16}$$

(2)采用分布式电源补偿时，不存在与投资相关的费用，单独在节点 i 进行补偿时该节点的最佳容量可表示为

$$Q_{c,i}^* = \frac{\sum_{b \in \Omega_{ub,i}} \frac{Q_b R_b}{U_b^2}}{\sum_{b \in \Omega_{ub,i}} \frac{R_b}{U_b^2}} \tag{9.17}$$

2. 基于节点电压最大运行偏移值的补偿容量

单纯考虑无功补偿净收益时，并不能保证所有节点电压质量都满足要求。因此，需要计算消除电压越限所需要的无功补偿容量。

首先，当单独在节点 i 处补偿 $Q_{c,i}$ 时，节点 i 无功补偿后其电压的升高量 ΔU_i 可由式(9.12)改写为

$$\Delta U_i = Q_{c,i} \sum_{b \in \Omega_{ub,i}} \frac{X_b}{U_b} \tag{9.18}$$

式中，X_b 为支路 b 的电抗。

（1）若节点 i 及其下游节点均为低电压，基于节点 i 电压最大允许偏移值 $\Delta U_{d,max,i}$ 和式（9.18）可求得满足节点 i 及其下游节点电压要求的补偿容量为

$$Q_{c,i}^{**} = \frac{\Delta U_{d,max,i}}{\sum\limits_{b \in \Omega_{ub,i}} \dfrac{X_b}{U_b}} \tag{9.19}$$

（2）若节点 i 及其下游节点均为高电压，基于节点 i 电压最大允许偏移值 $\Delta U_{d,max,i}$ 和式（9.18）可求得满足节点 i 及其下游节点电压要求的补偿容量为

$$Q_{c,i}^{**} = \frac{-\Delta U_{d,max,i}}{\sum\limits_{b \in \Omega_{ub,i}} \dfrac{X_b}{U_b}} \tag{9.20}$$

（3）若节点 i 及其下游节点均满足要求，此时补偿容量为

$$Q_{c,i}^{**} = 0 \tag{9.21}$$

9.5　三次优化解析算法

本节综合考虑经济效益和电压约束，基于节点优化编号、近似潮流计算和单节点优化补偿容量计算公式，阐述一种不同位置无功补偿容量规划的三次优化解析算法。

9.5.1　一次优化

一次优化是基于节点优化编号和近似潮流计算，在满足电压约束的基础上在全网范围内逐一选择净收益最大的节点对其进行补偿，并在考虑已补偿电容器影响的基础上，重复这一过程，直到受技术经济约束不能进一步补偿，得到一次优化后的补偿节点、顺序及其容量/组数。基本的计算步骤如下：

（1）节点优化编号，令 $j=1$。

（2）补偿前进行交流潮流计算。

（3）计算各节点单独补偿的最佳容量。

①若节点 i 处没有分布式电源。

若节点 i 及其下游节点均为低电压，由式（9.16）和式（9.19）分别计算得到节点 i 的 $Q_{c,i}^{*}$ 和 $Q_{c,i}^{**}$，取两者中的较大值作为节点 i 的单节点最佳补偿容量。

若节点 i 及其下游节点均为高电压，由式（9.16）和式（9.20）分别计算得到节点 i 的 $Q_{c,i}^{*}$ 和 $Q_{c,i}^{**}$，取两者中的较小值作为节点 i 的单节点最佳补偿容量。

若节点 i 及其下游节点电压均满足要求，由式 (9.16) 计算得到节点 i 的 $Q_{c,i}^*$ 作为节点 i 的单节点最佳补偿容量。

若补偿节点及其下游节点既有高电压又有低电压，优先对高电压节点进行处理，即均视为高电压节点。

②若节点 i 已接入分布式电源。

若节点 i 及其下游节点均为低电压，由式 (9.17) 和式 (9.19) 分别计算得到节点 i 的 $Q_{c,i}^*$ 和 $Q_{c,i}^{**}$，取两者中的较大值作为节点 i 的单节点最佳补偿容量。

若节点 i 及其下游节点均为高电压，由式 (9.17) 和式 (9.20) 分别计算得到节点 i 的 $Q_{c,i}^*$ 和 $Q_{c,i}^{**}$，取两者中的较小值作为节点 i 的单节点最佳补偿容量。

若节点 i 及其下游节点电压均满足要求，由式 (9.17) 计算得到节点 i 的 $Q_{c,i}^*$ 作为节点 i 的单节点最佳补偿容量。

若补偿节点及其下游节点既有高电压又有低电压，优先对高电压节点进行处理，即均视为高电压节点。

(4) 计算各节点单独补偿的最佳组数。

①若节点 i 处没有分布式电源，根据步骤 (3) 中的①初步计算出的最佳补偿容量 $Q_{c,i}$，可得到并联电容器的补偿组数为

$$m_i = \frac{Q_{c,i}}{Q_{dc,i}} \tag{9.22}$$

式中，$Q_{dc,i}$ 为节点 i 处的单组标准电容器容量。m_i 可能不为整数，本章对其进行四舍五入取整。

②若节点 i 处已接入分布式电源，则由分布式电源优先提供补偿；若由式 (9.17) 计算出的 $Q_{c,i}^*$ 大于分布式电源无功出力上限，则分布式电源按无功上限进行补偿，超出部分再由式 (9.16) 计算出电容器需补偿的容量，补偿组数仍按式 (9.22) 计算。

(5) 如果各节点补偿前电压已满足要求而且各节点单独补偿时的最大净收益为负，转向步骤 (8)。

(6) 对净收益最大的节点进行补偿，标记此节点的补偿顺序号为 j。

(7) 更新补偿顺序号为 j 的节点上游所有支路的无功功率和所有节点的电压；令 $j=j+1$，返回步骤 (3)。

(8) 本次优化结束，得到一次优化后的补偿节点和节点总数、顺序及其容量/组数。

9.5.2 二次优化

二次优化是在一次优化初始解的基础上，基于补偿节点位置和容量的相互影

响，迭代修正各补偿节点的位置和最佳补偿容量/组数：在其他节点补偿容量/组数不变的基础上，基于一次优化后的补偿顺序，每次只重新计算 1 个补偿节点的最佳补偿容量/组数及其位置，直到迭代修正对一次优化后的所有补偿节点位置和容量不能进一步改善为止，基本计算步骤如下：

(1) 令 $j=1$。

(2) 在其他节点补偿容量/组数不变的基础上，重新计算第 j 个补偿节点的位置和最佳补偿容量/组数。

(3) 更新 j 节点上游所有支路的无功功率，若 j 小于一次优化已确定补偿节点数，令 $j=j+1$，返回步骤(2)；否则，转入下一步。

(4) 检查上一次由 $j=1$ 到其最大补偿节点数的过程中各补偿节点位置和容量/组数是否存在变化。若有任何变化，返回步骤(1)；否则，本次优化结束，得到更新后的各补偿节点位置及其补偿容量/组数。

9.5.3　三次优化

三次优化是由于一、二次优化在求取节点并联电容器补偿组数时采用了近似潮流计算公式，需要对二次优化结果进行交流潮流校验并做进一步的优化微调。

假设经过二次优化得到 n 个并联电容器补偿节点，相应补偿组数集合为 $\{m_1, m_2, m_3, \cdots, m_n\}$，三次优化基本步骤如下：

(1) 令二次优化的补偿方案作为初始方案。

(2) 在其他节点补偿组数或容量不变的条件下，每次只微调一个节点，即令该节点补偿组数分别增加一组和减少一组，于是可得到微调后新增加的另 $2n$ 个补偿方案：$\{m_1+1, m_2, m_3, \cdots, m_n\}$、$\{m_1-1, m_2, m_3, \cdots, m_n\}$ $\cdots$ $\{m_1, m_2, m_3, \cdots, m_n+1\}$、$\{m_1, m_2, m_3, \cdots, m_n-1\}$。

(3) 基于交流潮流和净收益计算公式，从新得到的 $2n$ 个补偿方案与本次微调前的方案中选出满足电压约束且净收益最大的补偿方案或电压越限最小的补偿方案。

(4) 判断最优方案是否为本次微调前的补偿方案：若是，则输出结果；否则将步骤(3)所得补偿方案作为更新后的初始补偿方案，转至步骤(2)。

9.5.4　算法总流程

配电网无功规划三次优化解析算法包括：在近似满足电压约束的基础上，一次优化按单节点净收益最大为目标逐次对节点进行补偿，最终确定初步的补偿节点数量、补偿位置及其容量；考虑到各补偿位置和容量的相互影响，二次优化对一次优化初始解进行迭代修正计算；三次优化对二次优化的结果采用交流潮流校验电压及做进一步的优化微调。三次优化算法总流程如图 9.5 所示。

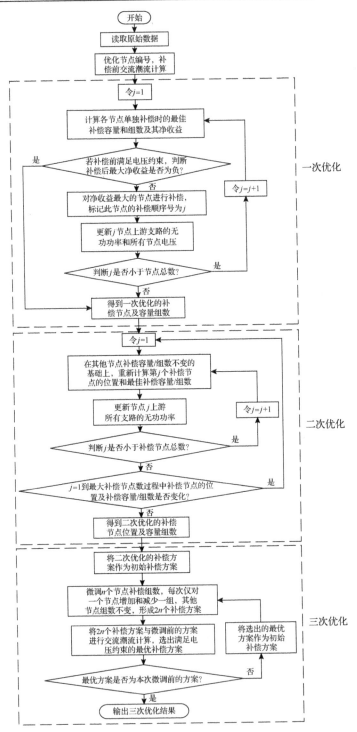

图 9.5　三次优化算法总流程图

9.5.5　其他问题处理

1. 主变分接头优化

对于含有载调压变压器的网络，可通过调节变压器分接头来调节二次侧的输出电压。当考虑变压器分接头对各节点电压的影响时，式(9.18)可改写为

$$Q_{c,i} = \frac{\Delta U_i - \left(\dfrac{k_2}{k_1} - \dfrac{k_2^{(0)}}{k_1^{(0)}} \right) U_{2B}}{\sum\limits_{b \in \Omega_{ub,i}} \dfrac{X_b}{U_b}} \qquad (9.23)$$

式中，$k_1 = U_1/U_{1B}$；$k_2 = U_2/U_{2B}$（上标"0"表示节点 i 补偿无功 $Q_{c,i}$ 前的值），U_1、U_2 分别为主变一次侧和二次侧的实际电压，U_{1B}、U_{2B} 分别为主变一次侧和二次侧连接系统的基准电压。

考虑到变压器分接头的不同，在前面三次解析优化算法中计算基于节点电压最大偏移值的补偿容量涉及的式(9.19)和式(9.20)分别改用式(9.24)和式(9.25)。

$$Q_{c,i}^{**} = \frac{\Delta U_{d,\max,i} - \left(\dfrac{k_2}{k_1} - \dfrac{k_2^{(0)}}{k_1^{(0)}} \right) U_{2B}}{\sum\limits_{b \in \Omega_{ub,i}} \dfrac{X_b}{U_b}} \qquad (9.24)$$

$$Q_{c,i}^{**} = \frac{-\Delta U_{d,\max,i} - \left(\dfrac{k_2}{k_1} - \dfrac{k_2^{(0)}}{k_1^{(0)}} \right) U_{2B}}{\sum\limits_{b \in \Omega_{ub,i}} \dfrac{X_b}{U_b}} \qquad (9.25)$$

本章变压器分接头优化的基本步骤如下：

(1) 令 T 为变压器分接头的最高档位，ΔT 为相邻档位间隔。

(2) 将变压器分接头置于 T 档位，对网络进行三次解析优化，获得无功补偿后的净收益值 $f_{nc}(T)$。

(3) 将变压器分接头置于 $T{-}\Delta T$ 档位，对网络进行三次解析优化，获得无功补偿后的净收益值 $f_{nc}(T{-}\Delta T)$。

(4) 若 $f_{nc}(T) < f_{nc}(T{-}\Delta T)$，令 $T = T{-}\Delta T$，转至步骤(3)；否则，输出最优变压器档位 $T = T{-}\Delta T$，结束。

需要注意的是，若主变低压侧也有分接头，待一次侧分接头优化后，需再按

上述步骤对低压侧分接头进行优化。

2. 弱环网的处理

9.4.4 节中关于单节点优化补偿容量的求取仅适用于辐射状的网络。本节通过引入无功补偿分布因子对 9.4.4 节中的公式进行修改,使之同样适用于含环网的配电网。

首先,定义无功补偿分布因子 $\lambda_{b,i}$ 为当对网络中节点 i 进行无功补偿时,流过环网内支路 b 的无功增量与补偿无功的比值。该值由网络结构和网络运行状态决定,可近似看成常数。

无功补偿分布因子的求取场景如下所示。

(1)若支路 b 位于环内,节点 i 为环网节点。

①单环情况。

令 $Z_{b,i}$ 为环网节点 i 到源节点的不经过支路 b 的路径总阻抗,Z_Σ 为环网支路总阻抗。根据基尔霍夫定律,支路 b 的无功补偿分布因子可表示为

$$\lambda_{b,i} = \frac{Z_{b,i}}{Z_\Sigma} \tag{9.26}$$

②多环情况。

通过潮流计算,试探性地在节点 i 补偿单组标准电容器,通过计算补偿前后的潮流确定环网支路的无功补偿分布因子为

$$\lambda_{b,i} = \frac{Q_b - Q_{b,i}}{Q_{dc}} \tag{9.27}$$

式中,$Q_{b,i}$ 为节点 i 补偿单组标准电容器后支路 b 的无功功率;Q_{dc} 为单组标准电容器容量。

(2)若支路 b 位于环内,节点 i 为环外节点,且支路 b 位于节点 i 的上游。若节点 i 上游的第 1 个环节点为 k,对于环内各支路无功,其补偿效果等同于在此环节点 k 补偿,此时 $\lambda_{b,i} = \lambda_{b,k}$,而后者可由式(9.26)或式(9.27)求得。

(3)若支路 b 和节点 i 均位于环外,且支路 b 位于节点 i 的上游。此种情况即辐射状网络补偿情况,$\lambda_{b,i} = 1$。

由于含有环网,单独在节点 i 进行电容器无功补偿时,对于环内支路,无功补偿容量不再是 $Q_{c,i}$,而是 $\lambda_{b,i} Q_{c,i}$,只需对相应公式修改即可。

9.6　馈线总补偿容量近似估算

针对馈线结构信息和负荷数据收集困难的情况,本节以馈线为单位基于功率

因数进行无功补偿总量的近似估算[15]。

1. 估算思路

对于中压馈线的无功配置，本节在不需要知道规划态负荷自然功率因数的情况下，基于现状年有功无功度量表，介绍一种规划态中压馈线无功补偿总量的估算方法：根据规划技术导则对馈线功率因数的要求，先计算现状年馈线的合理无功补偿度，然后基于该补偿度对规划期各馈线所需无功补偿总量进行估算，从而有效解决了规划期负荷功率因数难以获得的问题。

2. 估算方法

各馈线无功补偿能直接减少线路上的无功功率流动，但无功负荷全部补偿是不经济的，最佳无功补偿度取决于补偿设备的投资、电能价格、电网结构和负荷分布。各中压馈线所需无功补偿需要结合现有负荷和规划期配变装接总容量进行配置，具体操作步骤如下：

(1)以相关技术导则要求的年综合功率因数(如 0.9)为标准，求现状年各中压馈线的年无功电量缺额，相应的计算公式可表示为

$$\Delta W_{q,i} = W_{q,i} - W_{p,i} \tan\theta \tag{9.28}$$

式中，$\Delta W_{q,i}$ 为馈线 i 的年无功电量缺额；$W_{p,i}$ 和 $W_{q,i}$ 分别为馈线 i 的年有功和无功供电电量；θ 为馈线 i 首端无功补偿后根据相关技术导则需要满足的功率因数角。

(2)求得各馈线目前无功功率缺额，以及相对于线路配变装接容量的现有合理无功补偿度，相应的计算公式可表示为

$$\begin{cases} \Delta Q_{q,i} = \dfrac{\Delta W_{q,i}}{T_{q,i}} \\ \gamma_i = \dfrac{Q_{q,i} + \Delta Q_{q,i}}{S_{dt,i}} \times 100\% \end{cases} \tag{9.29}$$

式中，$\Delta Q_{q,i}$ 和 $Q_{q,i}$ 分别为馈线 i 现有无功功率缺额和无功补偿总容量；$T_{q,i}$ 为馈线 i 无功补偿设备年运行小时数，一般情况下可按(8760/2～8760/3)估算；γ_i 为馈线 i 现有合理无功补偿度；$S_{dt,i}$ 为馈线 i 现有配变总容量。

(3)现有馈线各规划期基于其配变装接容量和现状合理补偿度增加相应无功补偿容量。

(4)对于新增馈线，可采用以下两种方法进行无功配置。

①取负荷性质(负荷大小和功率因数)相近线路的合理无功补偿度，结合规划

期配变容量进行估算。

②综合各现有 10kV 馈线得到的合理补偿度,再结合规划期配变容量进行估算。

9.7 馈线无功规划算例

CEES 软件中"无功优化"功能模块(参见附录)采用了本章模型和方法,将在本节被使用来进行算例的计算分析。

9.7.1 算例 9.1:一般规模系统的测试

为了体现本章三次解析优化算法对于一般规模系统的适用性,现对 IEEE 33 节点带配变系统(见图 9.6)和某 133 节点的真实馈线系统进行仿真计算,参数选取同文献[6]:10kV 电容器标准容量采用 100kvar/组,0.4kV 电容器标准容量为 10kvar/组,C_e=0.45 元/(kW·h),$C_{v,i}$=50 元/kvar,$C_{f,i}$=5000 元。在投资费用、净收益和计算时间方面与文献[6]遗传算法进行对比,结果如表 9.5 所示。

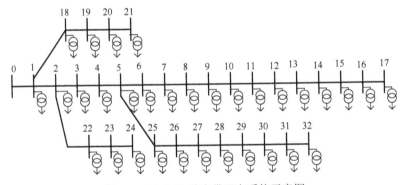

图 9.6 IEEE 33 节点带配变系统示意图

表 9.5 两种算法投资费用、净收益和计算时间的比较

算例	算法	投资费用/万元	净收益/万元	计算时间/s
IEEE 33 节点带配变系统	本章算法	10.22	31.44	3
	文献[6]算法	6.68	28.85	180
133 节点馈线	本章算法	11.8	16.08	5
	文献[6]算法	12.62	14.83	313

由表 9.5 可以看出,本章算法与文献[6]算法相比,不仅计算速度至少快 60 倍,净收益也明显更高。对于 IEEE 33 节点带配变系统,本章算法补偿 21 个节点,其中 1 个 10kV 节点(补偿容量 200kvar),20 个 0.4kV 配变低压侧节点(补偿容量

2310kvar)，共补偿 2510kvar，10kV 杆上补偿容量在总补偿容量中的占比为 7.97%；文献[6]算法补偿 7 个节点，其中 1 个 10kV 节点(补偿容量 600kvar)，6 个 0.4kV 配变低压侧节点(补偿容量 1340kvar)，共补偿 1940kvar，10kV 杆上补偿容量在总补偿容量中的占比为 30.9%。对于 133 节点实际馈线系统，本章算法补偿 29 个节点，其中 1 个 10kV 节点(补偿容量 200kvar)，28 个 0.4kV 配变低压侧节点(补偿容量 2300kvar)，共补偿 2500kvar，10kV 杆上补偿容量在总补偿容量中的占比为 8%；文献[6]算法补偿 19 个节点，其中 3 个 10kV 节点(补偿容量 1600kvar)，16 个 0.4kV 配变低压侧节点(补偿容量 810kvar)，共补偿 2410kvar，10kV 杆上补偿容量在总补偿容量中的占比为 66.39%。由此可见，本章算法较文献[6]算法在配变低压侧节点补偿容量更多，补偿效果更好。

9.7.2　算例 9.2：含分接头、分布式电源和环网的算例

图 9.7 为综合考虑并联电容器、主变分接头、分布式电源及环网等因素影响的测试系统示意图。两台有载调压变压器参数为：额定容量 15MV·A，电压 35×(1±16×0.625%)/10kV。分布式电源无功出力范围为 (0, 100)kvar，三次解析优化算法计算结果如表 9.6～表 9.8 所示。

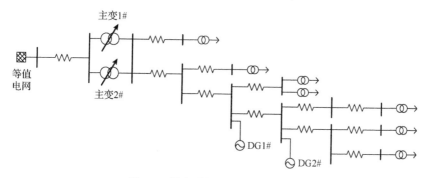

图 9.7　综合功能测试系统示意图

表 9.6　两种算法无功补偿前后主变分接头位置和分布式电源无功出力对比

情况类别		主变一次分接头位置		分布式电源无功出力/kvar	
		主变 1#	主变 2#	DG1#	DG2#
本章算法	补偿前	−5%	−5%	0	50
	补偿后	−4.375%	−4.37	7.83	36.03
文献[6]算法	补偿前	−5%	−5%	0	50
	补偿后	−4.375%	−4.37	87.98	55.21

表 9.7 两种算法补偿点个数、补偿容量和投资费用的比较

算法	补偿点个数	补偿容量/kvar	投资费用/万元
本章算法	6	430	2.06
文献[6]算法	4	360	1.52

表 9.8 两种算法补偿效果和计算时间的比较

算法	补偿前有功网损/(万 kW·h/年)	补偿后有功网损/(万 kW·h/年)	净收益/万元	计算时间/s
本章算法	17.14	13.16	1.54	4
文献[6]算法	17.14	13.48	1.51	300

由表 9.6 可以看出，优化补偿后，本章算法与文献[6]算法求得的两台主变一次分接头位置均由–5%调节至–4.375%；分布式电源无功出力方面，本章算法 DG1#增加至 7.83kvar，DG2#减少至 36.03kvar，文献[6]算法 DG1#增加至 87.98kvar，DG2#增加至 55.21kvar。由表 9.7 可知，本章算法补偿 6 个节点，均为 0.4kV 配变低压侧节点，补偿容量为 430kvar，投资费用为 2.06 万元；文献[6]算法补偿 4 个节点，均为 0.4kV 配变低压侧节点，补偿容量为 360kvar，投资费用为 1.52 万元。由表 9.8 可见，综合考虑并联电容器、主变分接头、分布式电源及环网等因素影响后，本章算法仍然高效，计算速度提高了约 74 倍；补偿后有功网损比文献[6]要低，净收益也更高。

9.7.3 算例 9.3：馈线总容量近似估算

本算例采用近似估算方法，结合规划技术导则对某县的馈线进行无功补偿配置。以 2018 年为现状年，10kV 及以下配电网部分也没有装设低压无功补偿器，10kV 配电网综合功率因数未达到相关无功电力技术导则的要求。根据全年综合功率因数标准 0.9，计算某县 2018 年各 10kV 线路中低压配电网的年无功电量缺额，结果如表 9.9 所示。由求得的合理无功补偿度和规划期配变容量，估算得到 2023 年 10kV 及以下配电网需新增无功补偿容量为 11.98Mvar。

表 9.9 某县现状年各 10kV 线路有功无功电量及无功补偿度

线路名称	出线配变总容量/(MV·A)	有功电量/(MW·h)	无功电量/(Mvar·h)	综合功率因数	电量缺额/(Mvar·h)	电力缺额/Mvar	现有补偿容量/Mvar	无功补偿度/%
馈线 1	4.12	20137.1	10734.5	0.88	1116.01	0.38	0	9.22
馈线 2	3.27	19212.2	10888.06	0.87	1583.16	0.55	0	16.82
馈线 3	1.06	7475.3	3868.9	0.89	209.26	0.09	0	8.49
馈线 4	6.21	32611.1	16788.5	0.89	912.89	0.31	0	4.99
馈线 5	0.64	1646.9	763.2	0.91	0	0	0	0.00

续表

线路名称	出线配变总容量/(MV·A)	有功电量/(MW·h)	无功电量/(Mvar·h)	综合功率因数	电量缺额/(Mvar·h)	电力缺额/Mvar	现有补偿容量/Mvar	无功补偿度/%
馈线 6	1.12	3976.9	1639.9	0.92	0	0	0	0.00
馈线 7	1.84	3750.6	1933.2	0.89	104.99	0.04	0	2.17
馈线 8	1.47	5122	3499.1	0.83	961.31	0.33	0	22.45
馈线 9	1.42	4242.4	2564.2	0.86	426.6	0.15	0	10.56
馈线 10	0.28	902.8	507.7	0.87	74.39	0.03	0	10.71
馈线 11	1.23	2193.2	1496.7	0.83	411.63	0.14	0	11.38
馈线 12	1.85	2996	2013.32	0.83	562.3	0.19	0	10.27
馈线 13	3.68	2839.7	1467.3	0.89	79.49	0.03	0	0.82
馈线 14	7.58	5374.8	2799.9	0.89	150.46	0.05	0	0.66
馈线 15	1.13	5830.3	2767	0.9	0	0	0	0.00
馈线 16	1.41	8771.4	5318	0.86	956.46	0.33	0	23.40
馈线 17	0.78	4628.3	2489.3	0.88	256.5	0.08	0	10.26
馈线 18	2.25	7302.9	4206.1	0.87	601.79	0.27	0	12.00
合计	41.34	139013.9	75744.88	—	8407.24	2.97	0	7.18

9.8　本 章 小 结

本章馈线无功配置混合方法涉及一套不同位置无功补偿容量规划优化模型及其快速三次解析算法,以及一种馈线总补偿容量的近似估算方法。

(1)用于确定杆上和低压集中无功补偿的三次解析优化模型和方法具有以下的特点:

①不需事先人工指定候选补偿节点,在保证工程精度的同时大幅提高了计算速度,且计算稳定,特别适用于现状馈线的无功规划配置。

②能综合考虑并联电容器、主变分接头、分布式电源和弱环结构对无功优化规划的影响。

③本章算法偏向配变低压集中补偿方式,如本章两算例配变低压集中补偿容量和 10kV 杆上补偿容量在总补偿容量中的占比分别约为 92% 和 8%。

(2)为了规避配电网数据收集困难的问题,首先基于规划技术导则对馈线功率因数的要求,计算馈线的合理无功补偿度,然后基于合理无功补偿度对馈线进行无功补偿配置,特别适用于规划态馈线的无功规划。

参 考 文 献

[1] 高慧敏, 章坚民, 江力. 基于二阶网损无功灵敏度矩阵的配电网无功补偿选点[J]. 电网技术, 2014, 38(7): 1979-1983.

[2] 阳育德, 龚利武, 韦化. 大规模电网分层分区无功优化[J]. 电网技术, 2015, 39(6): 1617-1622.

[3] 周鑫, 诸弘安, 马爱军. 基于多种群蚁群算法的多目标动态无功优化[J]. 电网技术, 2012, 36(7): 231-236.

[4] 张庭场, 耿光飞. 基于改进粒子群算法的中压配电网无功优化[J]. 电网技术, 2012, 36(2): 158-162.

[5] 张程, 王主丁, 张宗益, 等. 多负荷水平下配电网电容器优化配置算法[J]. 电网技术, 2010, 34(12): 85-89.

[6] 赵俊光, 王主丁, 张宗益. 基于节点补偿容量动态上限的配电网无功规划优化混合算法[J]. 电力系统自动化, 2009, 33(23): 69-74.

[7] 江洁, 王主丁, 张宗益, 等. 基于有效生成初始种群的配电网无功规划优化遗传算法[J]. 电网技术, 2009, 33(8): 60-65.

[8] 中国南方电网公司企业标准. 中国南方电网城市配电网设计导则(Q/CSG 10012–2005)[S]. 北京: 中国水利水电出版社, 2005.

[9] 国家电网公司企业标准. 城市电力网规划设计导则(Q/GDW 156–2006)[S]. 北京: 中国电力出版社, 2006.

[10] 国家电网公司企业标准. 国家电网公司企业标准电力系统无功补偿配置技术原则(Q/GDW 212–2008)[S]. 北京: 国家电网公司, 2008.

[11] 中国南方电网公司企业标准. 电力系统电压质量和无功电力管理标准(CSG/MS 0308–2005)[S]. 北京: 中国水利水电出版社, 2005.

[12] 王长生, 佟科, 焦燕丽. 降低线路损耗的无功补偿[J]. 节能技术, 2002, (5): 14-17.

[13] 胡晓阳, 王主丁, 舒东胜, 等. 配电网无功规划三次优化解析算法[J]. 电网技术, 2016, 40(7): 2099-2105.

[14] 胡晓阳, 王主丁, 边昱鹏, 等. 考虑节点补偿容量上限的弱环配网无功优化[J]. 电力系统及其自动化学报, 2016, 28(2): 73-79.

[15] 张程, 王主丁, 张宗益, 等. 一种规划态配网无功补偿估算方法[J]. 电力建设, 2010, 31(11): 21-27.

附　　录

附录 A　CEES 软件简介

CEES 软件是重庆星能电气有限公司研发的一个简单实用的电力系统仿真与分析智能计算系统，具有路网图绘制、空间负荷预测和变电站规划优化等规划计算分析功能，以及电气接线图绘制、潮流计算、短路计算、线损计算、无功优化和可靠性评估等网络计算分析功能，对配电网精细规划和计算分析起到了强有力的支撑作用。

1. CEES 软件概述

CEES 软件是国际电力仿真商业软件理念与国内电力系统实际需求的结晶，具有完全独立自主知识产权，能够帮助电气工程师进行便捷的电网仿真、分析、规划、设计和运行维护计算，是具有卓越集成化、智能化和交互式的图形化辅助计算工具，包括路网图和一次接线图辅助设计环境、计算模块、报表模块、数据交换模块、工程数据库和设备信息库等部分。

CEES 软件是在研究国内和国际同类系统主流产品的基础上独立研发的，兼有国内外同类产品的诸多优点，实现了"智能、简单、趣味、实用"的最终用户需求。

2. 配电网规划界面的直观认识

附图 1 为 CEES 配电网规划模块主界面，包括标题栏、菜单栏、计算工具面板和快捷工具按钮栏(含模式工具条，包括"编辑状态"、"负荷分布状态"和"变电站规划优化"等按钮)。标题栏包括显示产品名称，支持最大化、最小化和关闭当前窗口；菜单栏包括文件、操作模式、设置、视图和帮助等菜单项；计算工具面板用于构建规划区域的路网图及显示计算结果。

基于政府用地规划的路网图的图片文件或 CAD 文件，可在 CEES 主界面创建 CEES 格式路网图：单击主界面中模式工具条上"编辑状态"按钮，界面切换到编辑状态模式(见附图 1)，"编辑工具条"会出现在屏幕的右边，用于绘制 CEES 格式路网图；单击"图形载入"按钮，弹出"图形载入"对话框，可载入路网图背景，也可直接导入 CAD 文件路网图进行格式的自动转换。

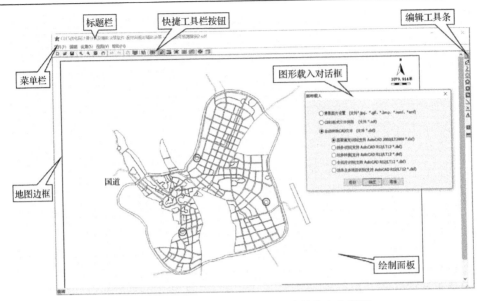

附图 1　CEES 配电网规划路网图编辑状态主界面

附图 2 为一个实际空间负荷预测结果的展示图,图中每一个地块可直观显示不同规划年份的负荷大小(各地块中数值);基于该空间负荷预测结果,可进行变电站规划以及网格链图的自动生成,结果如附图 3 所示,图中可直观展示不同年份变电站位置、容量和负载率,以及各网格供电范围及其线路条数。

3. 网络计算分析界面的直观认识

附图 4 为一个实际县级电网 CEES 软件算例的图形界面。主界面为 35kV 及以上电网的电气接线图,各 35kV 或 110kV 变电站及其低压供电网以嵌套的子网

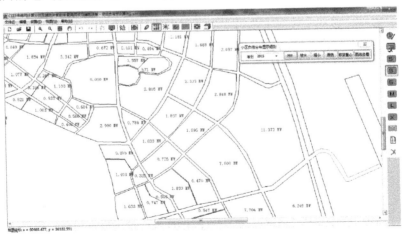

附图 2　空间负荷预测结果示意图

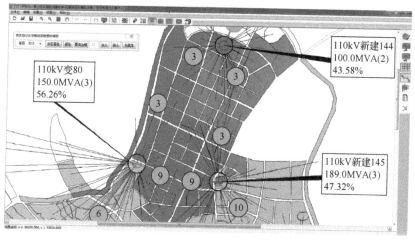

附图3　变电站规划和网格链生成结果示意图

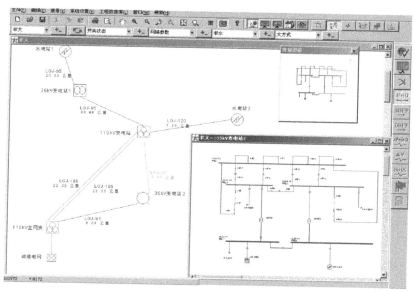

附图4　一个实际县级电网 CEES 软件算例的图形界面

络表示。双击子网络图元可打开其内部的电气接线图，如附图 4 中右下方为一变电站内部电气接线图，包含变电站的电气主接线、两台主变、一个集中负荷及两个子网络(分别表示 1 条 10kV 馈线和小水电接入该变电站方案)。

　　CEES 软件支持一次接线图多视窗不同数据版本的同时设计、计算分析和结果显示对比。附图 5 为某算例两个视窗分别对应不同开关运行状态、不同发电方式、不同网络参数和不同负荷大小的图形界面。

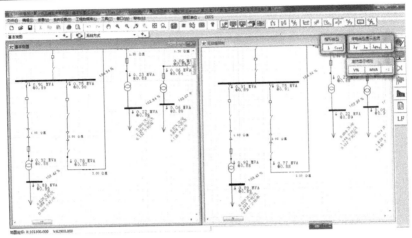

附图 5　两个视窗不同数据版本的图形界面

4. CEES 软件特点

CEES 软件侧重于配电网规划工程实用性和规划效率,用户界面直观友好,易学易用,对用户知识水平要求不高。经多地区配电网实际应用表明,规划人员仅需 1～2h 培训即会使用该软件产品,经 1～2 天训练即可独立应用该软件。

与其他同类软件相比较,CEES 软件的许多关于配电网规划的重要功能(如空间负荷预测、高压变电站规划优化和中压配电网网格化规划)是大多数商业软件没有的。

与国内其他同类软件相比较,CEES 软件的优势是界面友好,主要表现在直观便捷的主界面、功能强大的单线图、高效的数据输入方式和图形化智能辅助计算分析。

与国外其他同类软件相比较,CEES 软件是针对国内实际生产需要设计和开发的,能方便解决国内生产实际问题,主要表现在技术术语的不同习惯、软件数据输入的不同习惯、国内生产实际需要的不同、工程计算标准的不同和工程数据库的不同。

CEES 软件的特点可归纳如下:

(1)易学易用,是日常运行及规划计算分析的有力工具。

①直观便捷的主界面:符合电气工程师日常工作习惯的辅助功能、智能化的操作模式。

②即学即用的提示及帮助信息(如任意窗口中单击"帮助"按钮可自动定位到帮助手册的相应信息)。

③软件实现网络自动升级,随时更新到最新版本。

(2)国内外优势结合。

①国际电力仿真商业软件理念与国内电力系统实际需求相结合。

②算法先进，计算速度快，占用系统内存小。

③丰富的工程数据库囊括了国内大部分电气设备及线路的典型数据。

④提供大量典型的负荷曲线供用户参考。

(3)高效的数据输入。

①自动识别不同计算模式(如潮流或短路)所需要的数据：元件编辑器中仅指定计算模式所需数据项被激活。

②支持工程数据库和设备信息库的集成化和图形化管理：工程数据库可在元件编辑器中调用以节省用户时间。

③设备典型值：大部分设备编辑器中设置典型值按钮，单击此按钮，则设备自动生成近似值，方便用户数据输入。

④图元复制：图元复制功能使该图元中的数据同时被复制，不需要重新输入。

⑤已有不同格式数据可自动转换到 CEES 数据库，可据此快速绘制其 CEES 图形。

附录 B　CEES 软件规划部分功能简介

B1　基于用地规划的 CEES 负荷预测

空间负荷预测需要对为数众多的每个地块进行负荷预测，涉及每个地块面积计算，以及饱和密度、需用系数和容积率数值的设置和着色，还需要考虑分区负荷同时率等，使计算和绘图工作量巨大。

1. 实现的功能

1)负荷总量及分类负荷总量预测

负荷总量及分类负荷总量预测方法包括"自然对数"多项式、多项式、S 曲线和"混合次幂"多项式，可方便考虑其饱和值。

2)城乡负荷分布预测

城乡负荷分布预测实现的功能如下：

(1)城乡负荷分布预测计算方法可选择考虑小区发展不均衡的改进分类分区法(需要总量和分类负荷的历史数据)或饱和度法；分区负荷累加可选择使用日负荷曲线或同时系数方法。

(2)核心算法可用于无历史数据的老城区和新城区；新城区可考虑各地块建设年限或有负荷的起始年限，还可考虑城市负荷由市中心向周边逐步发展的规律，也可将已知其预测值的点负荷纳入总体空间负荷预测中。

(3)用地规划路网图可由 CAD 交换文件(.dxf)格式自动转换为 CEES 格式。

(4)工程数据库提供了比较完备的典型参数供参考使用，涉及同时率、需用系数、最大负荷利用小时数、饱和密度及饱和年限的取值。

(5) 自动生成逐年的负荷分布及负荷密度主题图。

(6) 出图的地块负荷密度颜色、显示方式(平面或立体)、图例和图名边框的位置及大小可直观方便地设置。

(7) 总负荷、分类负荷、大区、中区和小区(地块)预测可采用报表输出,也可采用图形输出。

2. 所需资料和数据

CEES 负荷预测所需的基本资料和数据包括:

(1) 用地现状图和规划图(详规、控规或总规),最好为 CAD 格式文档,标明属于新区(目前还基本没有负荷)的地块,新区最好有建成年限或负荷起始年限。

(2) 市政用地规划文本,最好有各地块的容积率,否则标明高层(10 层以上)、中层(3~9 层)和低层(1~2 层)地块(如城乡接合部一般为低层)。

(3) 小区饱和负荷密度指标可采用用户手册提供的其他城市调查结果类比得到,但最好能对研究地区典型小区负荷密度指标进行调查研究。

(4) 输入数据的多少与空间负荷预测的方法有关。若采用饱和度法,需要输入新、老地块各年的饱和系数;若采用分类分区实用法,需要输入规划区域的总量、分类和部分老区的历史负荷。

3. 计算分析

若单击主界面中模式工具条上"负荷分布状态"按钮,界面切换到"空间负荷预测"计算模式,其计算工具面板(即"负荷分布工具条",如附图 6 所示)会出现在屏幕的右边,使用鼠标可显示该工具条上按钮的功能。

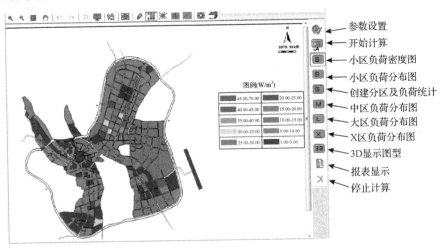

附图 6　CEES 负荷分布预测主界面

基于创建的 CEES 路网图，CEES "空间负荷预测" 功能模块可直观地在图形平台和参数设置页上输入数据，以及显示和输出空间负荷预测结果。若单击路网图中某地块，可弹出相应的地块编辑器，用于输入小区数据；若单击负荷分布工具条 "参数设置" 按钮，可弹出参数设置编辑器，用于选择采用的方法和输入相关计算参数；若单击负荷分布工具条上 "开始计算" 按钮且计算成功后，可单击下方激活的按钮显示或输出计算结果，如附图 6 所示的小区负荷分布预测主界面（可采用不同颜色填充代表不同小区负荷密度）。

B2 CEES 变电站规划优化和网格链自动生成

基于 CEES "空间负荷预测" 功能模块预测结果，CEES 变电站规划优化和网格链自动生成功能模块可直观地在图形平台和参数设置页中输入数据，以及显示和人工修改变电站规划结果和网格链图。

1. 实现的功能

(1) 计算平台与空间负荷预测平台兼容。

(2) 计算方法包括：单阶段或多阶段规划；线路费用基于变电站负载和出线数进行估算；初始站址自动寻找；变电站交替定位分配法；多阶段规划基于变电站供区单位负荷成本的多路径前推法；路径数可依据电网规模设置，可用于大规模系统变电站动态规划；尽量按两座变电站供电的站间主供和就近备供的大小适中的负荷区域划分网格。

(3) 可自动生成逐年的图形化站址站容优化规划方案。

(4) 可自动生成逐年的图形化变电站供电范围图。

(5) 可直观方便地对规划结果进行图形化的人工干预(包括站址站容和供区)。

(6) 报表含有变电站规划容量进度表和规划网供电能力评估表。

(7) 现有和事先规划好的 35kV 和 220kV 变电站(位置和容量)可作为软件已知参数输入，在优化过程中不变，但会对 110kV 变电站优化规划结果产生影响。

(8) 丰富的工程数据库提供了较完备的典型参数供参考使用，涉及负荷曲线、同时率、需用系数、最大负荷利用小时数、饱和密度及饱和年限的取值。

(9) 基于变电站规划结果可自动生成优化的网格及其链图。

2. 所需数据

除了上述空间负荷预测所需的基本资料和数据外，CEES 变电站规划优化还需要单击计算工具条上 "参数设置" 按钮输入附加数据，主要包括 "一般参数" 页和 "变电站/线路参数" 页。其中，"一般参数" 页主要用于输入变电站规划需要的一般系统参数，如目标年、最大/最小主变台数/容量、变压器最大允许负载率、电价、功率因数等;"变电站/线路参数"页主要用于输入变电站和线路的投资费用和最大允许供电半径等。

3. 计算分析

单击模式工具条上"变电站规划优化"按钮,界面切换到变电站规划优化计算模式,其计算分析工具条(即"变电站规划优化工具条")会出现在屏幕的右边,使用鼠标可显示该工具条上按钮的功能。

单击"变电站规划优化"工具条上"变电站规划优化"按钮可在主界面中用线条或颜色显示相应年份和过渡年份现有和新建变电站的供区划分,并弹出各变电站属性和负载率显示框,以及"供区划分及变电站规划显示细则"工具条,其次点击"网格优化生成和显示"按钮会以不同颜色显示网格优化划分结果(未着色区域为辐射型网格),再次点击"网格链图自动生成和显示"会以红色链式线路显示变电站间的联络关系(即网格链图,图中圆圈内的数字表示相邻变电站的中压出线条数),如附图7所示。

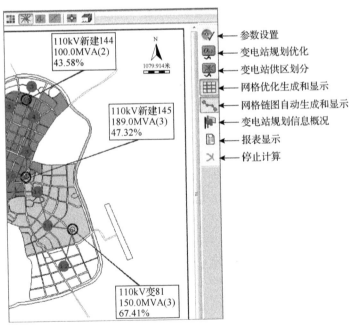

附图7　变电站规划和网格链生成主界面

附录C　CEES 软件网络计算部分功能简介

CEES 软件供电网络计算主界面如附图8所示。

1. CEES 潮流计算分析

1)实现的功能

CEES 潮流计算分析实现功能如下：

(1)支持多种潮流计算方法及其自动选择(快速分解法、前推回推法、牛顿法)。

(2)计算分析参数(包括多负载率：额定负荷、需求负荷、设计负荷，以及单个负荷的同时率)可自定义。

(3)集中负荷的复合模型(包括恒功率、恒阻抗和恒电流)及其比例可自定义。

(4)潮流控制功能(包括平衡机、PV 节点、PQ 节点、PI 节点和 PQV 节点)可自定义。

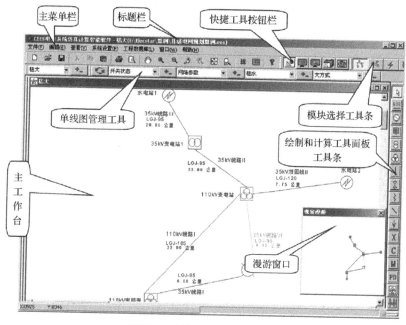

附图 8　供电网络计算主界面

(5)自动调节变压器分接头。

(6)自动设备越限报警(包括母线电压、设备长期允许电流、发电无功等)。

(7)计算分析功能包括母线潮流、支路潮流、电压损耗和有功无功损耗等。

2)所需资料和数据

CEES 潮流计算所需的基本资料和数据包括：

(1)电网拓扑结构，指设备间的物理连接关系及其电气工作状态，可以通过已审定的规划或可研资料获得，包括纸质版、CAD 版或其他版式的规划期地理接线图、系统图和单线图。

(2)母线数据,包括额定电压和长期允许载流量等。

(3)支路数据,包括支路设备的类型、型号和长度等参数,支路指变压器、架空线、电缆、串联电抗、串联电容和 Π 等值阻抗。

(4)等值电网数据。等值电网是计算区域供电电网的等效模型,其参数包括控制方式(如平衡节点、PV 节点或 PQ 节点)和额定电压等。

(5)发电机数据,包括控制方式(如平衡节点、PV 节点或 PQ 节点)、额定电压、额定容量和功率因数等。

(6)电动机数据,包括额定电压、输出功率、额定容量、功率因数和效率等。

(7)并联电抗器数据,包括联结方式、额定电压、额定电流、电抗百分值和有功损耗等。

(8)并联电容器数据,包括联结方式、额定电压、每组容量和电容器组数等。

(9)集中负荷数据,包括负荷类型、额定电压、视在功率和功率因数等。

3)计算分析

(1)进入潮流计算模式。

若单击主界面中模式工具条上"潮流状态"按钮,界面切换到潮流计算模式,其计算分析工具条(即"潮流工具条",如附图 9 所示)会出现在屏幕的右边,使用鼠标可显示该工具条上按钮的功能。

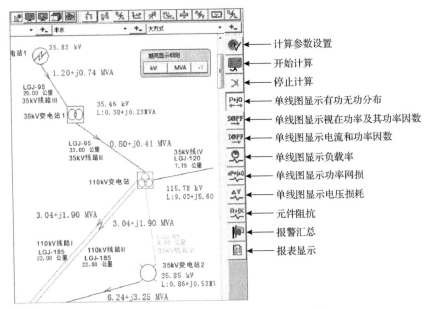

附图 9 潮流工具条和单线图计算结果显示

(2)潮流计算参数设置。

单击潮流工具条上的"计算参数设置"按钮可打开潮流计算参数设置的编辑

器。计算参数设置包括三个页面，分别为“一般参数”页面、“潮流报警”页面和“备注”页面。在“一般参数”页面中选择潮流计算的负载方式、最大迭代次数和收敛精度，在“潮流报警”页面中设定各种设备报警临界值。

(3) 开始计算。

单击潮流工具条上的“开始计算”按钮，系统开始计算。

(4) 在单线图上显示计算结果。

潮流计算的结果在单线图中可以用不同的方式显示，如附图 9 所示潮流工具条中的部分功能。

(5) 查找报警元件和系统功率汇总。

单击“报警信息汇总”按钮，出现“报警信息汇总”页面，如附图 10 所示。若双击报警设备行，可以在单线图中定位，找到相应报警设备。

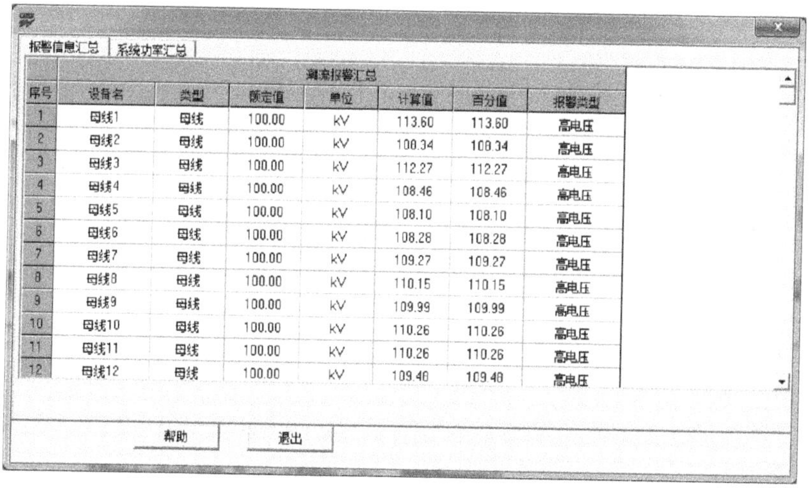

	潮流报警汇总						
序号	设备名	类型	额定值	单位	计算值	百分值	报警类型
1	母线1	母线	100.00	kV	113.60	113.60	高电压
2	母线2	母线	100.00	kV	108.34	108.34	高电压
3	母线3	母线	100.00	kV	112.27	112.27	高电压
4	母线4	母线	100.00	kV	108.46	108.46	高电压
5	母线5	母线	100.00	kV	108.10	108.10	高电压
6	母线6	母线	100.00	kV	108.28	108.28	高电压
7	母线7	母线	100.00	kV	109.27	109.27	高电压
8	母线8	母线	100.00	kV	110.15	110.15	高电压
9	母线9	母线	100.00	kV	109.99	109.99	高电压
10	母线10	母线	100.00	kV	110.26	110.26	高电压
11	母线11	母线	100.00	kV	110.26	110.26	高电压
12	母线12	母线	100.00	kV	109.48	109.48	高电压

附图 10　“报警信息汇总”页面

打开“系统功率汇总”页面，如附图 11 所示，方便用户直接查看总的系统功率和损耗。

2. CEES 短路计算分析

1) 实现的功能

CEES 短路计算分析实现的功能如下：

(1) 支持运算曲线法。

(2) 支持所有短路类型（三相短路、单相接地、两相短路和两相接地）。

(3) 可计算任意时刻短路电流的有效值、峰值以及序分量。

(4) 可计算故障位置的系统正、负、零序戴维南等值阻抗。

(5) 自动校验设备参数（包括短路电流开断能力、动稳定和热稳定）。

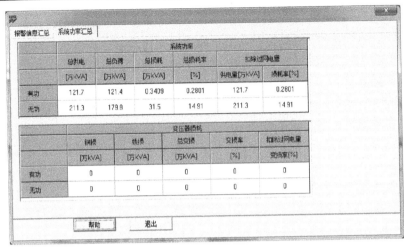

附图 11　"系统功率汇总"页面

(6) 支持分布式电源(同步机、异步机、双馈感应电机和功率转换单元)的影响。

(7) 自动识别设备绕组联结和接地。

(8) 故障前的电压(指定电压、固定分接头、潮流计算)可自定义。

(9) 报告故障电流分布的母线层次可自定义。

(10) 单线图设置故障母线。

(11) 单线图显示故障电流的分布。

(12) 单线图显示故障电流的类型可自定义(包括周期分量有效值、全电流有效值、峰值和相/序分量)。

(13) 单线图显示故障电流的计算时间可自定义(如 0、0.5、2、3、5、8 和 30 周期)。

2) 所需数据

CEES 短路计算所需的基本资料和数据包括:

(1) 电网拓扑结构(同潮流计算的电网拓扑结构)。

(2) 母线数据,包括额定电压、长期允许载流量和最大允许短路电流峰值等。

(3) 支路数据。支路包括变压器、架空线、电缆、串联电抗、串联电容和 Π 等值阻抗,其参数涉及阻抗及其材料、单位、温度、允许载流量、变压器额定电压、额定容量、分接头、联结方式和接地阻抗等。

(4) 等值电网数据,包括额定电压、短路容量、电抗与电阻之比、短路阻抗和联结方式等。

(5) 发电机数据,包括控制方式(如平衡节点、PV 节点或 PQ 节点)及其相应设置、极数、转子类型、额定电压、额定容量、功率因数、联结方式和接地阻抗等。

(6) 同步电动机数据,包括转子类型、极数、同时系数、台数、额定电压、输出功率、额定容量、功率因数、联结方式、接地阻抗和正负零序阻抗等。

(7)感应电动机数据，包括极数、同时系数、台数、额定电压、输出功率、额定容量、功率因数、效率、联结方式、接地阻抗和正负零序阻抗等。

(8)并联电抗器数据，包括联结方式、额定电压、额定电流、材料、电抗百分值和有功损耗等。

(9)并联电容器数据，包括额定电压、每组容量、电容器组数和联结方式等。

(10)集中负荷数据，包括联结方式、额定电压、视在功率、功率因数和负荷类型等。

3)计算分析

(1)进入短路计算模式。

若单击主界面中模式工具条上"短路状态"按钮，界面切换到短路计算模式，其计算分析工具条(即"短路工具条"，如附图 12 所示)会出现在屏幕的右边，使用鼠标可显示该工具条上按钮的功能。

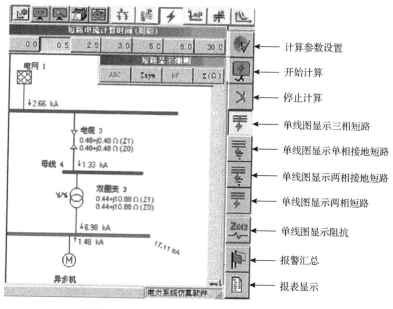

附图 12　短路工具条和单线图计算结果显示

(2)短路计算参数设置。

单击短路工具条上的"计算参数设置"按钮可打开短路电流计算参数设置编辑器。该编辑器包括 5 个页面，分别为"一般参数"页面、"参数细则"页面、"潮流参数"页面、"故障报警"页面和"备注"页面。在"一般参数"页面选定短路计算的方法、故障类型和短路母线，输入短路阻抗；在"参数细则"页面选择报告故障电流深度、电流计算时刻和报告短路电流相分量类型；在"潮流参数"页面输入负荷系数和计算控制参数；在"故障报警"页面输入负载临界值。

(3) 开始计算。

单击短路工具条上的"开始计算"按钮系统开始进行短路计算。

(4) 单线图显示短路计算结果。

可以在单线图中显示不同的短路计算结果，例如，可以显示短路电流的周期分量有效值(I_{sym})、全电流有效值(I_{asym})和峰值(I_p)。

单击短路计算工具条的显示按钮可以显示不同类型短路结果；单击"短路显示细则"的按钮可以用不同方式或单位显示结果；单击"短路后电流计算时刻"的按钮可以显示不同时间短路计算结果，如附图 12 所示。

3. CEES 配电网可靠性评估

1) 实现的功能

(1) 可靠性详细评估。

可靠性详细评估模块适用于信息相对完整的现状电网评估，可以得到各负荷点和系统的可靠性指标，可用于辨识系统和重要用户的薄弱环节，并有针对性地提出改善措施，其功能特点如下：

①元件故障后网络连通性分析仅需要对网络进行几次元件遍历，可用于大规模复杂(含环或联络开关)配电网可靠性快速评估。

②支持考虑元件容量约束和节点电压约束影响的失负荷分析(可选择"平均削减"、"分级削减"和"随机削减"三种切负荷方式)。

③系统/母线/负荷可靠性指标对系统所有元件、各单个关键元件及其可靠性参数影响的图形化薄弱环节分析和灵敏度分析。

④支持采用最大负荷(可考虑负荷率)或典型日负荷曲线仿真不同的负荷方式。

⑤可靠性评估结果的单线图可视化显示和便捷的报表输出。

⑥停电类型包括故障停电、计划停电和瞬时停电。

⑦可考虑所有元件影响(包括各种开关设备)。

⑧可靠性参数，包括分元件参数设置和/或分元件类型、分电压等级可方便自定义。

⑨可考虑分布式电源对可靠性指标的影响。

评估的可靠性指标如下：

①负荷点指标。

基本指标包括平均停电率 λ，平均停电持续时间 γ，年平均停电持续时间 U。

费用/价值指标包括年缺供电量 ENS，年停电费用 ECOST 和单位电量停电费用 IEAR。

②系统可靠性指标包括：系统平均停电频率 SAIFI、系统平均停电持续时间

SAIDI、用户平均停电持续时间 CAIDI、平均供电可靠率 ASAI、平均供电不可靠率 ASUI、电量不足期望值 ENS、停电损失期望值 ECOST、用户平均停电缺供电量 AENS 和单位电量停电损失期望值 IEAR。

(2)可靠性近似估算。

由于大规模中压配电网可靠性评估数据录入烦琐且收集困难或缺乏,可靠性指标的近似估算显得实用和必要,特别是对于缺乏详细数据的规划态配电网,其功能特点如下:

①基于典型供电区域和典型接线模式进行馈线分类的简化评估思路。

②建立各典型接线模式涉及馈线故障和预安排停运的 SAIDI 和 SAIFI 估算模型。

③可考虑不同类别开关(断路器、负荷开关和隔离开关)同时存在的影响。

④可考虑大分支、双电源和带电作业的影响。

⑤可考虑设备容量约束和负荷变化的影响。

2)所需资料和数据

CEES 可靠性评估所需的基本资料和数据包括如下几项。

(1)基础参数。

①可靠性详细评估。

(a)电网拓扑结构(同潮流计算的电网拓扑结构)。

(b)用户数,一般按照配变台数进行统计。

(c)用户重要级别。重要级别用于重要用户供电可靠性分析,重要用户级别可分为特级、一级、二级和临时性。

②可靠性近似估算。

首先,按供电区域(如 A+～E 类)将线路分为不同大类;然后,将各大类的线路按架空线有无联络和电缆有无联络进一步分为不同的中类;最后,将各中类的线路按平均长度再进一步细分为各小类,每小类需收集的参数包括线路条数、用户数、分段数和负载率,以及分段开关有/无选择性、双电源率和带电作业率等。

(2)可靠性参数。

①设备(如线路和配电变压器)的故障率和平均故障修复时间。

②线路(架空或电缆)的预安排停运率和平均预安排停运持续时间。

③平均故障定位隔离时间、平均故障点上游恢复供电操作时间、平均故障停电联络开关切换时间。

④平均预安排停电隔离时间、平均预安排停电线段上游恢复供电操作时间、平均预安排停电联络开关切换时间。

3)计算分析

(1)可靠性评估模式。

单击模式工具条上"可靠性评估"按钮,界面切换到配电网可靠性评估模式,其计算分析工具条(即"可靠性工具条",如附图 13 所示)会出现在屏幕的右边,使用鼠标可显示该工具条上按钮的功能。

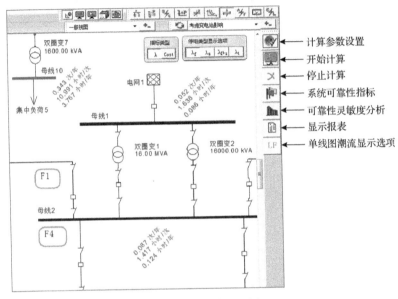

附图 13　可靠性工具条

(2)可靠性评估参数设置。

单击可靠性工具条上的"计算参数设置"按钮打开配电网可靠性评估参数设置页面,包括"一般参数"页面、"薄弱环节分析"页面、"缺电费用"页面、"约束及负荷"页面、"发电方式"页面、"潮流参数"页面、"报警"页面和"备注"页面。在"一般参数"页面设置全局计划停运和故障停电可靠性参数;在"薄弱环节分析"页面选择需要进行薄弱环节分析的目标(系统/负荷),以及影响因素为元件组块和/或单个元件;在"缺电费用"页面选择分类负荷缺电费用或单一缺电费用曲线;在"约束及负荷"页面选择是否考虑容量电压约束及其相关参数;在"发电方式"页面选择设置各发电水平数及其概率;在"潮流参数"页面选择计算方法、负载方式和计算控制参数;在"报警"页面输入可靠性指标越限、负载临界值、电压越限、发电机激磁越限和可靠性指标越限等。

(3)开始计算。

单击可靠性工具条上的"开始计算"按钮,系统开始进行可靠性评估。

(4)单线图显示结果。

若计算成功,会在主界面中显示单线图计算结果,并出现"指标类型"和"停电类型显示选项"工具条,如附图 13 所示。

可以在单线图中显示不同的可靠性评估结果。例如,单击附图 13 中的"λ"按钮可以显示母线或负荷点的基本可靠性指标,单击"Cost"按钮显示母线/负荷点的费用/价值指标，单击“λ_f”按钮显示永久性故障停电母线/负荷点可靠性指标，单击“λ_s”按钮显示计划停电母线/负荷点可靠性指标，单击“λ_{f+s}”按钮显示长时(包括计划停电)停电母线/负荷点可靠性指标，单击“λ_t”按钮显示瞬时故障停电母线/负荷点可靠性指标。

(5) 查看系统/地区/线路可靠性指标。

若“系统可靠性指标”按钮处于激活状态，单击该按钮后会出现“系统可靠性指标/灵敏度分析”页面，如附图 14 所示。

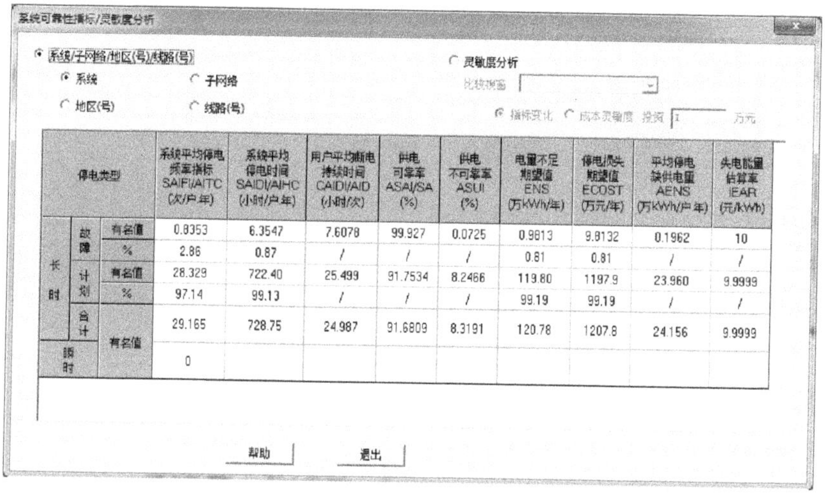

停电类型			系统平均停电频率指标 SAIFI/AITC (次/户.年)	系统平均停电时间 SAIDI/AIHC (小时/户.年)	用户平均断电持续时间 CAIDI/AID (小时/次)	供电可靠率 ASAI/SA (%)	供电不可靠率 ASUI (%)	电量不足期望值 ENS (万kWh/年)	停电损失期望值 ECOST (万元/年)	平均停电缺供电量 AENS (万kWh/户.年)	失电能量估算率 IEAR (元/kWh)
长时	故障	有名值	0.8353	6.3547	7.6078	99.927	0.0725	0.9813	9.8132	0.1962	10
		%	2.86	0.87	/	/	/	0.81	0.81	/	/
	计划	有名值	28.329	722.40	25.499	91.7534	8.2466	119.80	1197.9	23.960	9.9999
		%	97.14	99.13	/	/	/	99.19	99.19	/	/
	合计	有名值	29.165	728.75	24.987	91.6809	8.3191	120.78	1207.8	24.156	9.9999
瞬时			0								

附图 14　系统/地区/线路可靠性指标

(6) 系统薄弱环节分析。

若“可靠性灵敏度分析”按钮处于激活状态，单击该按钮后将显示“系统薄弱环节分析”页面，如附图 15 所示。

对于附图 15 CEES 配电网“系统薄弱环节分析”页面，用户可以选择多种不同“影响目标选择”和不同的“影响因素选择”进行灵活组合分析，可以方便、快捷、准确地在单线图上从多角度、有针对性地自动定位影响系统可靠性的薄弱环节。

“影响目标选择”包括“指标对象”(系统或负荷点)、“指标类型”(SAIDI、ENS、SAIFI、停运率、年平均停电持续时间)和“停电类型”(故障、计划或合计)。

“影响因素选择”可选择最大影响选择目标的“元件”或“元件组块”，以及各种可靠性故障或时间“参数”。其中，“参数”可选择“停电类型”(故障或计算)和“停电时间”。“停电时间”可显示故障“定位隔离”、“故障矫正”和“故障切换”，以及“计划隔离”、“计划作业”和“计划切换”六个参数的影响大小或占比。

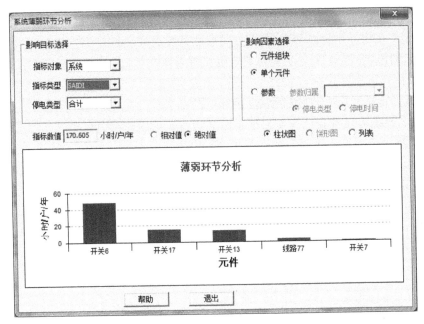

附图 15　系统薄弱环节分析页面

双击"列表"中的最大影响元件可在单线图上自动定位其位置,方便分析和寻找影响系统可靠性的薄弱环节。

4. CEES 线损计算分析

1)实现的功能

CEES 线损计算分析实现的功能如下:

(1)支持多种线损计算方法,包括多时段潮流计算方法、等值电阻法、等值阻抗法、线性回归法和低压网络线损评估算法。

(2)各时段潮流具有一般潮流计算的所有功能(无电压等级限制)。

(3)潮流计算方法支持多种降损措施的计算分析,包括并联无功补偿灵敏度、增加并列线路的灵敏度、增大导线截面的灵敏度、合理调整电压的计算分析、环网开环和升压改造的计算分析。

(4)支持中低压网络线损计算实用等值模型,包括等值电阻模型、等值阻抗模型和线性回归方程。

(5)支持中低压网络等值模型的实用能量损失计算方法,包括均方根电流法和形状系数法。

(6)电压线路(<1kV)考虑了其供电方式("三相四线制"、"单相两线制"或"三相三线制")。

(7)改进后的等值电阻法及其"等效容量法"支持各种时段仪表读量值的使用,

可用于计算功率方向动态改变的供电网络(如小水电上网)。

(8)单线图显示任一时段的潮流计算结果。

(9)图形显示全系统、分地区(台区)和分片区的线损电量及线损率棒图。

(10)棒图显示多种降损措施的计算效果。

(11)可自动按国家电网公司的"线损理论计算分析报告格式"生成报表。

(12)报表包括各种分类表格、分台区分压分片区统计、自动分级上报统计,自动分级上报涉及 0.4～500kV 电网,包括等值电阻法计算结果或潮流方法计算结果。

(13)支持日负荷曲线的工程数据库和图形化。

2)所需资料和数据

CEES 线损计算所需的基本资料和数据包括:

(1)电网拓扑结构(同潮流计算的电网拓扑结构)。

(2)母线数据,包括额定电压和长期允许载流量等。

(3)支路数据。支路指变压器、架空线、电缆、串联电抗、串联电容和 Π 等值阻抗,其参数涉及支路设备的类型、型号和长度等。

(4)等值电网数据。等值电网是计算区域供电电网的等效模型,其参数包括控制方式(如平衡节点、PV 节点或 PQ 节点)、额定电压和日电压曲线等。

(5)发电机数据,包括控制方式(如平衡节点、PV 节点或 PQ 节点)、额定电压、额定容量、功率因数和日电压曲线等。

(6)电动机数据,包括额定电压、输出功率、额定容量、功率因数、效率日负荷曲线等。

(7)并联电抗器数据,包括联结方式、额定电压、额定电流、电抗百分值和有功损耗等。

(8)并联电容器数据,包括联结方式、额定电压、每组容量和电容器组数等。

(9)集中负荷数据,包括负荷类型、额定电压、视在功率、功率因数和日负荷曲线等。

3)计算分析

(1)进入线损计算模式。

单击模式工具条上"线损状态"按钮,界面切换到线损计算模式,其计算分析工具条(即"线损工具条",如附图 16 所示)会出现在屏幕的右边,使用鼠标可显示该工具条上按钮的功能。

(2)线损计算参数设置。

单击线损工具条上"计算参数设置"按钮可打开线损计算参数设置的编辑器。计算参数设置包括 5 个页面,分别为"一般参数"页面、"潮流参数"页面、"潮流报警"页面、"降损措施"页面和"备注"页面。在"一般参数"页面选定线损

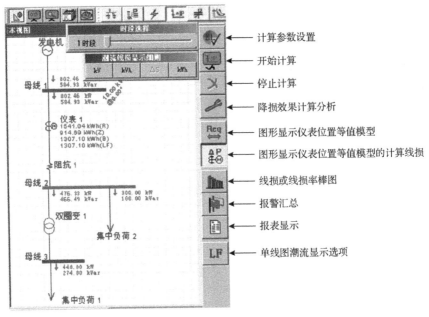

附图 16　线损工具条

计算的方法和统计输出文件;在"潮流参数"页面设置控制参数和潮流报告时段;在"潮流报警"页面设置负载临界值、电压越限值和发电机激磁越限值;在"降损措施"页面设置具有最佳效果的并联无功补偿母线个数和并联线路条数,以及线路单位长度固定造价和可变造价。

(3)开始线损计算。

单击线损工具条上"开始计算"按钮开始线损计算。若计算成功,线损工具条下面的图标激活,同时出现"线损显示细则"和"时段选择"的工具条。

(4)降损效果分析。

单击"降损效果计算分析"可打开到降损效果计算结果分析页,如附图 17所示。图中共有七种降损措施,不同降损措施可得到其相应的降损效果。

5. CEES 配电网无功规划优化

1)实现的功能

CEES 配电网无功规划优化实现的功能如下:

(1)支持 0.4～10kV 的辐射型和环型的一般网络结构。

(2)支持规模较大、多分支、任意负荷分布、含分布式电源的实际配电网。

(3)可自动优化调节非"平衡"控制节点的分布式电源无功出力。

(4)可自动优化调节有载调压变的分接头。

(5)支持中压馈线连同配变低压母线作为一个整体进行规划。

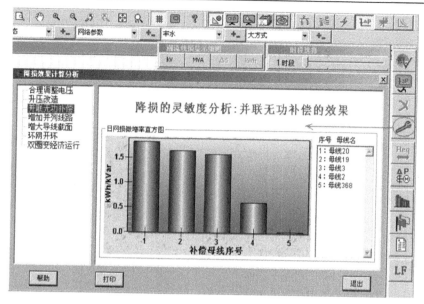

附图 17　降损效果分析示例

（6）电能损耗计算方法包括最大负荷损耗小时数法、损耗因数法和三种负载水平法。

2）所需资料数据

CEES 配电网无功优化所需的基本资料和数据包括：

（1）电网拓扑结构（同潮流计算的电网拓扑结构）。

（2）母线数据，包括额定电压和长期允许载流量等。

（3）支路数据。支路指变压器、架空线、电缆、串联电抗、串联电容和 Π 等值阻抗，其参数涉及支路设备的类型、型号和长度等。

（4）等值电网数据。等值电网是计算区域供电电网的等效模型，其参数包括控制方式（如平衡节点、PV 节点或 PQ 节点）和额定电压等。

（5）发电机数据，包括控制方式（如平衡节点、PV 节点或 PQ 节点）、额定电压和额定容量和功率因数等。

（6）电动机数据，包括额定电压、输出功率、额定容量和功率因数等。

（7）并联电抗器数据，包括联结方式、额定电压、额定电流、电抗百分值和有功损耗等。

（8）并联电容器数据，包括联结方式、额定电压、每组容量和电容器组数等。

（9）集中负荷数据，包括负荷类型、额定电压、视在功率和功率因数等。

3）计算分析

（1）进入配电网无功优化模式。

单击模式工具条上"无功优化状态"按钮，界面切换到无功计算模式，其计算分析工具条(即"无功优化工具条",如附图 18 所示)会出现在屏幕的右边,使用鼠标可显示该工具条上按钮的功能。

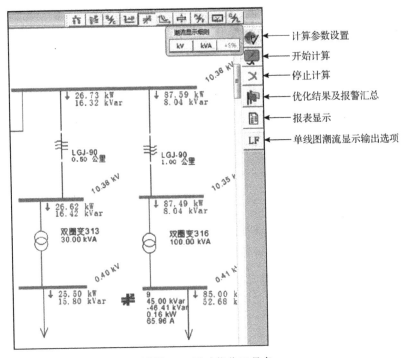

附图 18　无功优化工具条

(2)配电网无功优化参数设置。

单击"计算参数设置"按钮即可打开无功优化计算参数设置编辑器。该编辑器包括 5 个页面,分别为"一般参数"页面、"电容器及补偿母线"页面、"潮流参数"页面、"潮流报警"页面和"备注"页面。在"一般参数"页面选择无功优化计算的类型、计算方法和设定经济参数设置;在"电容器及补偿母线"页面设定补偿电容器参数,选择无功补偿母线和设定其最大补偿组数;在"潮流参数"页面设置负荷系数和控制参数;在"潮流报警"页面设置负载临界值、电压越限值和发电机激磁越限值。

(3)计算和结果输出。

单击无功优化工具条上"开始计算"按钮开始进行无功优化计算,若计算成功,可在单线图显示计算结果,如附图 18 所示。单击"优化结果及报警汇总"可显示计算结果概况、母线新增补偿结果和报警信息汇总列表。